视频讲解版

Excel其实并不难
方法对就简单了

张卓◎著

中国水利水电出版社
www.waterpub.com.cn
·北京·

内 容 提 要

《Excel 其实并不难　方法对就简单了》是作者近 20 年从事企业 Excel 培训工作的经验总结。书中详细介绍了 Excel 的使用规则，并以数据“输入—计算—查询—分析—制图”这样的“工作流”的方式进行讲解，摒弃了传统的根据菜单或者功能分类介绍的方式。

本书内容紧凑生动，且极具实用性。同时，作者还把数据分析中各种问题出现的原因一一做了详尽的讲解，让读者不仅能学到关键技能，还能够举一反三，真正掌握 Excel 的数据分析技巧。此外，书中还以师父带徒弟的对话方式，将用户在使用 Excel 的过程中遇到的各种小问题以及相应解决方法全部展现给读者。特别是徒弟的那些错误使用方式，被师父一一指出并纠正，也是一大亮点，令人感同身受。很多操作只要看书就能立刻明白。

本书讲解的操作步骤适用于 Microsoft Office Excel 2010 \ 2013 \ 2016 \ 2019 以及 Office365。

本书既适合零基础且想快速掌握 Excel 技能，进行数据分析的企业员工，又可作为广大院校教材参考用书及企事业单位的办公培训教材。

图书在版编目(CIP)数据

Excel其实并不难　方法对就简单了 / 张卓著.
—北京：中国水利水电出版社，2019.11（2020.5重印）
ISBN 978-7-5170-7871-5

Ⅰ. ①E… Ⅱ. ①张… Ⅲ. ①表处理软件 Ⅳ.
①TP391.13

中国版本图书馆CIP数据核字(2019)第160512号

书　　名	Excel 其实并不难　方法对就简单了 Excel QISHI BING BUNAN　FANGFA DUI JIU JIANDAN LE
作　　者	张卓 著
出版发行	中国水利水电出版社 （北京市海淀区玉渊潭南路 1 号 D 座　100038） 网址：www.waterpub.com.cn E-mail：zhiboshangshu@163.com 电话：（010）62572966-2205/2266/2201（营销中心）
经　　售	北京科水图书销售中心（零售） 电话：（010）88383994、63202643、68545874 全国各地新华书店和相关出版物销售网点
排　　版	北京智博尚书文化传媒有限公司
印　　刷	河北华商印刷有限公司
规　　格	180mm×210mm　24 开本　12.5 印张　482 千字　1 插页
版　　次	2019 年 11 月第 1 版　2020 年 5 月第 2 次印刷
印　　数	5001—10000 册
定　　价	79.80 元

前言

站在企业 Office 培训的讲台上，至今已有将近 20 年了，这 20 年的培训工作让我对微软 Office 组件中的 Excel、Word、PowerPoint 等组件有了不同于软件开发者的理解和认知。

记得在培训工作的前 5 年，我的授课方式都是模块化讲授，先讲数据输入的技巧，再讲表格的保护，然后进入函数的部分，函数又分为计算函数、逻辑函数、查询函数、文本函数等，接下来会讲到数据分析的功能，如筛选、分类汇总、数据透视表等，最后以图表结尾。整个课程十分紧凑，而且信息量很大，学员们在课堂上学习的时候，能够跟着我的进度进行操作演练，可是课后许多学员反馈："老师，您上课讲得很好，但是一下课您讲的那些方法和技巧我就忘记了很多。"这样的情况持续到 2010 年年底，我发现我没有办法再这样讲下去了，一定是哪里出了问题，我也在苦苦思考如何让学员能够更好地吸收课程，重点是学到真正对自己工作有帮助的部分。

说来也要感谢我自己会主动收集学员的各种问题的习惯，事情的转折发生在 2011 年年初，那段时间里我把所有过往学员所提的将近 300 个问题都"翻"了出来，重新仔细研究了一遍，就是这一次的研究，我发现了一个秘密，90% 的 Excel 的使用问题都源自同一个"根本问题"，只要这个"根本问题"得以解决，或者让学员了解其中的秘密，"学了就忘"的情况就会减少。并且，我相信如果我把这个"根本问题"讲给我的学员们，他们还能够获得另外一个重要的能力——自我解决 Excel 问题的能力。

从 2011 年开始，我就在我的企业 Excel 培训课上讲授这个 Excel 秘密，我把这个秘密称为"Excel 的玩法"。经过这几年不断的打磨和设计，学员们学习我的 Excel 课程时越来越有感觉，全然没有了之前“学了就忘”的评价了，许多学员都反馈“自己用了那么多年的假Excel”。

然而，仅仅靠面对面授课把我发现的这套“Excel的秘密”告诉给学员，其受众还是太有限。2017年上半年起，我开始为各大企业提供内部E-learning的Office教学视频课程，同时，也通过自媒体渠道制作和发布了各种免费和付费的线上学习课程，让我的学员们可以更好利用空余的时间学习和练习。同时，在本书的编辑秦甲老师的鼓励和支持下，我也决定把这一整套方法整理成书进行出版，这样不仅能够让上过我课的学员能时常地复习巩固，也能够给更多还徘徊在Excel门外的读者们指出一条学习Excel的捷径。具体这条“捷径”是什么，本书开头第1课就做了详细的阐述，后面所有的方法和技巧，都是围绕着它来进行的，希望读者们能够有所启发和收获。

最后，这本书能够得以出版，最要感谢的是我这近20年培训生涯中的千千万万的学员们，正是因为学员们一次次地提问，一次次地跟我讲述在工作中遇到的问题，才得以让我对Excel在不同行业中的应用场景能够更充分地了解，进而提升了自己处理问题和解决问题的能力。这些能力又反哺到后续的课程中，再经过时间的淬炼和积累，使我对Excel的理解更为深刻。

我衷心地希望，本书不仅能够帮助读者们解决”当下”遇到的问题，更加能够帮助各位读者去分析这些问题背后的原因，尽量让读者们不再被类似的问题所困扰。

话不多说，开始学习吧！

张　卓

推荐语

书到用时方恨少！有一类知识永远不会过时，它们能够持续优化我们的生活品质，提升工作效率。使用Excel就是其中的典型，当你熟练掌握了这种表格工具，也就获得了一种数据整合的思维。张老师的这本新书，图文并茂，能让人迅速抓住Excel表格的制作规律，即学即会，迅速应用到职场竞争、个人管理，是近年来难得的实用类好书。

——十点读书创始人　林少

张卓是一个很有品质的人。如果让我介绍他，他是奶爸界里烘培做得最好的资深Office培训师。但张卓的资深，不代表老套，也不是教条。我读了本书样章，特别喜欢。他试图用一个个串联起来的问题，非常流畅地带你逐步解锁Excel中各种技术的使用和表格规则。张卓在语言上又是有天赋的，他能把一个知识点讲得生动有趣，极为透彻。选择跟着一个"翻译知识"能力强的人学知识，绝对是没错的。所以，推荐这本书给你，值得一读。

——《你早该这么玩Excel》作者　伍昊

专注Office领域这么多年，仍然充满热情和创意，让人很敬佩。十几年来，每一期的课程都让我们的学员在"啊？噢！"中开始，在笑声中结束。棒棒的！

——中智上海经济技术合作公司培训部经理　许晓晖

市面上有很多关于Excel方面的课程及攻略，大部分都针对特定业务场景，内容比较僵化。而张卓老师的课程从软件及功能设计的角度来进行展开，从根本上帮助学员了解了各功能背后的逻辑，以便针对实际业务场景灵活组合运用，更符合职场人士和企业培训的实际需要。

——中远海运集装箱运输有限公司
培训管理部业务主任　何佳唯

上过张卓老师的课，才知道Office的课堂可以如此有趣、有料。张卓老师实在太懂学员的痛点，用幽默、精炼、

通俗易懂的语言和魔术般的示范将实用的技巧转化为一个个记忆点，让学员能够轻松掌握，快速提升工作效率。

——施维雅制药　张培

上完张卓老师的 Excel 课程后，不禁脱口而出："哇！Excel 这么强大的功能竟然这么简单且实用！"干货满满。

——八合里海记运营主管　林彩兰

和张卓老师在 Office 企业培训领域合作多年。张老师的授课风格深得学员们的喜爱，不仅讲解 Excel 的操作技巧，更注重讲解软件背后的使用逻辑。本书的读者可以边看书，边扫描章节旁的二维码，跟随老师视频进行操作练习，这样的学习方式更为高效，也可看出作者的用心。

——卓弈机构董事长　杜平

收到张卓老师 Word 书的时候我就 @ 他，请立！刻！马！上！出一本 Excel！张老师在亚瑟士连年开设课程并场场爆满，获得高度评价，是亚瑟士的明星课程！（也是我培训满意度 KPI 的重要保障！）现在他把多年宝贵的经验通过这本书分享出来，简直造福更多为 Excel 头秃的伙伴们！张老师的课深入浅出，循序渐进，又不失幽默风趣，小白学了一步踏上康庄大道，表哥表姐们学了打通任督二脉！

——亚瑟士学习发展主管　Jessie Chen

作为培训的组织者，最希望给同事们带来实用且不枯燥的培训课程，张老师的讲解完美契合了这两个需求，是我司迄今最受学员欢迎的课程。该课程评价全员满分，讲解风趣幽默，并且不只是传递基本的 Excel 知识，更多的是从顶层逻辑让学员明白 Excel 是什么，可以解决什么，如何能够喜欢上这项技能并且可以举一反三、融会贯通。迄今已经听了张老师三次 Excel 课程，每次都有新收获及新体验。相信通过认真学习本书，您也可以技能加持，收获成长哦！

——海尔消费金融有限公司人才培育　邵晓涌

目录

第5部分：总是被你忽略的“分类汇总”，其实很有用

第6部分：不玩虚的，教你玩转数据透视表

PART

第1部分

先来说说，Excel到底怎么玩

没有练习但是却无比重要的理念课

大家好，我是微软资深Office讲师张老师。职场江湖，拼的是硬功夫。就拿Excel来说，试想一下，别人各种函数报表玩得飞起，你却只会复制粘贴，这样怎么让老板给你升职、加薪呢？

Excel是一款让无数人又爱又恨的软件。有些人觉得Excel不就是做个表吗，还需要学习？有些人则觉得Excel其实很难，需要好好学习，但是无论参加了多少次Excel课程，自己使用Excel的水平并未见长多少。

作为一个职场人，一旦你的工作流程和数据量稍微复杂一点，就要求使用Excel的熟练程度要高一些，但为什么使用Excel的时候总是会遇到各种各样的问题呢？学习了一个函数解决了一个问题，掌握了一个技巧或许也能解决一个问题，但新的问题又层出不穷，很多Excel的使用者都处于这种状态，疲于解决各种Excel当下的问题。

将近20年的Office培训经验告诉我，这些“当下的问题”是永远都解决不完的，你如果不站在一个更高的视角或维度去解读Excel，就会永远被问题牵着走。你是否希望有一门Excel课程，能够让你“由里到外”彻底搞清Excel的“玩法”或规则，不再疲于解决各种“当下的问题”，一眼就能够看到任何一个Excel表格症结所在呢？

如果你有一定的Excel使用经验，欢迎参加我的Excel在线课程，我将用25堂Excel课程，让你具备慧眼识表的能力，不再被Excel“绑架”。

1.1 从斜线表格了解Excel的“背景”

我是凯旋，江湖人称“凯旋表哥”，专治各种吹牛。听说张老师在这里讲解Excel，我倒要看看您有什么本领。听说上了您的课，就能彻底搞懂Excel？

见笑了，不过跟我学Excel确实不一样哦。我举一个简单的例子。凯旋，看到这个表格了吗？我考考你，怎么做这个斜线表头（如图1-1所示）？

A B C D E F G

数据 日期

项目名称

图1-1 斜线表头

凯旋：这不是很简单吗？看我分分钟搞定！直接选中单元格，右击，选择“设置单元格格式”命令，如图1-2所示。

在弹出的“设置单元格格式”对话框中选择“边框”选项卡，接着选择“斜线”就可以了，如图1-3所示。

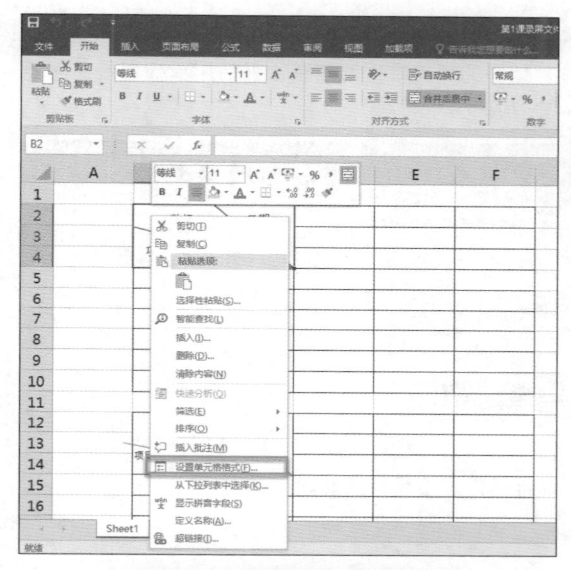

图1-2 选择“设置单元格格式”命令

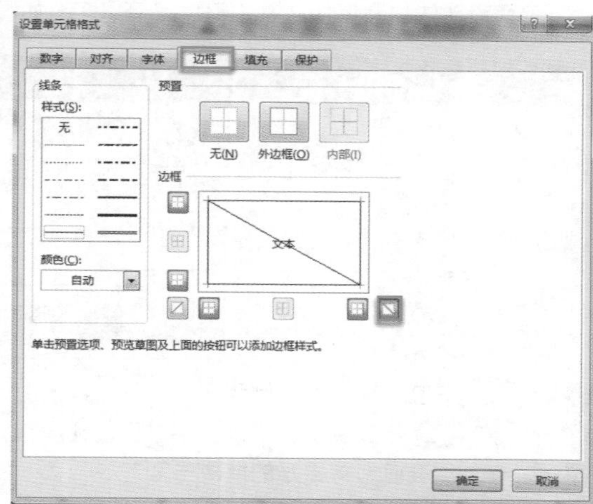

图1-3 “边框”选项卡

张老师：嗯，还不错。我再问你，你做的是单斜线表头，如果是双斜线表头呢？

凯旋：这可难不倒我。用“插入—形状—线条”的方式，先插入一条线，再插入一条线，然后对准就行了，如图1-4所示。

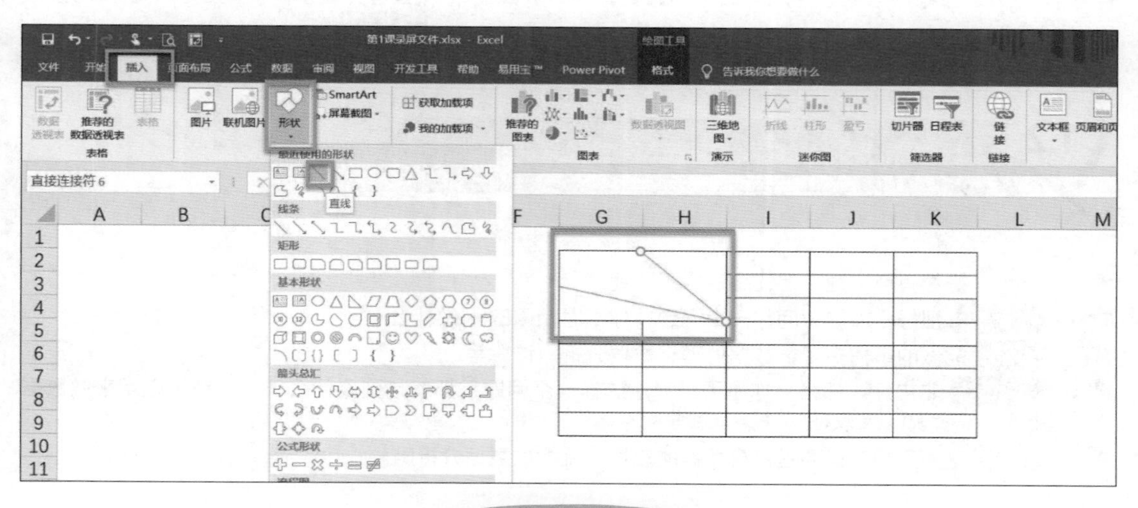

图1-4 插入线条

张老师：好，如果我要你在表头区域内写个标题呢？

凯旋：简单！在“插入”选项卡下单击“文本”组中的“文本框”按钮，然后用鼠标直接在需要填写表头的位置添加“文本框”就可以了，如图1-5所示。

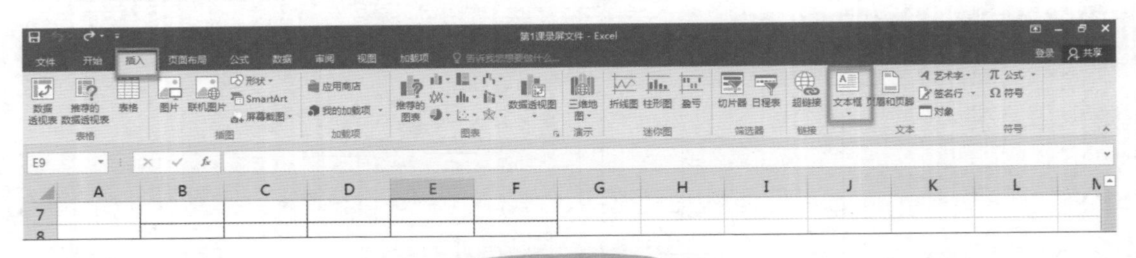

图1-5　插入文本框

凯旋：怎么样，难不倒我吧？

张老师：你的底子还不错，不过你发现没有，这样操作是不是有点麻烦？

凯旋：难道您有更好的解决方案？

张老师：这个……还真没有。

凯旋：……那您说什么！

张老师：我之所以要讲这个，是想告诉大家，其实Excel软件的设计者并不认为这样的表头形式能够帮助用户进行数据分析，也就不会专门为其提供支持。

因此，这里的关键并不是怎么做双斜线表头，而是要告诉大家——并不是你想在Excel里做的每一件事情，Excel都能够帮助你完成。如果你想更好地驾驭Excel，那么首先要了解的就是这个软件的使用规则。

1.2 进行数据分析前要弄清表格状态

凯旋：好像有点道理，但还是说服不了我。

张老师：那好，凯旋，问你一个问题，你平时使用Excel做什么？

凯旋：能做的事情多了，数据处理、数据分析、计算等。

张老师：非常好。那么，你是否思考过这样一个问题，那就是到底什么样的表格可以用来做数据分析呢？或者说Excel表格的种类有哪些呢？

凯旋：这还用问？只要是包含数据的表格，就能做数据分析啊。

张老师: 不完全是这样。以刚才这个双斜线表头为例，虽然这个表头想要做得好看并不是那么容易，但是我们仔细看这个表格的结构，有没有发现这样的表格有一个特点，那就是它们都是由一组行标题和一组列标题组成的“二维”表呢？表格中间的数据是两个标题的“交集”，对不对？

也就是说，这种表格有很好的阅读感，我们很容易看到数据和数据之间的对应关系以及对比关系。在Excel软件中，我们把这种既有行标题，又有列标题，中间是数据的表格称为“报表”，英文叫作report。好了，第一种Excel表格我已经介绍完了，那就是报表，如图1-6所示。

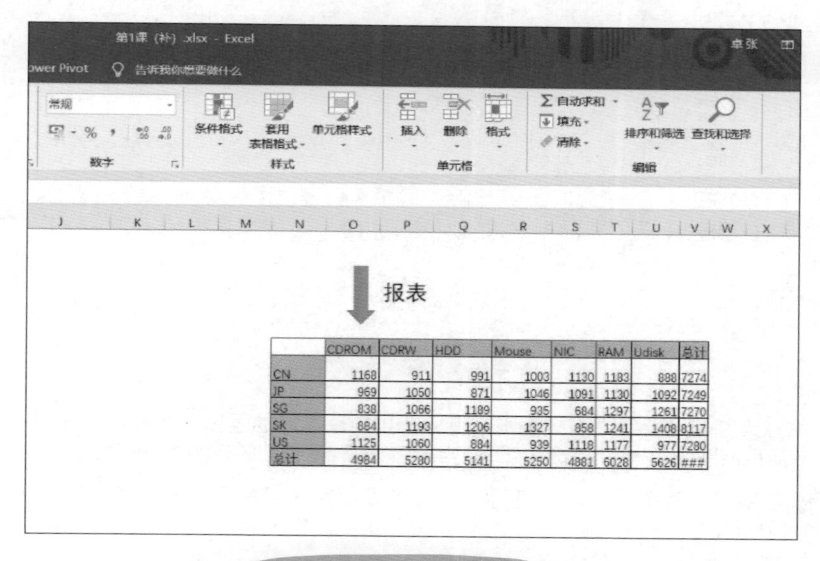

	CDROM	CDRW	HDD	Mouse	NIC	RAM	Udisk	总计
CN	1168	911	991	1003	1130	1183	888	7274
JP	969	1050	871	1046	1091	1130	1092	7249
SG	838	1066	1189	935	684	1297	1261	7270
SK	884	1193	1206	1327	858	1241	1408	8117
US	1125	1060	884	939	1118	1177	977	7280
总计	4984	5280	5141	5250	4881	6028	5626	###

图1-6 Excel软件认可的“报表”

凯旋: 还有其他种类的Excel表格吗？

张老师: 有啊！另一种Excel表格就是数据表，也称为database。这种表格大家在日常工作中经常会见到，如从公司数据库中导出来的某一个原始数据表等。那么，数据表有什么特点呢？

如图1-7所示，这种形式的表格很常见吧？整个表格只有一个标题行，下面是一行行的数据记录，我们可以叫它“流水账”。这种表格跟刚才介绍的报表相比，最大的不同是，我们根本无法从这个表格中看到数据和数据之间的对应关系或者对比关系，它只是数据的一种罗列。嗯，在Excel中我们把类似这种的表格称为数据表。

张老师: 也就是说，Excel表格的种类就这两种，一种是数据表；一种是报表。凯旋，我问你，你的老板希望你最终给他呈现的是数据表还是报表？

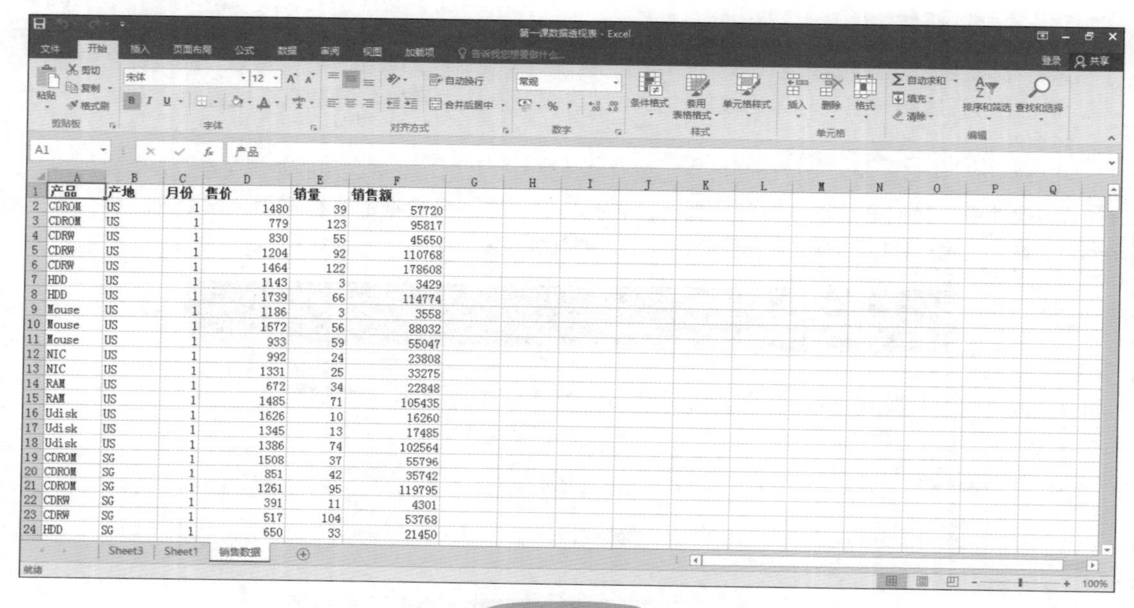

产品	产地	月份	售价	销量	销售额
CDROM	US	1	1480	39	57720
CDROM	US	1	779	123	95817
CDRW	US	1	830	55	45650
CDRW	US	1	1204	92	110768
CDRW	US	1	1464	122	178608
HDD	US	1	1143	3	3429
HDD	US	1	1739	66	114774
Mouse	US	1	1186	3	3558
Mouse	US	1	1572	56	88032
Mouse	US	1	933	59	55047
NIC	US	1	992	24	23808
NIC	US	1	1331	25	33275
RAM	US	1	672	34	22848
RAM	US	1	1485	71	105435
Udisk	US	1	1626	10	16260
Udisk	US	1	1345	13	17485
Udisk	US	1	1386	74	102564
CDROM	SG	1	1508	37	55796
CDROM	SG	1	851	42	35742
CDROM	SG	1	1261	95	119795
CDRW	SG	1	391	11	4301
CDRW	SG	1	517	104	53768
HDD	SG	1	650	33	21450

图1-7　数据表

凯旋：地球人都知道，当然是报表啦。有一个再简单不过的逻辑，那就是先拿到一张原始的数据表，然后使用Excel把数据表转换成主管领导或者老板需要看到的各种各样的报表。

张老师：没错，也就是说，我们使用Excel最关键的目的就是把数据表经过Excel的处理转换为报表，如图1-8所示。

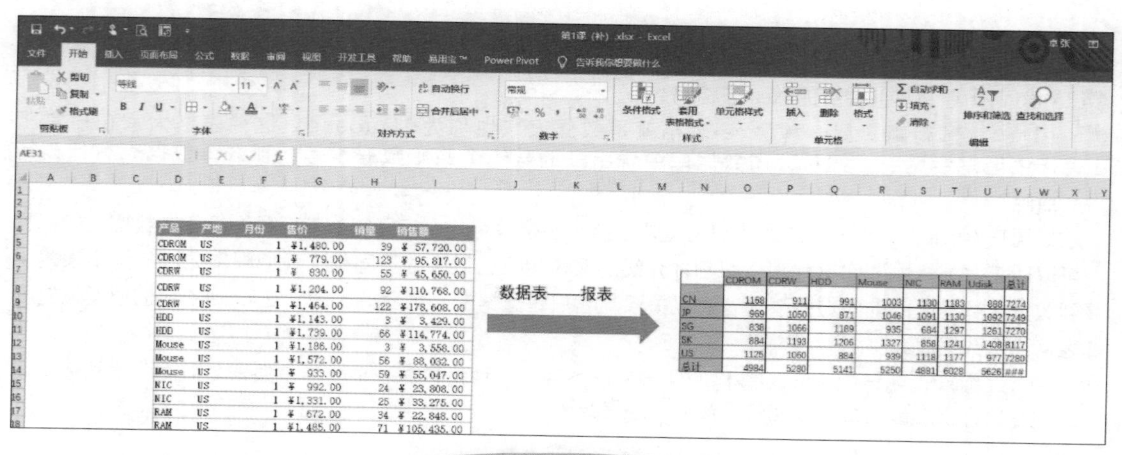

产品	产地	月份	售价	销量	销售额
CDROM	US	1	¥1,480.00	39	¥ 57,720.00
CDROM	US	1	¥ 779.00	123	¥ 95,817.00
CDRW	US	1	¥ 830.00	55	¥ 45,650.00
CDRW	US	1	¥1,204.00	92	¥110,768.00
CDRW	US	1	¥1,464.00	122	¥178,608.00
HDD	US	1	¥1,143.00	3	¥ 3,429.00
HDD	US	1	¥1,739.00	66	¥114,774.00
Mouse	US	1	¥1,186.00	3	¥ 3,558.00
Mouse	US	1	¥1,572.00	56	¥ 88,032.00
Mouse	US	1	¥ 933.00	59	¥ 55,047.00
NIC	US	1	¥ 992.00	24	¥ 23,808.00
NIC	US	1	¥1,331.00	25	¥ 33,275.00
RAM	US	1	¥ 672.00	34	¥ 22,848.00
RAM	US	1	¥1,485.00	71	¥105,435.00

	CDROM	CDRW	HDD	Mouse	NIC	RAM	Udisk	总计
CN	1168	911	991	1003	1130	1183	888	7274
JP	969	1050	871	1046	1091	1130	1092	7249
SG	838	1066	1189	935	684	1297	1261	7270
SK	884	1193	1206	1327	858	1241	1408	8117
US	1125	1060	884	939	1118	1177	977	7280
总计	4984	5280	5141	5250	4881	6028	5626	###

图1-8　数据表转换为报表

张老师：除了数据表和报表外，Excel还有一个特别常见的功能，那就是图表。如果你的报表中数据繁多且数值也很大，即便是通过查看报表，也很难看出数据之间谁大谁小。因此，我们经常需要生成图表，如图1-9所示。

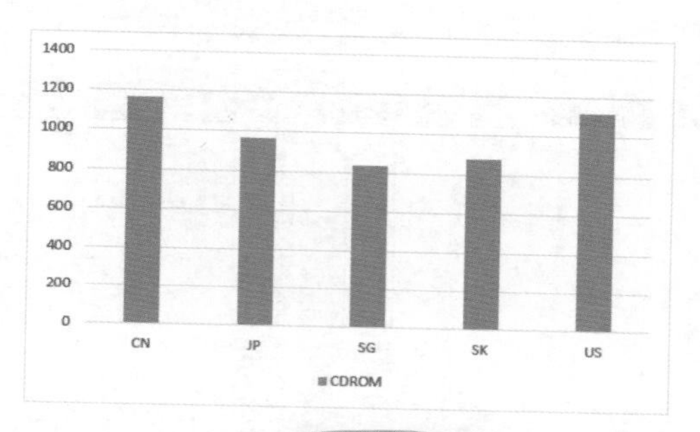

图1-9 图表

注意了，再次强调，Excel表格的种类只有两种，即数据表和报表。

张老师：我再问你，是数据表生成图表还是报表生成图表呢？

凯旋：这还用说？当然是报表生成图表。

张老师：没错。不知道你是否有这样的经历，那就是在创建Excel图表（如柱形图）的时候，在某些情况下Excel并没有精准识别你选中的表格是一张“报表”，而是把这张表格当作了“数据表”，因此创建的图表总是少了一个元素，或者干脆就是直接用数据表创建图表了，如图1-10所示。

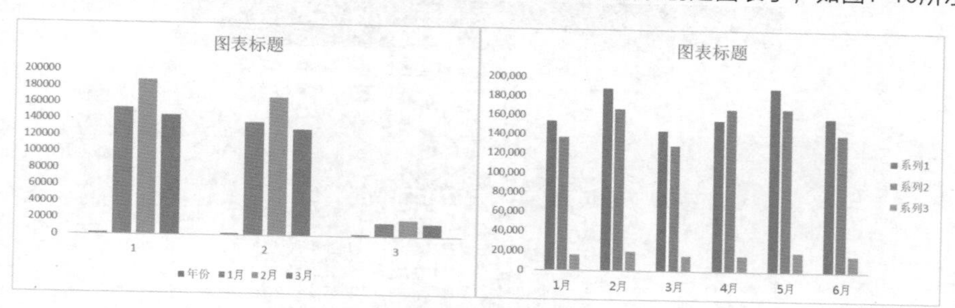

图1-10 两种柱形图

凯旋：来点“干货”？

张老师：那好，接下来我就考考你。

凯旋：看我怎么打败您！

张老师：呵呵，我这里有一张数码产品销售数据表，现在想查看CDROM与CDRW产品在中国和美国的销售总金额，并且需要绘制出进行类比的柱形图。你会怎么做？

凯旋：我用“筛选”功能把每一个条件进行组合，然后再求和，就得到答案了，如图1-11和图1-12所示。

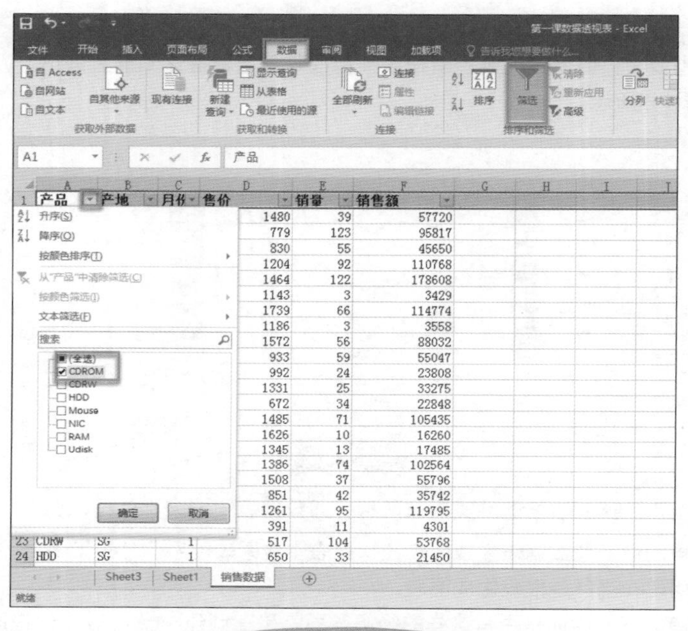

图1-11　数据-筛选

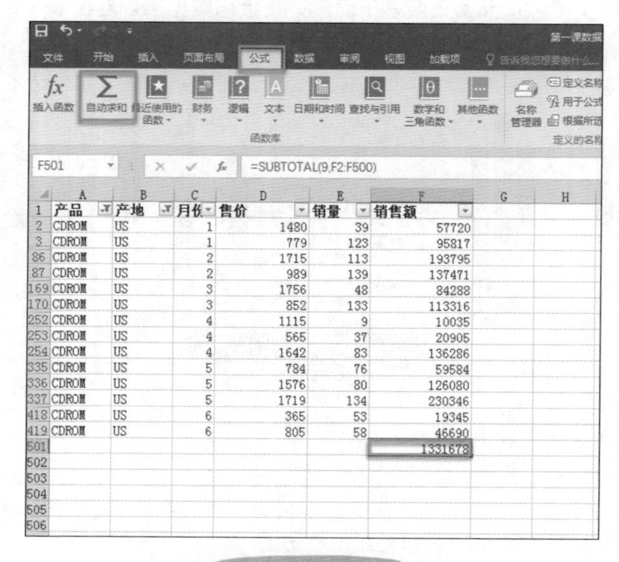

图1-12　公式求和

张老师：你这可是有点儿慢哦。如果我要查看的不是这两种产品和两个产地，而是所有产品在这两个国家的销售总额呢？

凯旋：这也简单，看我的！

把光标定位在数据表中，单击“插入”选项卡下“表格”组中的“数据透视表”按钮，在弹出的对话框中直接单击“确定”按钮，如图1-13所示。

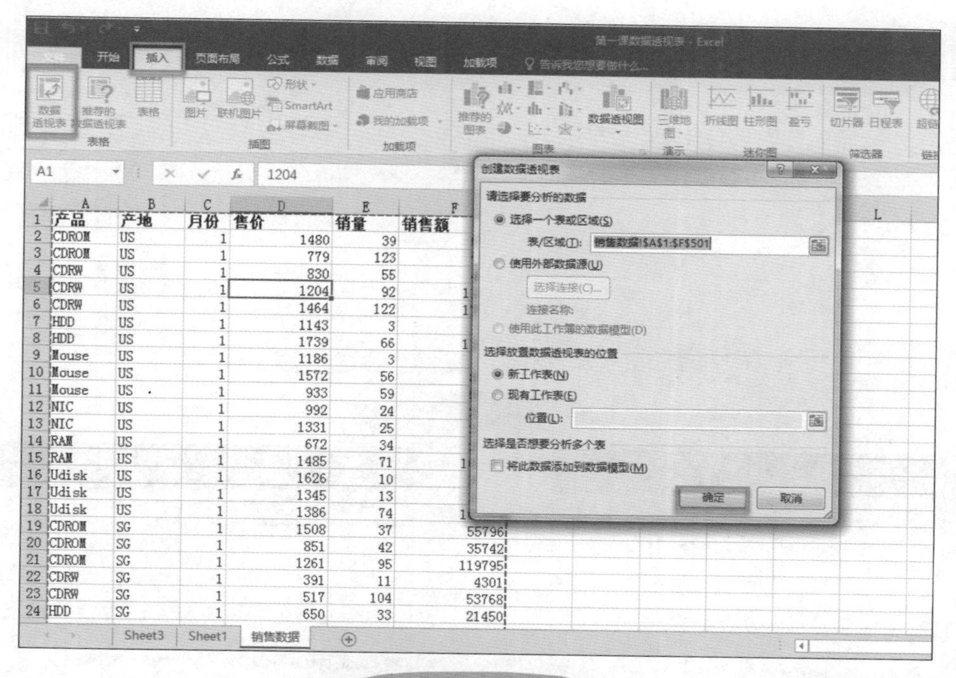

图1-13　插入数据透视表

此时在新建的工作表中便可看到数据透视表区域，以及“数据透视表字段”窗格。在“数据透视表字段”窗格中，将字段列表中的“产品”拖至下方的“行”区域，把“产地”拖至下方的“列”区域，将“销售额”拖至“值”区域，即可在左侧的数据透视表区域中生成数据透视表，如图1-14所示。

张老师：请问这个表格按照我刚才讲述的表格类型，是属于哪一种类型呢？

凯旋：是报表。

最后一步，只需在新生成的报表中根据需求中的条件进行筛选就可以了。如图1-15和图1-16所示，“产品”选择CDROM和CDRW，“产地”选择CN和US，这样就完成了。是不是很快？

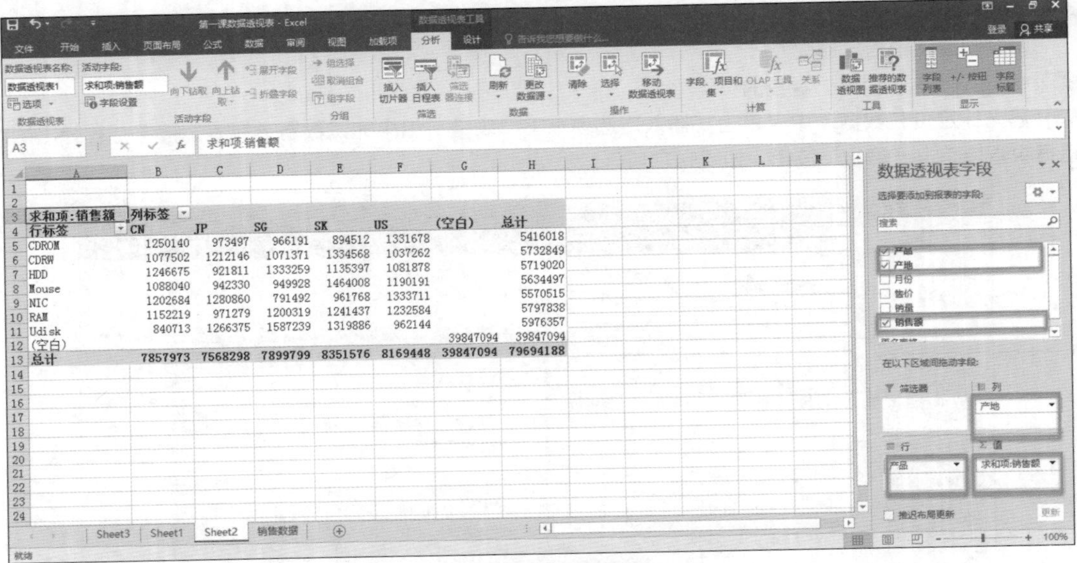

求和项:销售额	列标签						
行标签	CN	JP	SG	SK	US	(空白)	总计
CDROM	1250140	973497	966191	894512	1331678		5416018
CDRW	1077502	1212146	1071371	1334568	1037262		5732849
HDD	1246675	921811	1333259	1135397	1081878		5719020
Mouse	1088040	942330	949928	1464008	1190191		5634497
NIC	1202684	1280860	791492	961768	1333711		5570515
RAM	1152219	971279	1200319	1241437	1232584		5797838
Udisk	840713	1266375	1587239	1319886	962144		5976357
(空白)						39847094	39847094
总计	7857973	7568298	7899799	8351576	8169448	39847094	79694188

图1-14　生成报表

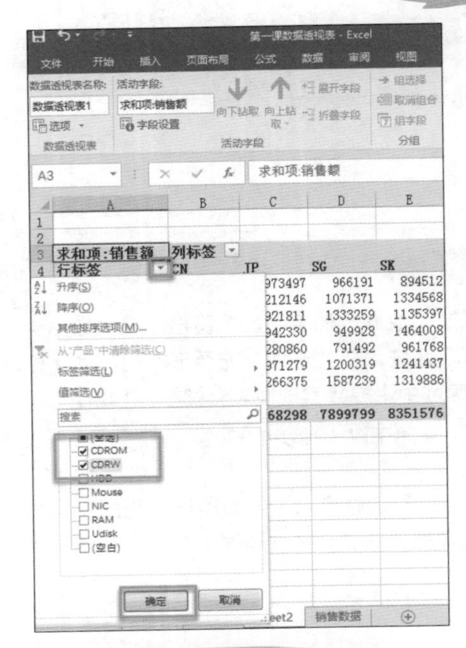

图1-15　筛选"产品"

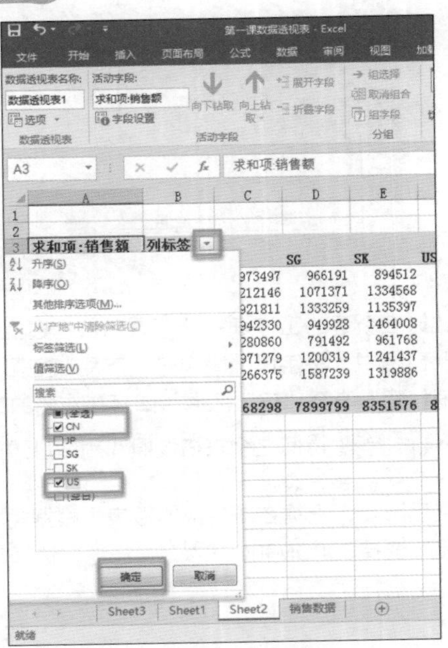

图1-16　筛选"产地"

对了，我们还要生成柱形图。那很简单，直接单击“插入”选项卡图表组中的“二维柱形图”按钮，你看图表就生成了，如图1-17所示。

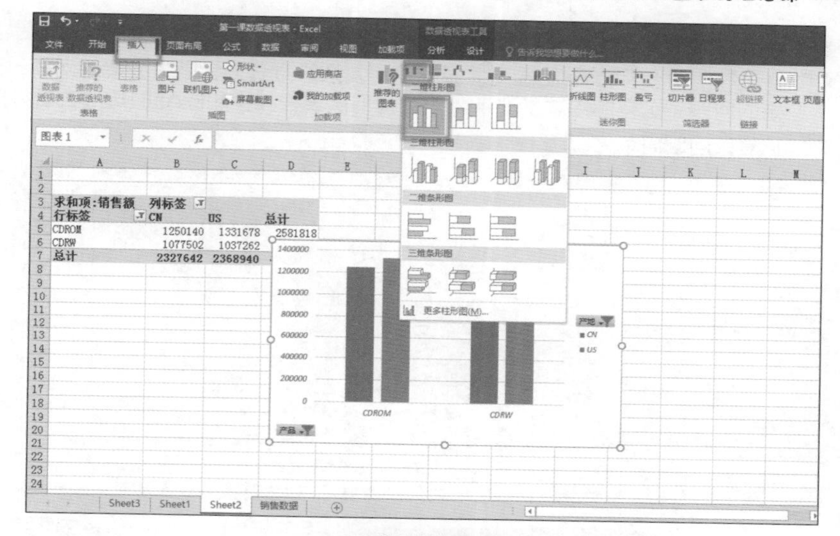

图1-17 生成柱形图

1.3 什么是“死表”

张老师： 凯旋，不错啊，数据透视表被你用得这么“溜”，怪不得说自己是“凯旋表哥”。

凯旋： 这点问题根本难不倒我，我可不是初入职场的Excel“小白”。

张老师： 发现了吗？Excel中的数据透视表功能实质上就是把现有的“数据表”转换为各种符合我们需求的一种功能。由于数据透视表功能创建出来的表格类型是报表，因此生成图表也就是瞬间完成的事情了。这里还有一个要注意的问题。如图1-18所示，同样是销售数据表，在此把每一个月的数据单独做成了一张工作表。这样的数据表进行分析的灵活性就大大降低了，分析者还需要做一张“汇总表”，无形中增加了工作量。表面上，在打开这个Excel文件的时候，能够做到分月查看，实际上最终进行数据分析的时候却发现十分麻烦。因此，有人把这种状态的表称为“死表”。

正确的做法应该是，在数据表中增加一列“月份”，然后把每一个月的数据都放到这一张表中就足够了。这才是灵活度高的数据表，所以也被称为“活表”，如图1-19所示。

凯旋： 哦，这个还真没注意过，平时很多人的表格都跟您前面说的那样，每个月单独一张工作表，后面汇总的时候的确有点儿不方便。当然，这样的汇总难不倒我。

张老师： 我知道一般的汇总和透视表难不倒你，但是我们需要的是更方便、更灵活的分析方法，而不是一遇到问题就去找公式与函数来解决。我的学员中像你这样的人不在少数，Excel使用了多年，各种函数也都得心应手，可总是疲于解决各种问题。

凯旋：那要不呢？还能有更高深的方法？

张老师：使用Excel的最高境界不是用复杂的方法或者函数去解决问题，而是用简单的方法解决复杂的问题。这样的人才是高手。一旦我们从表格种类和Excel的玩法去看待所有的Excel问题，你就能把复杂问题简单化。

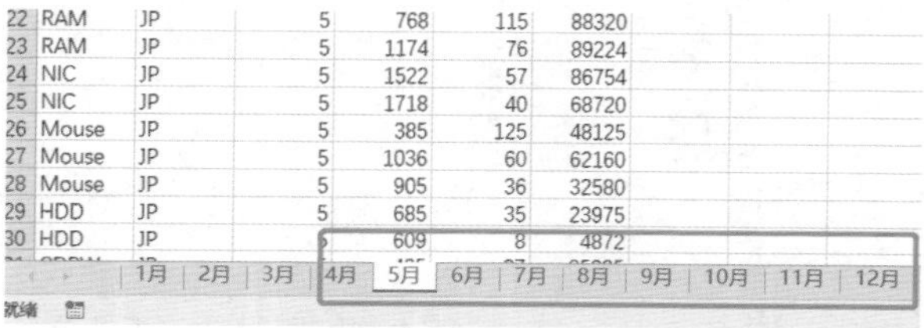

22	RAM	JP	5	768	115	88320
23	RAM	JP	5	1174	76	89224
24	NIC	JP	5	1522	57	86754
25	NIC	JP	5	1718	40	68720
26	Mouse	JP	5	385	125	48125
27	Mouse	JP	5	1036	60	62160
28	Mouse	JP	5	905	36	32580
29	HDD	JP	5	685	35	23975
30	HDD	JP	5	609	8	4872

1月 | 2月 | 3月 | 4月 | 5月 | 6月 | 7月 | 8月 | 9月 | 10月 | 11月 | 12月

就绪

图1-18　不科学的分类方式

E5　92

	A	B	C	D	E	F
1	产品	产地	月份	售价	销量	销售额
2	CDROM	US	1	1480	39	57720
3	CDROM	US	1	779	123	95817
4	CDRW	US	1	830	55	45650
5	CDRW	US	1	1204	92	110768
6	CDRW	US	1	1464	122	178608
7	HDD	US	1	1143	3	3429
8	HDD	US	1	1739	66	114774
9	Mouse	US	1	1186	3	3558
10	Mouse	US	1	1572	56	88032
11	Mouse	US	1	933	59	55047
12	NIC	US	1	992	24	23808
13	NIC	US	1	1331	25	33275
14	RAM	US	1	672	34	22848
15	RAM	US	1	1485	71	105435
16	Udisk	US	1	1626	10	16260
17	Udisk	US	1	1345	13	17485
18	Udisk	US	1	1386	74	102564

图1-19　正确的数据表状态

本课小结：

本节课没怎么讲技术，但我认为所讲内容的重要性比任何的技术都要高，后面我们有足够的篇幅来讲解Excel的技术。Excel的规则或者说玩法总结一下就是这样，如图1-20所示。

首先，得有一张数据表。其次，利用Excel强大的数据分析功能包括公式、函数、数据分析工具（如刚才说过的数据透视表功能），将该“数据表”转换为从各种不同角度进行分析的“报表”。最后，用这张“报表”创建出“图表”。

如果能够从这个维度和视角来学习Excel，至少不会总是被各种公式与函数等技术问题困扰了。接下来将按照把“数据表”转换为“报表”的思路，为大家讲解Excel软件的使用方法，帮助大家重新建立对Excel软件的认知。

图1-20　Excel的规则说明

PART

第2部分

每天都用，但就是不知道数据输入技巧

第2课

重新解读Excel最小的“元素”

凯旋，上一课的作业完成了吗？

那种难度的题，完全没有兴趣。今天您又想讲什么？

今天，我们先从单元格格式开始，为大家揭秘Excel单元格格式的“真相”。

单元格格式？这么简单的问题，也敢拿出来讲？

哦？那你来说说，Excel中最常见的格式有哪些？

小儿科，我随口就来，数值、货币、日期、文本、分数、百分比、科学记数法等。

很好，那我再考考你。

2.1 无限制输入，真的做不到

比如，打开一张Excel表格，在其中输入公司员工的身份证号码。如果直接输入，会是什么状态呢？一般身份证号码是18位数字，那就直接输入18个数字吧。输完之后按Enter键，效果如图2-1所示。怎么样，这种情况是不是经常见到呢？

剪贴板　字体　对齐方式　数字

D3　11010520081010

	A	B	C	D	E
1	姓名	部门	学历	身份证号	联系电话
2	张小丽	财务	大学	1.23457E+17	88253278
3	王伟	财务	大学	1.10105E+13	88367980
4	赵刚	财务	研究生		28275456
5	蔡芬	财务	大学		23546788
6	李号郝	财务	大学		23445609
7	陈鹏	销售	大学		23318907
8	刘学燕	销售	博士		26357901
9	黄璐京	销售	大学		24563190
10	王卫平	销售	大学		34560921
11	任水滨	销售	大学		34562178

图2-1　常见身份证号码错误格式

Excel并没有显示出刚才输入的全部数字，而是变成了这样——科学记数法的状态并且右对齐。

张老师：那么问题来了，我不想看到科学记数法，就要看到这18个数字，让每一个都显示出来，你会怎么办？能不能直接修改呢？

凯旋：这个简单，改改格式不就好了。我有两种方法来解决，看我的。直接选中单元格，右击，在弹出的快捷菜单中选择“设置单元格格式”命令，如图2-2所示。

D2 123456789012345000

	A	B	C	D	F	G
1	员工编号	姓名	出生日期	身份证号	话	金额
2	1425	张三	1978/4/6	1.23457E+17	1882****452	121.6
3	2789	李得位	1983/10/5		1840****708	364.8
4	4153	赵小小	1990/4/8		1333****097	608
5	5517	王芬	1995/12/12		1583****408	1024
6	6881	王号弥	1981/2/24		1833****719	153.6
7	8245	周兰亭	1987/8/31		1383****030	153.6
8	9609	宋疆	1982/8/13		1333****341	486.5
9	10973	冯红	1994/5/22		1583****652	834
10	12337	孙汉	1996/12/4		1833****963	778.4
11	13701	童心米	1993/1/1		1384****274	98
12	15065	宝山浪	1994/10/15		1334****585	22.4
13	16429	裴余刚	1992/12/11		1584****896	100.8
14	17793	常承	1981/9/23		1834****207	364.8
15	19157	王登科	1986/3/24		1308****518	240
16	20521	吴凤	1994/5/4		1334****829	60.8
17	21885	黄京蔚	1997/11/14		1584****140	556

Sheet1 | 员工信息表 | Sheet3 | Sheet2 | 项目进展

就绪

快捷菜单：剪切(T)、复制(C)、粘贴选项:、选择性粘贴(S)...、智能查找(L)、插入(I)...、删除(D)...、清除内容(N)、快速分析(Q)、筛选(E)、排序(O)、插入批注(M)、设置单元格格式(F)...、从下拉列表中选择(K)...、显示拼音字段(S)、定义名称(A)...、超链接(I)...

图2-2 选择“设置单元格格式”命令

在弹出的“设置单元格格式”对话框中选择“数字”选项卡，在“分类”列表框中选择“文本”，然后单击“确定”按钮，如图2-3所示。

张老师：但是你看没变吧。

凯旋：这不算，我还有第2种方法。直接在数字前面加一撇（加个英文输入法状态下的单引号），然后按Enter键，如图2-4所示。

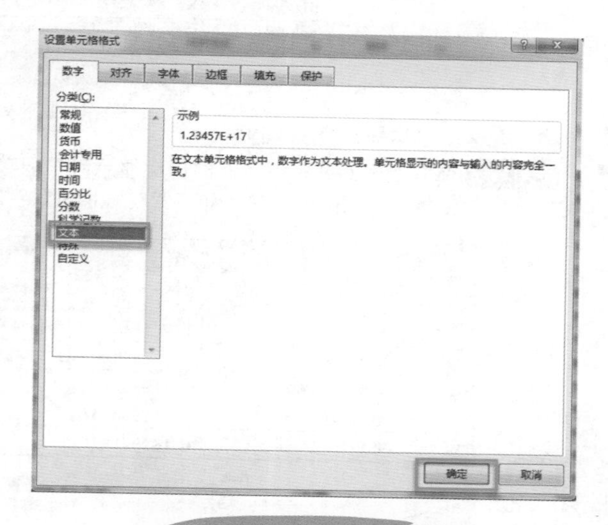

图2-3 设置“文本”格式

	A	B	C	D	E	F	G
1	员工编号	姓名	出生日期	身份证号	学历	联系电话	金额
2	1425	张三	1978/4/6	'123456789012345000	大学	1882****452	121.6
3	2789	李得位	1983/10/5		大学	1840****708	364.8
4	4153	赵小小	1990/4/8		研究生	1333****097	608
5	5517	王芬	1995/12/12		大学	1583****408	1024
6	6881	王号弥	1981/2/24		大学	1833****719	153.6
7	8245	周兰亭	1987/8/31		大学	1383****030	153.6
8	9609	宋疆	1982/8/13		博士	1333****341	486.5
9	10973	冯红	1994/5/22		大学	1583****652	834
10	12337	孙汉	1996/12/4		大学	1833****963	778.4
11	13701	童心米	1993/1/1		大学	1384****274	98

图2-4　在数字前面加一撇

张老师：这次好像真的可以了，不过此时数字的后3位自动变成了0，如图2-5所示。你刚才输入0了吗？

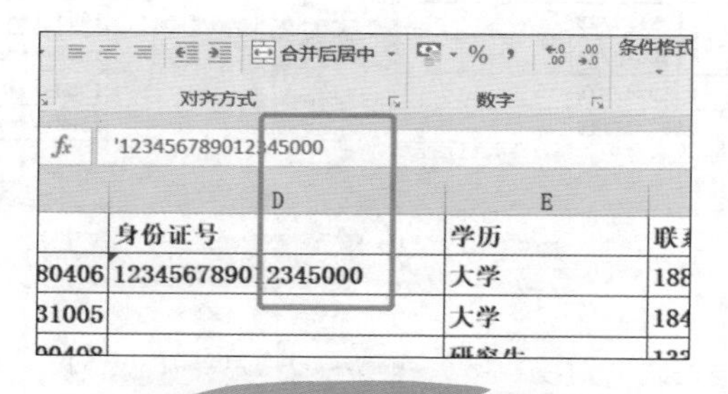

图2-5　末3位变成0

凯旋：怎么会这样？我没做错啊。

张老师：你看上面的编辑栏，此时已经显示科学记数法了，如图2-6所示。这说明，在Excel中无论你怎么调整格式，数据都不会自动“变成”18位数字的。

D2　fx　123456789012345000

	A	B	C	D	E
1	员工编号	姓名	出生日期	身份证号	学历
2	1425	张三	1978/4/6	1.23457E+17	大学
3	2789	李得位	1983/10/5		大学
4	4153	赵小小	1990/4/8		研究生
5	5517	王芬	1995/12/12		大学

图2-6　数据变成科学记数法

在Excel中，如果在单元格内输入的数字超过11位，就会显示科学记数法；超过15位时，15位后面的内容将显示为0。

在输入完单元格内容，按下Enter键之后，单元格格式就被固定了。因此，我们常用的“设置单元格格式”这个操作最好是在输入内容之前进行，这样可以保证表格中的格式不会出错，如图2-7所示。

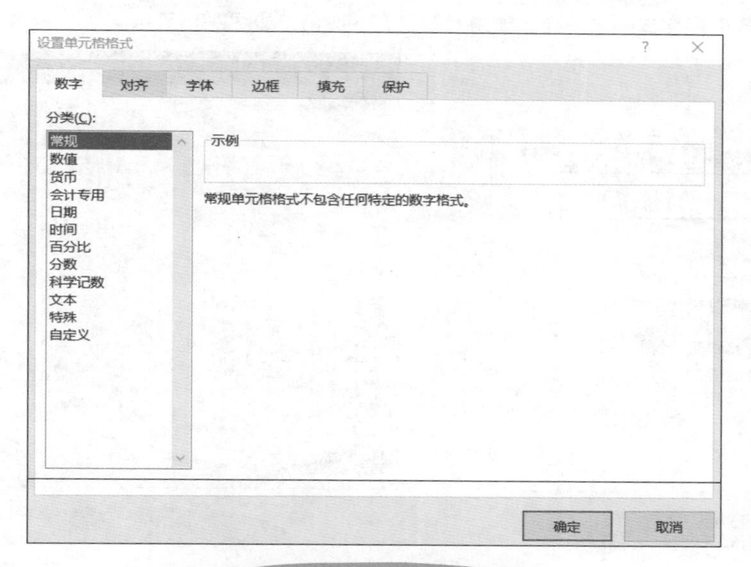

图2-7　提前设置单元格格式

2.2 搞懂格式种类，才能正确修改格式

凯旋：那到底怎么修改格式呀？总不能遇到格式问题就删除，然后重新输入吧，那也太麻烦了！

张老师：想要彻底搞清楚这个问题，就先从格式的种类开始吧。现在我找一个单元格，直接输入123，这是数字格式的数字。那么，如果我在下方的单元格中输入“'123”呢？对的，这就是一个文本格式的数字，如图2-8所示。请问这两个数字你一眼看上去最大的区别在哪里？

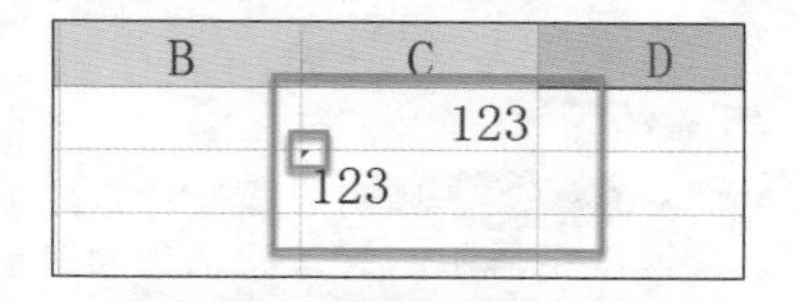

图2-8　不同格式的123

凯旋： 这不是一目了然吗？

第一，文本格式数字默认左对齐，而数字格式的则是右对齐。

第二，文本格式数字的左上角还有一个绿色的三角。

张老师： 嗯，总结得很到位。凯旋，你见过用Excel有洁癖的人吗？有的人看到单元格左上角有绿色三角就觉得不舒服，于是用鼠标选中这个包含绿色三角的单元格，在弹出的下拉菜单中选择“忽略错误”命令，绿色三角就不见了，如图2-9所示。

这还没完，随后还会选中这一列，单击“右对齐”按钮，如图2-10所示。

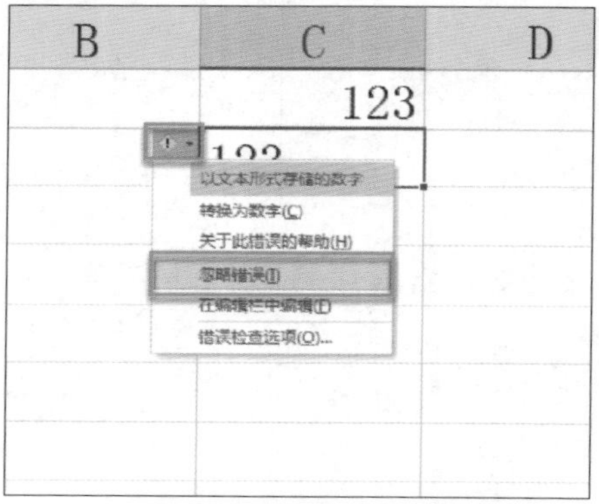

图2-9　隐藏绿色三角

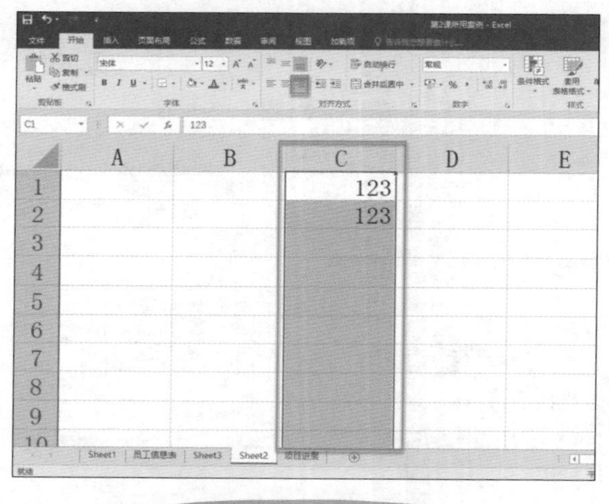

图2-10　选中整列数据右对齐

张老师： 凯旋，我问你，现在你还能看得出这两个单元格中的数字，哪一个是文本格式，哪一个是数字格式吗？

张老师： 看不出来了吧？再问你，我想把这两个数相加也就是求和，要怎么做呢？

凯旋： 这个简单，直接单击“公式”选项卡“函数库”组中的“自动求和”按钮Σ就好了啊。你看我单击Σ按钮……What？怎么是123，不是246？那我将“右对齐”状态取消，然后再次求和，怎么还是123（如图2-11所示）？完全没道理啊！

张老师： 呵呵，文本格式的数字是不能够参与计算的哦。

凯旋： 那怎么办？

张老师： 其实只要换种方法就可以。这次不再单击Σ按钮了，而是直接输入=C1+C2，用“+、-、*、/”这样的运算

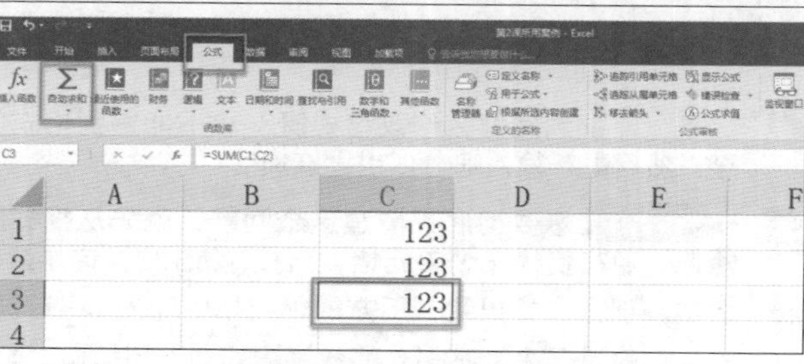

图2-11　求和失败

符来运算，如图2-12所示。你再看结果是多少？是不是246了？

凯旋：哦，我懂了。也就是说，文本格式的数字不能参与函数的计算，但是可以参与公式的计算。

张老师：没错。

张老师：说完文本格式的数字，再来看看日期。如果要输入“2018年10月18日”，凯旋，你会怎么做？

凯旋：这还不简单？我有N种办法：①2018-10-18 中间用“-（横杠）”隔开；②2018/10/18 中间用“/(斜杠)”隔开；③2018.10.18 中间用“.（点）”隔开，如图2-13所示。

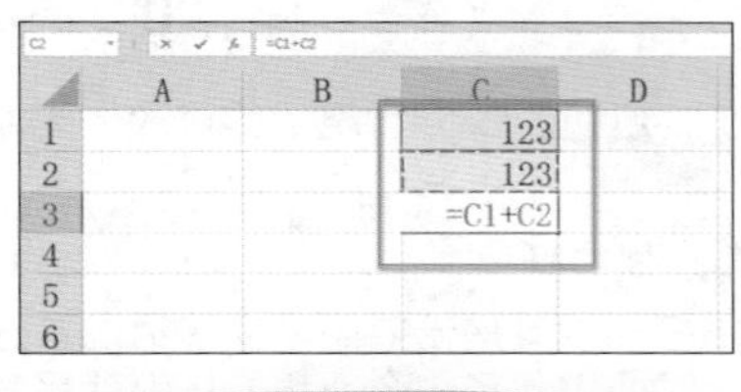

图2-12 换种方法求和

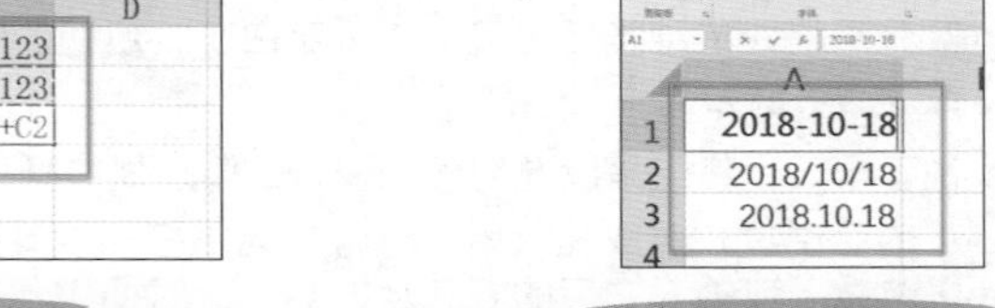

图2-13 日期的3种格式

张老师：不错，那么……

凯旋：停停停，怎么都是您考我啊，我也来考考您。

张老师：好吧，你来。

凯旋：其实，上面那3种日期格式，只有一种是对的，您能告诉我是哪一种吗？

张老师：这个简单，只需把光标放在日期单元格右下角，往下填充就知道了。看，后面两种日期都出现了问题。也就是说，只有第①种日期格式是正确的，而后面的都不对，如图2-14所示。

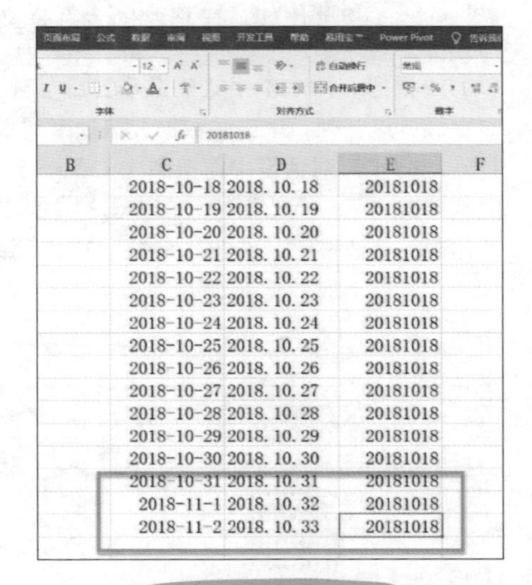

图2-14 正确的日期格式

凯旋：那您能说说这是为什么吗？

张老师：很简单，我操作一下你就知道了。我把用“.（点）”分隔日期的单元格拉到正确日期的单元格下方，然后把单元格拉宽就能看出来，正确日期在单元格中“右对齐”，而用点分隔的日期在单元格中“左对齐”。也就是说，正确的日期格式，实际上是数字格式，如图2-15所示。

当我输入“9:00”时也是右对齐；再输入一个分数“1/2”，也是右对齐，如图2-16所示。还记得之前提到的科学记数法吗？也是默认靠右的。

因此，从大类上来看Excel的单元格格式只有两种：一种是文本；另一种是数值。

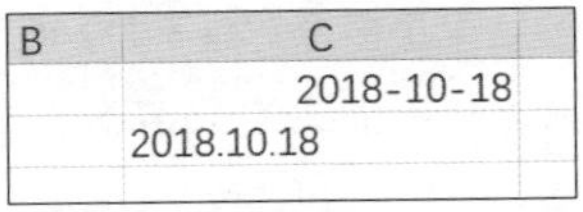

B	C
	2018-10-18
2018.10.18	

图2-15　两种日期对齐方式不同

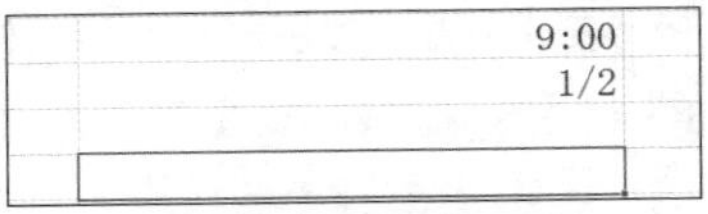

9:00
1/2

图2-16　默认靠右的一些格式

2.3 学会“分列”，轻松修改格式

张老师：分清格式的种类后，我们也就明白了，所谓的Excel中格式的修改，无非就是文本转换为数值，或者数值转换为文本。

凯旋：说了半天，您还是没说到底应该怎么修改格式呀！

张老师：前面说过，完成输入后，进行单元格格式设置是无效的。换句话说，这种设置方法只适合在输入之前做。那输入之后的要怎么办呢？这时便用到了一个新功能，那就是分列。分列这个功能，原本是将一列数据分成多列，但也能用于格式的修改。

张老师：比如，表格中的金额是文本格式，文本格式的数字无法直接用SUM函数来运算，如图2-17所示。

如要把一列文本格式的数字全部转化为数字格式，显然一个一个地修改会很麻烦。这时可以选中“金额”这一列，单击“数据”选项卡“数据工具”组中的“分列”按钮；在弹出的“文本分列向导-第1步，共3步”对话框中直接单击“下一步”按钮；在弹出的“文本分列向导-第2步，共3步”对话框中继续单击“下一步”按钮；在弹出的“文本分列向导-第3步，共3步”对话框中选中“列数据格式”栏的“常规”单选按钮，单击“完成”按钮，如图2-18所示。

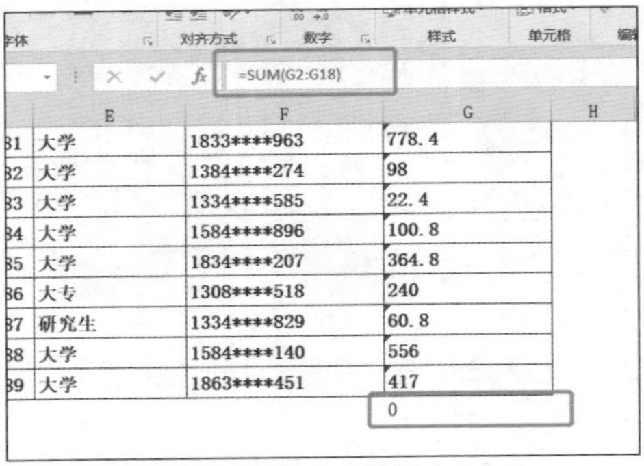

=SUM(G2:G18)

	E	F	G
31	大学	1833****963	778.4
32	大学	1384****274	98
33	大学	1334****585	22.4
34	大学	1584****896	100.8
35	大学	1834****207	364.8
36	大专	1308****518	240
37	研究生	1334****829	60.8
38	大学	1584****140	556
39	大学	1863****451	417
			0

图2-17　文本格式的数字无法直接用SUM函数来运算

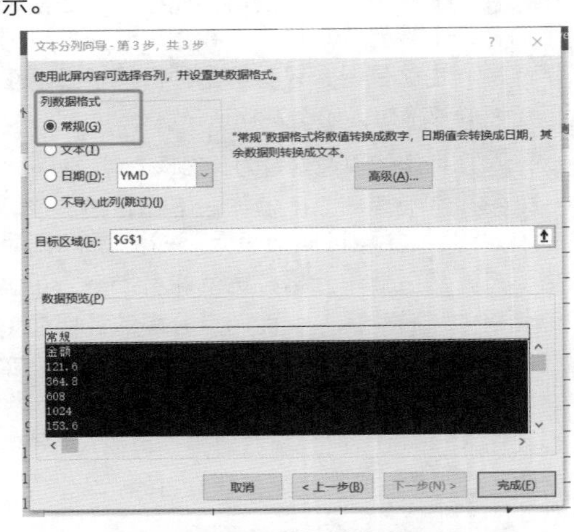

图2-18　把文本格式转换为数字格式

这样，这一列数据就瞬间转换为数字格式了。很快吧？

凯旋：为什么是“常规”，而不是“数值”呢？

张老师：在“设置单元格格式”对话框中，显示在“分类”列表框最上面的格式就是“常规”。Excel对于“常规”的解释就是不包含任何特定的数字格式。也就是说，常规就是最原始的数字格式。“常规”下面的“数值”“货币”“日期”“分数”等都是“特定”的数字格式，如图2-19所示。

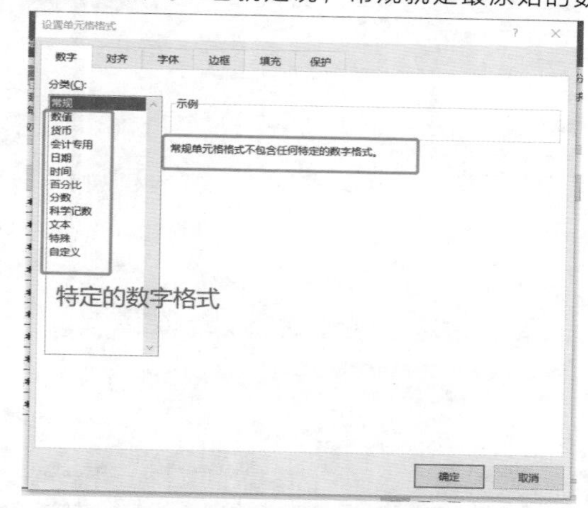

图2-19　单元格格式的种类

凯旋：我还有个问题，在刚才这个表格中，如果出生日期也不是正确的日期格式，如何修改呢？

张老师：当然还是用分列。选中“出生日期”这一列，单击“数据”选项卡“数据工具”组中的“分列”按钮，在弹出的“文本分列向导”对话框中依次单击“下一步”按钮，在第3步中选中“日期”单选按钮，单击“完成”按钮，如图2-20~图2-22所示。

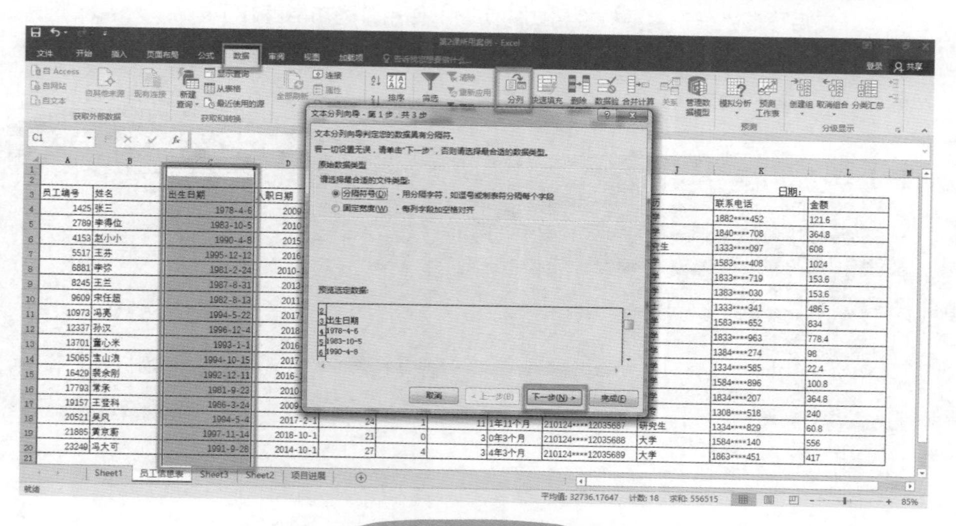

图2-20　文本分列向导

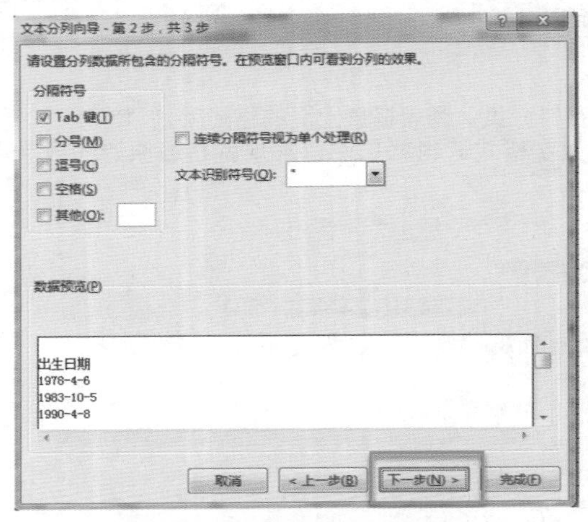

图2-21　直接“下一步”跳过第2步

图2-22　选择“日期”格式

张老师：怎么样，是不是出生日期一下子就被调整为正确的日期格式了？

文本分列的第3步，是修改格式。主要分为3种格式：常规、文本和日期。经过前面的学习可知，日期也属于数字格式的一种。这样通过分列功能也能看出来，Excel中的数字格式实际上只有两种：数值（常规）和文本。以后再遇到任何需要转换格式的问题，使用分列功能就好了。

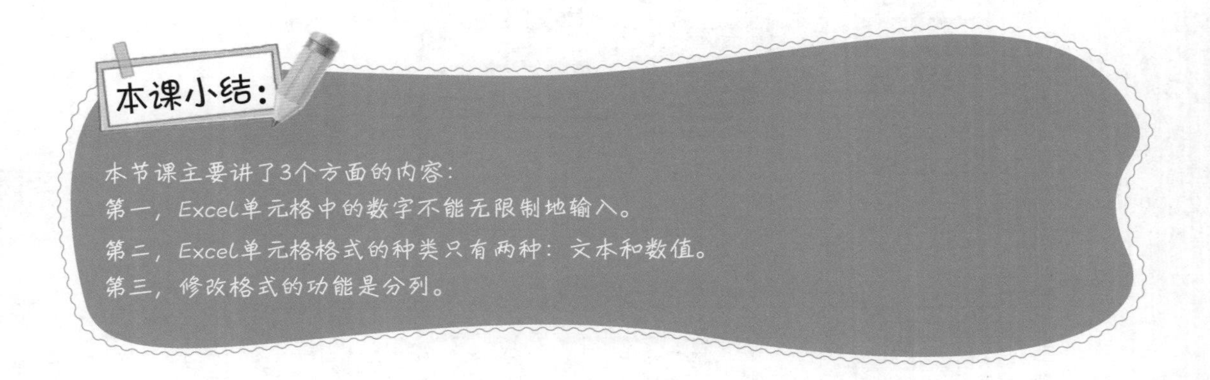

第3课

4个必备日期函数解决90%以上的日期计算问题

凯旋，又有什么问题了？

哎，今年的法定节假日都过完了，我现在就指着元旦过日子了，我在算今天到元旦还得上几天班。

嗨，你这样算多麻烦啊，用Excel的日期函数，几秒就能搞定。

日期函数我也经常用，还有这功能？

那是当然！今天我就考考你日期函数，看你掌握得怎么样。

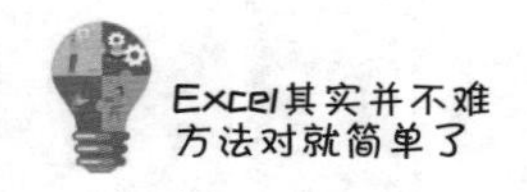

3.1 TODAY函数

凯旋，我问你，如果我们要在单元格里输入今天的日期，该怎么做呢？

这个问题也太简单了吧，直接输入，或者用TODAY函数啊。

会用TODAY函数，不错。还有一个更快的方法——用Ctrl+；组合键，当我们在键盘上同时按下Ctrl+；组合键的时候，今天的日期就出现了，如图3-1所示。

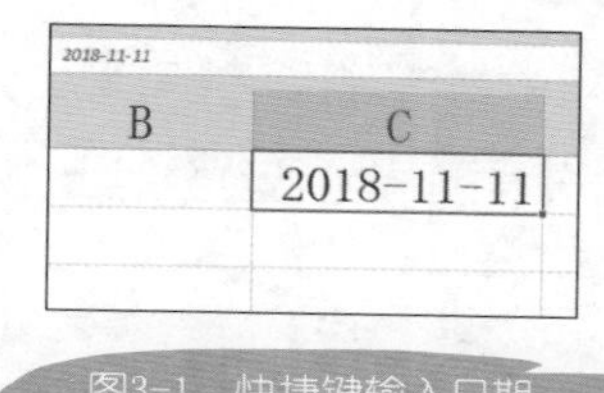

图3-1　快捷键输入日期

很快吧。当有人看着你操作的时候，你就用这个快捷键输入当天日期！

凯旋：但是，用Ctrl+；组合键输入的日期，如果我明天打开表格，它是不会自动更新的。是一个只能用来“显摆”的快捷键而已。

张老师：那你说如果我想输入一个日期，无论哪一天打开都是当天的日期，该怎么做呢？

凯旋：这就要用我开头说过的TODAY函数了，在单元格里先输入等号，再输入英文单词TODAY，再输入左括号，因为，TODAY函数非常特殊，它没有参数，所以，再输入右括号，当输完=TODAY()以后直接按Enter键，就可以看到今天的日期了，如图3-2所示。

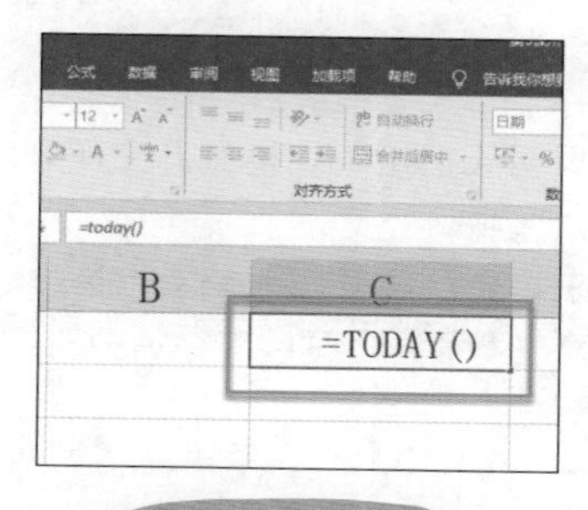

图3-2　TODAY函数

重点是，这个日期会随着系统日期的变化而变化。也就是说，只要在表格里用了TODAY函数，无论谁什么时候打开这张表格，该单元格都会显示当前日期。

张老师：不错嘛。我接着问你，既然TODAY是今天日期的话，如果想让单元格里显示昨天的日期该怎么做呢？

凯旋：这也难不倒我，如果希望单元格里一直显示昨天的日期，直接输入=TODAY再输入括号，然后，在括号外面输入减1，最后按Enter键，这样单元格就显示昨天的日期了。日期格式实际上是数值格式的一种，所以TODAY()−1就是“昨天”，如图3-3所示。

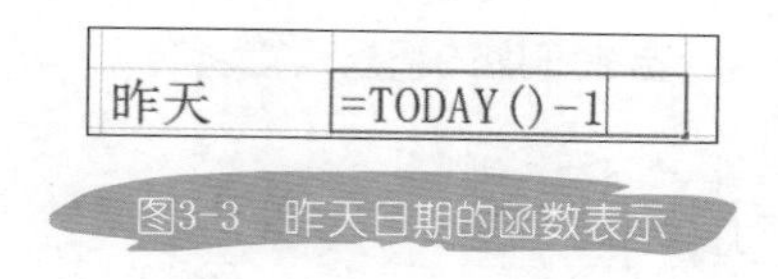

图3-3　昨天日期的函数表示

同样地，也会有TOMORROW，明天的日期就是“=TODAY()+1”，如图3-4所示。

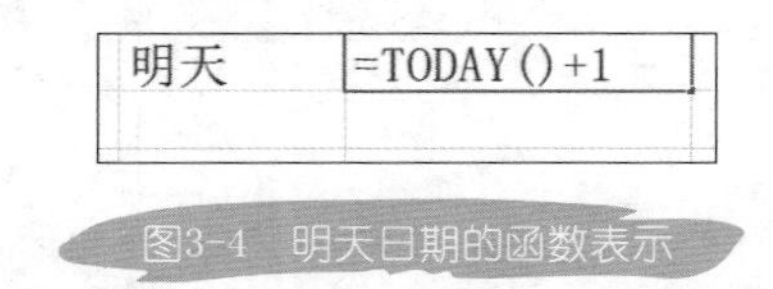

图3-4　明天日期的函数表示

张老师: 理解得都对！不过，先别得意了，凯旋，我再考考你，如果我想知道今天（2018年11月10日）距离2018年12月31日还有多少天，你会怎么做呢？

凯旋: 小菜一碟，只需要在后面找一个单元格输入“='后面的日期'-'前面的日期'”，然后按下Enter键，马上就可以看到今天距离12月31日还有51天，如图3-5所示。

B	C	D	E
今天	2018-11-10	2018-12-31	=D2-C2

图3-5　两个日期间隔天数的计算

张老师: 要做倒计时呢？如果明天把这个表格打开它还剩50天，后天把这个表格打开它还剩49天，该怎么做呢？

凯旋: 我依然用TODAY函数来解决，只需把刚才这个公式里今天的日期用TODAY函数来表示，这样就表示我们在做自动倒计时了，当我明天打开表格的时候，E2单元格会自动更新，如图3-6所示。

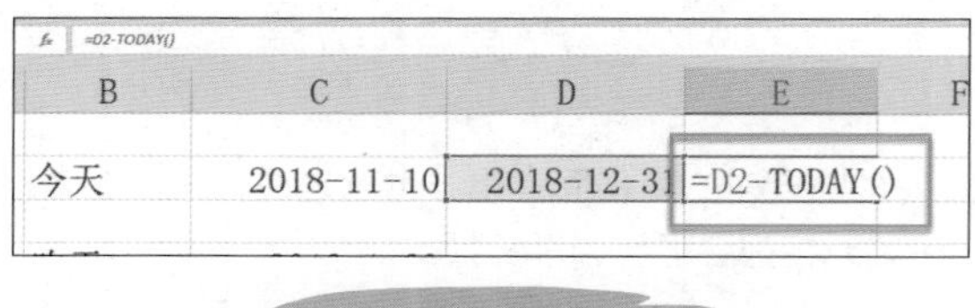

图3-6　日期的倒计时

如果计算出来的结果是一个日期格式，那只需把单元格格式调整为常规即可，如图3-7所示。

张老师: 这么多问题都难不倒你，看来你对TODAY函数是真的很熟练。看来我得加大难度了。我们来看一张表，这是一个员工的信息表，上面有员工的出生日期、入职日期，我想知道员工的年龄和工龄，你会怎么计算呢？

凯旋: 等等，这里面有个问题，出生日期的格式是错误的。

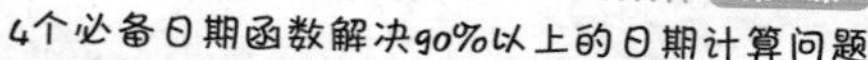

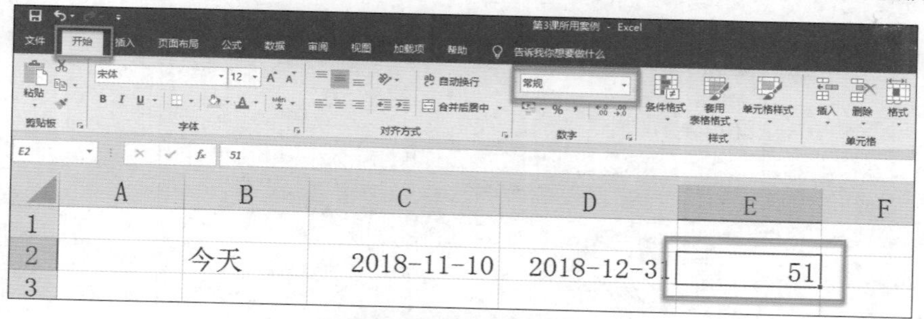

图3-7 日期格式的更改

张老师：哈哈，你真得很机灵。我们上节课讲过这个问题，你还记得怎么处理吗？

凯旋：当然记得。用分列功能，单击“数据”选项卡中“数据工具”组中“分列”按钮，然后单击“下一步”按钮，如图3-8和图3-9所示。

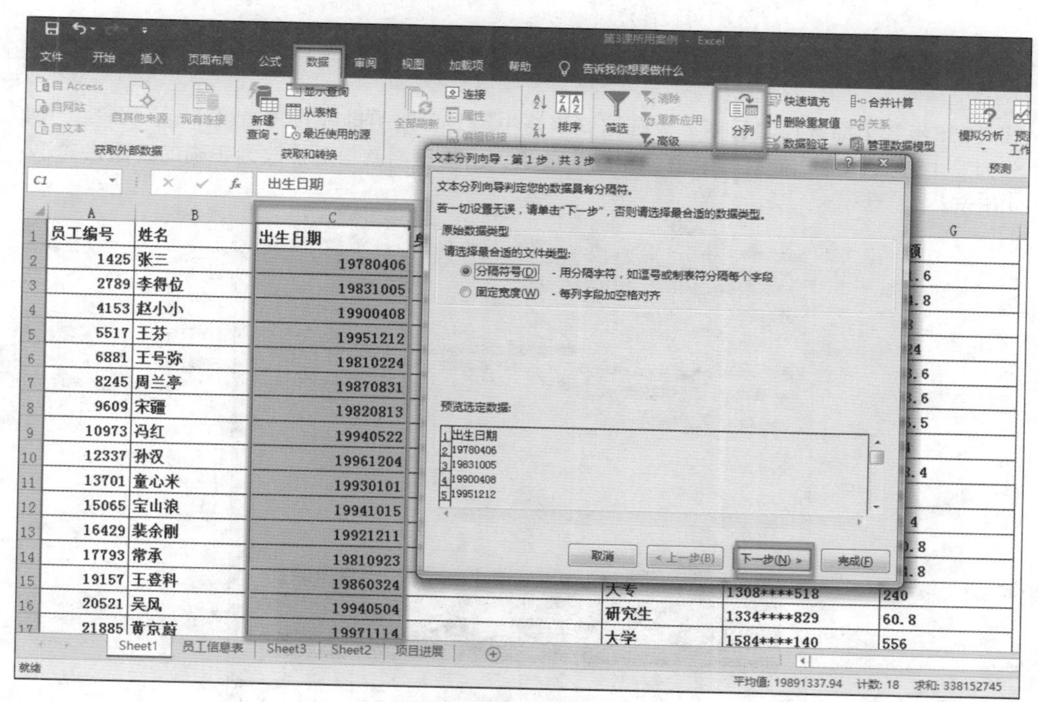

图3-8 数据—分列

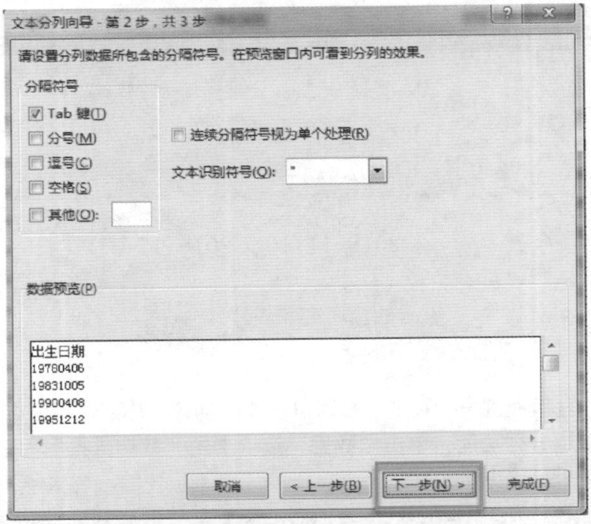

文本分列向导 - 第 2 步，共 3 步

请设置分列数据所包含的分隔符号。在预览窗口内可看到分列的效果。

分隔符号

☑ Tab 键(T)
☐ 分号(M)
☐ 逗号(C)
☐ 空格(S)
☐ 其他(O):

☐ 连续分隔符号视为单个处理(R)

文本识别符号(Q): "

数据预览(P)

出生日期
19780406
19831005
19900408
19951212

取消　< 上一步(B)　下一步(N) >　完成(F)

图3-9　继续单击“下一步”按钮

在“第3步”里面选择“日期”。在这张表格中因为日期的排版方式是“年-月-日”，所以，在“分列”中选择YMD，最后，单击“完成”按钮，出生日期就自动修改为正确的日期格式了，如图3-10所示。

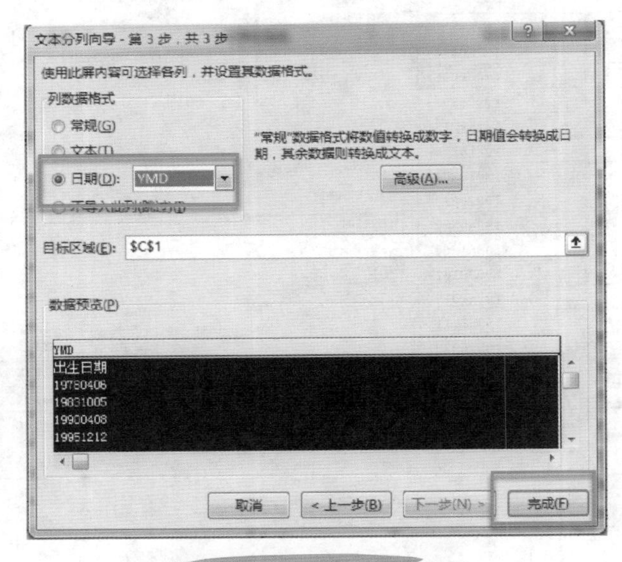

图3-10　修改日期格式

张老师：不错，学得很快！那么，回到一开始的问题，员工的年龄和工龄，你会怎么计算呢？

凯旋：计算年龄，也很简单啊，我用今天日期（TODAY）减去出生日期，然后再把计算出来的结果除以365，如图3-11所示。

第3课所用案例 - Excel

文件 开始 插入 页面布局 公式 数据 审阅 视图 加载项 帮助 告诉我你想要做什么

自Access 自网站 自文本 自其他来源 现有连接 获取外部数据

新建查询 显示查询 从表格 最近使用的源 获取和转换

全部刷新 连接 属性 编辑链接 连接

排序 筛选 清除 重新应用 高级 排序和筛选 分列

E4 =(today()-C4)/365

	A	B	C	D	E	F
3	员工编号	姓名	出生日期	入职日期	年龄	工龄(年)
4	1425	张三	1978-4-6	2009-3-1	=(TODAY()-C4)/365	
5	2789	李得位	1983-10-5	2010-6-1	35	8
6	4153	赵小小	1990-4-8	2015-6-1	28	3
7	5517	王芬	1995-12-12	2016-9-1	23	2
8	6881	李弥	1981-2-24	2010-12-1	37	8
9	8245	王兰	1987-8-31	2013-8-1	31	5
10	9609	宋任超	1982-8-13	2011-4-1	36	7
11	10973	冯亮	1994-5-22	2017-1-1	24	2

图3-11　年龄的函数

如果你得出来的结果显示为日期格式，也没关系，直接选中单元格，右击，在弹出的快捷菜单中选择“设置单元格格式”选项，在弹出的对话框中选择“常规”，然后，单击“确定”按钮。这样日期格式就被“打回原形”了，如图3-12和图3-13所示。

D	E
日期	年龄
009-3-1	1900-2-9
010-6-1	
015-6-1	
016-9-1	
0-12-1	
013-8-1	
011-4-1	
017-1-1	
018-5-1	
016-8-1	
017-5-1	
6-12-1	
010-3-1	
009-8-1	
017-2-1	
8-10-1	

等线 16 %

剪切(T)
复制(C)
粘贴选项:
选择性粘贴(S)...
智能查找(L)
插入(I)...
删除(D)...
清除内容(N)
快速分析(Q)
筛选(E)
排序(O)
插入批注(M)
设置单元格格式(F)...
从下拉列表中选择(K)...
显示拼音字段(S)
定义名称(A)...

图3-12　设置单元格格式

最后，再双击“填充”，这样就完成了。

张老师：嗯，可是你发现一个问题没有，它们都是小数，但年龄是一个精准的数字。

凯旋：这……这个似乎用TODAY函数没法解决。四舍五入也不合理，毕竟年龄和工龄都不可以四舍五入，有什么好办法吗？

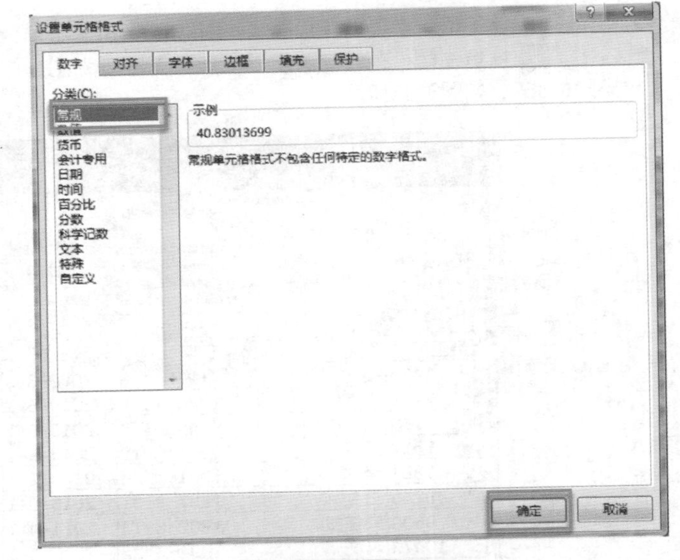

图3-13 “常规”格式

3.2 DATEDIF—被雪藏的日期函数

张老师：我给你介绍一个特别有意思的函数，这个函数是Excel的隐藏函数，但凡使用这个函数的人都是高手哦，所以，你一定要听好了！这个函数的名字叫DATEDIF，是用来计算两个日期之间相隔的年、月或者日，并且是精确的，它不会做四舍五入。比如，如果两个日期差1天就满1年了，DATEDIF也不会将这两个日期相隔的年计算为1年，所以，这是一个精确计算两个日期之间相隔的年、月、日的函数。

凯旋：这么厉害，快教教我！

张老师：你可要看好了哦。单元格里先输入=DATEDIF，然后再输入左括号，由于这个函数是Excel中的隐藏函数，你是看不到参数说明的，其实，它的参数有3个，第1个参数叫start date，就是你要计算的两个日期中较早的日期所在的单元格位置，比如，在这个表里我只要单击“出生日期”C4单元格就好了，每个参数之间用英文输入法状态下的逗号隔开，然后接下来的参数是end date，在我当前这个表格中应当就是当前时间，当前时间可以用TODAY来表示，输入TODAY()(由于TODAY函数也是一个完整的函数，所以我需要在TODAY后面输入())，最后，第3个参数才是真正帮你找到这两个日期之间相隔的“年、月、日”的一个参数，如果你想知道两个日期之间相隔的“年份”，你就输入y；如果你想知道两个日期之间相隔的月份，就把y改成m；然后，我再输入右括号这个函数就完成了，最后，再按Enter键，很快你就能看到精确计算出来的年龄了，如图3-14所示。

SUM　=DATEDIF(C4,TODAY(),"y")

	A	B	C	D	E	F	G
3	员工编号	姓名	出生日期	入职日期	年龄	工龄(年)	工龄（月）
4	1425	张三	1978-4-6	2009-3-1	=DATEDIF(C4,TODAY(),"y")		
5	2789	李得位	1983-10-5	2010-6-1	35	8	7
6	4153	赵小小	1990-4-8	2015-6-1	28	3	7
7	5517	王芬	1995-12-12	2016-9-1	23	2	4
8	6881	李弥	1981-2-24	2010-12-1	37	8	1
9	8245	王兰	1987-8-31	2013-8-1	31	5	5

图3-14　DATEIF函数计算年龄

凯旋：哇，原来还有这样的“神”函数。

张老师：那下面还用一个个计算吗？

凯旋：当然不用，直接把鼠标定位在单元格的右下角形成一个黑“十”字后，双击鼠标左键，就能完成填充了。

张老师：刚才是计算年龄，现在你知道怎么计算员工的工龄了吧？

凯旋：知道了！还是用DATEDIF函数，只要知道他的入职日期，就可以算出工龄了。

张老师：既然你这么自信，那这次让你来做吧。

凯旋：在“工龄”一栏中输入DATEDIF，然后左括号，第1个参数是“入职日期”，第2个参数是TODAY()，想知道员工入职多少年，那第3个参数就是在双引号里面输入y，然后，输入右括号，如图3-15所示。

如果出现的格式是日期格式，直接设置单元格格式，将格式改为“常规”即可。

=DATEDIF(D4,TODAY(),"y")

C	D	E	F	G	H
出生日期	入职日期	年龄	工龄(年)	工龄（月）	
1978-4-6	2009-3-1	40	=DATEDIF(D4,TODAY(),"y")		
1983-10-5	2010-6-1	35	8	7	8年7个月
1990-4-8	2015-6-1	28	3	7	3年7个月
1995-12-12	2016-9-1	23	2	4	2年4个月

图3-15　工龄的计算

张老师：很好。但是，我发现绝大多数公司的人力资源部门不仅仅是想要看到员工工作的年限，还想要看到月份数，那怎么办呢？

凯旋：是不是直接在“工龄”一栏后面插入一列，第1列表示员工工龄的年份，第2列表示员工工龄的月份，也就是几年零几个月的意思。既然刚刚DATEDIF函数中最后一个参数y表示两个日期之间相隔的年，那么，改成m就是月份了，如图3-16所示。

F	G	H	
工龄(年)	工龄（月）		身份i
9	=DATEDIF(D4,TODAY(),"m")		
8	7	8年7个月	1106
3	7	3年7个月	3101
2	4	2年4个月	1101

图3-16 工龄的月份计算

凯旋：怎么会这样？

张老师：看到了吧，如图3-17所示。这里月份和我们平时看到的不一样，如果你把函数DATEDIF中最后一个参数用m表示，这表示两个日期之间相隔的“总月数”，也就是说这里的116表示今天距离2009年3月1日之间一共有116个自然月。

入职日期	年龄	工龄(年)	工龄（月）
2009-3-1	40	9	116
2010-6-1	35	8	
2015-6-1	28	3	
2016-9-1	23	2	
2010-12-1	37	8	

图3-17 116个自然月

显然我们绝大多数人是不想看到这个结果的，我们想看到的是“几年零几个月”，前面一列是整数年，后面一列是除去整数年以后余下的月份。

凯旋：听着好复杂啊。不过，难不倒我这个函数大神，可以先用116除以12，然后用INT函数取整，提取年份数，接着再用MOD函数，获取116除以12的余数，这个余数就是除去年，余下的月数，最后，再把两个数据组合不就ok啦？

张老师：嚯，你知道的还真不少，这样做，感觉很像高手嘛。

凯旋：很像？难道您不是这么做的？

张老师：其实根本就不需要那么麻烦，又是INT（取整）又是MOD（取余数），我们只需把刚才DATEDIF函数中的最后一个参数修改一下就好了，在DATEDIF函数中，最后一个参数如果是m就表示月份，在这里，我们把m改成ym，最后，按Enter键。这时，你就会发现，出现的月份数字是除去年之后余下的月份，你看，这个叫张三的员工，他2009年3月入职，他的工龄为9年8个月，如图3-18所示。

	D	E	F	G	H	
	入职日期	年龄	工龄(年)	工龄（月）		身份
6	2009-3-1	40	9	=DATEDIF(D4,TODAY(),"ym")		
5	2010-6-1	35	8	7	8年7个月	110
8	2015-6-1	28	3	7	3年7个月	310
2	2016-9-1	23	2	4	2年4个月	110

图3-18　正确的月份表示

凯旋：还能这样，我还有一个问题，这样分别在两个单元格里面显示看着不是很舒服，要怎么显示在一起呢？

张老师：这就属于另一个技巧了，我们插入一列，输入=，用鼠标单击整数年的单元格（F4）再输入连接符&和双引号，在双引号中输入中文“年”，然后，再选择月份的单元格（G4）输入&和双引号，在双引号中输入中文“个月”，通过这样一个公式我们就可以在新的一列里面把员工的工龄一次性显示出来，如图3-19所示。

F	G	H	I
工龄(年)	工龄（月）		身份证号
9	10	=F4&"年"&G4&"个月"	
8	7	8年7个月	110652****1203567
3	7	3年7个月	310124****1203567
2	4	2年4个月	110144****1203567
8	1	8年1个月	310674****1203567
5	5	5年5个月	510124****1203567
7	9	7年9个月	620124****1203567

图3-19　员工的工龄表示

由于函数中使用了TODAY()作为结束日期的参数，这就意味着此表格的使用者，无论是查看“员工年龄”还是查看“员工工龄”都是自动更新的状态了，是不是很方便？

凯旋：不得不说，确实方便多了。重点是，函数简单不复杂！

张老师：哈哈，难得听你说一句好话。

3.3 WORKDAY函数：计算“N个工作日”后的具体日期

凯旋：话又说回来，您还没告诉我如何计算现在距离元旦还有多少个工作日呢？

张老师：我要教你的这个日期函数的名字叫作WORKDAY，这个函数是什么意思呢？顾名思义，

WORKDAY从英文的角度上看就是工作日的意思，WORKDAY函数的功能是设定一个日期，能够计算出在这个日期往后或者往前N个工作日是哪一天。

张老师：我这里有一张列表，有项目的开始时间，每个项目都有固定的项目周期，想知道这些项目的具体结束日期是哪一天，该怎么做呢？这里的项目周期中并不包含法定节假日和周末，也就是说我们没有办法直接用开始时间加上所需工作日来得到结束日期，因为，这样我们就会把法定节假日和周末包含进去了。如何来计算固定工作日之后的结束日期呢？这个时候WORKDAY函数就要登场了，直接在单元格里输入=WORKDAY，然后输入左括号，这时你会发现函数下面有3个参数：第1个参数叫start_date，我们直接单击表格中的项目开始时间（C4单元格），参数之间用逗号隔开。第2个参数days表示所需的工作日（D4单元格），“工作日”并不包含法定节假日和周末；第3个参数是holidays，它的意思是“非周末的法定节假日”，也就是说我们需要制作一个列表把这一年里的非周末但同时又是节假日的日期给列出来，我列了一个2018年法定节假日的列表（如图3-20所示），函数中的holidays参数就是把这个列表中间的日期序列选中，选好后，按F4键来锁定选中区域，接着输入右括号，最后按Enter键完成。

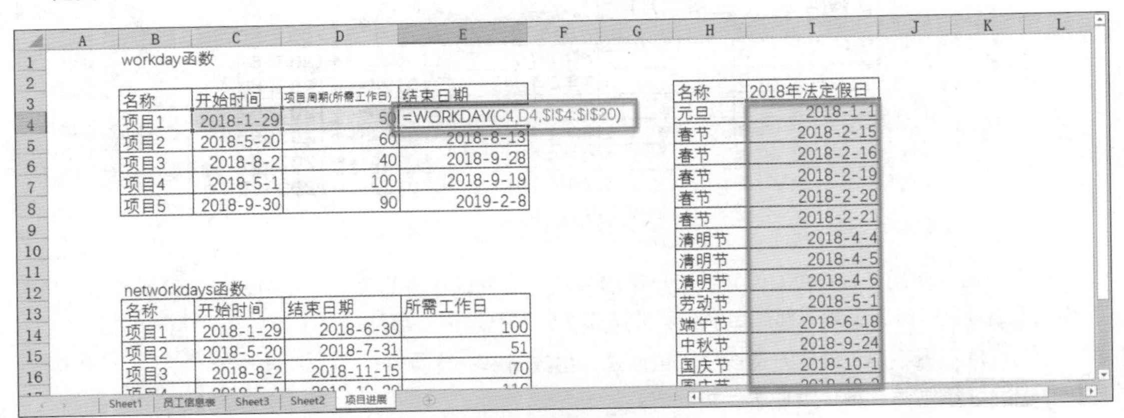

workday函数

名称	开始时间	项目周期(所需工作日)	结束日期
项目1	2018-1-29	50	=WORKDAY(C4,D4,$I$4:$I$20)
项目2	2018-5-20	60	2018-8-13
项目3	2018-8-2	40	2018-9-28
项目4	2018-5-1	100	2018-9-19
项目5	2018-9-30	90	2019-2-8

networkdays函数

名称	开始时间	结束日期	所需工作日
项目1	2018-1-29	2018-6-30	100
项目2	2018-5-20	2018-7-31	51
项目3	2018-8-2	2018-11-15	70

名称	2018年法定假日
元旦	2018-1-1
春节	2018-2-15
春节	2018-2-16
春节	2018-2-19
春节	2018-2-20
春节	2018-2-21
清明节	2018-4-4
清明节	2018-4-5
清明节	2018-4-6
劳动节	2018-5-1
端午节	2018-6-18
中秋节	2018-9-24
国庆节	2018-10-1

图3-20　WORKDAY的使用

此时我们会看到结果是一个数字，而非日期，所以，我们还需“设置单元格格式”将格式改为“日期”就好了，如图3-21和图3-22所示。

就拿“项目1”为例，项目“开始时间”是2018年1月29日，所需工作日是50天，那么它的“结束日期”就是2018年4月19日。下面的就不需要做了，直接往下拉就可以了，如图3-23所示。

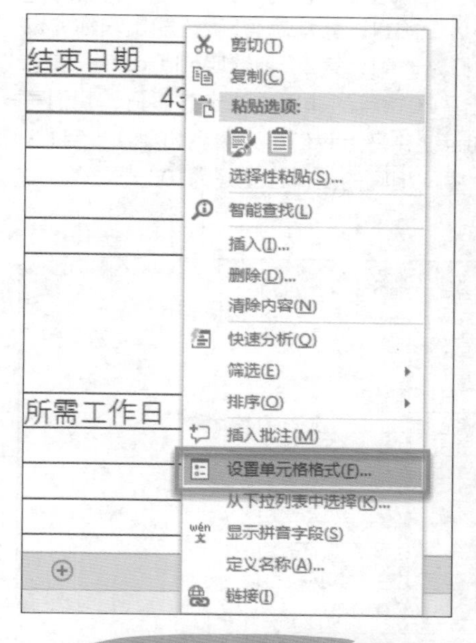

图3-21 设置单元格格式

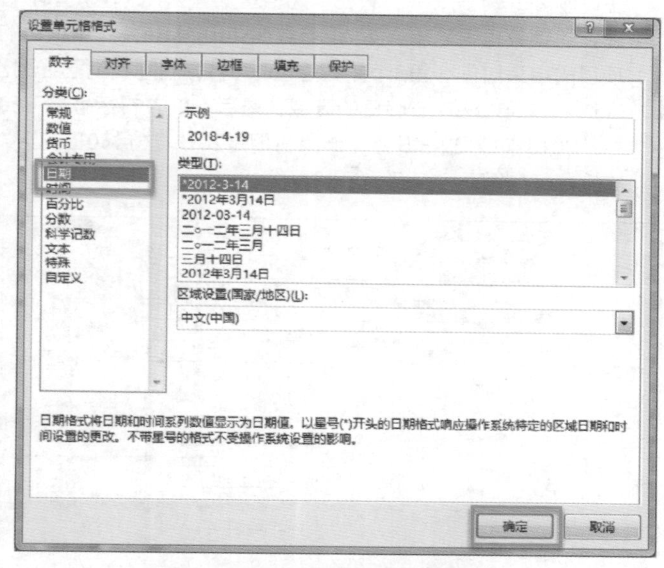

图3-22 改数据为“日期”格式

名称	开始时间	项目周期(所需工作日)	结束日期
项目1	2018-1-29	50	2018-4-19
项目2	2018-5-20	60	2018-8-13
项目3	2018-8-2	40	2018-9-28
项目4	2018-5-1	100	2018-9-19
项目5	2018-9-30	90	2019-2-8

图3-23 项目1

NETWORKDAYS函数：计算两个日期之间相隔的“工作日”

凯旋：您这明显是答非所问嘛，我想知道的是现在距离元旦还有几个工作日，WORKDAY函数明显不管用啊。

张老师：别急呀，接下来我教你的这个函数NETWORKDAYS，就可以很快计算出你要的答案。还是以刚才的例子来举例。在单元格里面输入NETWORKDAYS这个函数，要注意有S哦，输出来你会发现它的参数也很简单，第1个参数叫start_date，表示项目的开始时间，第2个参数叫end_date，表示项目的结束时间，第3个参数是holidays，刚刚我们已经列出了2018年的非周末法定节假日，我们再次选中非周末法定节假日的区域，最后，输入右括号按下Enter键，马上我们可以看到如果“项目1”是从2018年1月29日开始，结束日期是2018年6月30日的话，中间相隔的工作日正好为100天，然后填充完成，如图3-24所示。

名称	开始时间	项目周期(所需工作日)	结束日期
项目1	2018-1-29	50	2018-4-19
项目2	2018-5-20	60	2018-8-13
项目3	2018-8-2	40	2018-9-28
项目4	2018-5-1	100	2018-9-19
项目5	2018-9-30	90	2019-2-8

networkdays函数

名称	开始时间	结束日期	所需工作日
项目1	2018-1-29	2018-6-30	=NETWORKDAYS(C14,D14,$I$4:$I$20)
项目2	2018-5-20	2018-7-31	
项目3	2018-8-2	2018-11-15	70
项目4	2018-5-1	2018-10-20	116
项目5	2018-9-30	2018-12-31	61

NETWORKDAYS(start_date, end_date, [holidays])

名称	2018年法定假日
元旦	2018-1-1
春节	2018-2-15
春节	2018-2-16
春节	2018-2-19
春节	2018-2-20
春节	2018-2-21
清明节	2018-4-4
清明节	2018-4-5
清明节	2018-4-6
劳动节	2018-5-1
	2018-6-18
中秋节	2018-9-24
国庆节	2018-10-1
国庆节	2018-10-2
国庆节	2018-10-3

Sheet1 | 员工信息表 | Sheet3 | Sheet2 | 项目进展

图3-24　NETWORKDAYS函数使用方法

凯旋：这个函数不错，我得赶紧回家算算我还要上几天班才能熬到元旦了。

张老师：就没见过这么猴急的人。

本课小结：

本节课主要讲了4个和日期有关的函数：

- TODAY：返回当前日期。
- DATEDIF：计算两个日期之间相隔的年、月、日。
- WORKDAY：计算在固定工作日以后结束的日期是哪一天。
- NETWORKDAYS：计算两个日期之间相隔的工作日。

如果你感兴趣的话，赶紧计算一下你还有多少天就过生日了？在你生日之前，还有多少个工作日？

第4课

数据隐藏和工作表的保护

凯旋，你今天貌似心情不好？

哎，别提了，每次同事着急要的表格，都被他们改得面目全非，气死我了。

怎么，你没做表格保护吗？

表格保护不就是加密嘛，把密码要过去，不是照样想怎么改，就怎么改！

哈哈，难得也有让凯旋表哥抓狂的时候。这里，我就教你几招表格保护的技巧，让你的同事只能看，不能修改。

4.1 如何隐藏单元格

先给你举个简单的例子，比如，第3节课用到的“员工信息表”，现在我想把员工信息表中员工的“姓名”这一列全部都隐藏掉该怎么做呢？我的要求是“谁都看不见”。

这个很简单，A列右击选择“隐藏”选项就可以了，如图4-1所示。

这样做的确是看不到A列了，但隐藏列的缺点是你并没有把这一列“真正地深度隐藏”，如果直接把鼠标放在B列列号的偏左，然后一拉，A列还是出现了，如图4-2所示。所以，隐藏列仅仅能做到简单的隐藏。

图4-1 隐藏列

图4-2 不彻底的隐藏

凯旋： 那怎么才能做到深度隐藏呢？

张老师： 首先，把需要隐藏的内容选中，右击，在弹出的快捷菜单中选择“设置单元格格式”选项，如图4-3所示。

在“设置单元格格式”对话框中的“数字”选项卡下面的“分类”列表框中选择“自定义”，把“自定义”里“类型”中出现的格式删掉，在“类型”中输入3个英文输入法状态下的分号，然后单击“确定”按钮，如图4-4所示。

图4-3 设置单元格格式

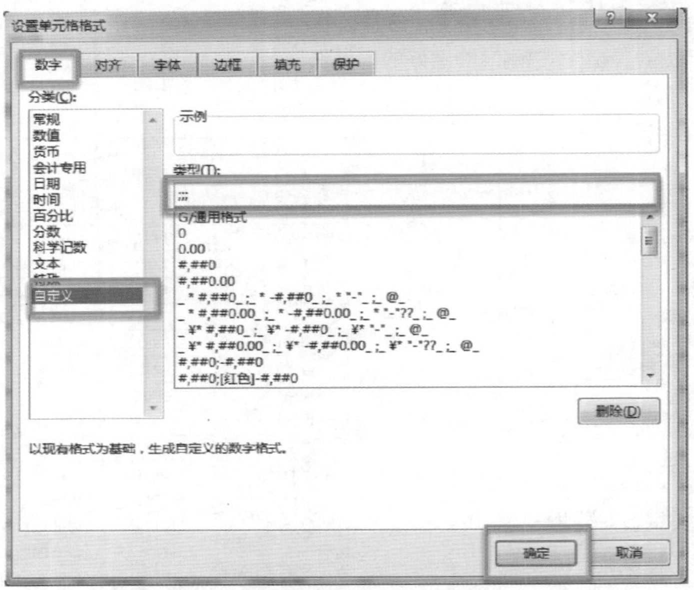

图4-4 自定义隐藏列

这时候内容就全部被隐藏了。而且，这个时候无论你怎么选字体颜色，单元格内的文本都一直处于隐藏状态。所以，这才是一个深度的隐藏。

凯旋：等等，您怎么知道单元格里是有内容的呢？

张老师：当然还是有方法的。如图4-5所示，你用鼠标选中某一个单元格，然后看“编辑栏”，就可以看到内容了。这个技巧可以在创建辅助列或者辅助计算区域的时候使用。

A6　王号弥

	A	B	C	D
1		员工编号	出生日期	身份证号
2		1425	19780406	210124****12035673
3		2789	19831005	110652****12035674
4		4153	19900408	310124****12035675
5		5517	19951212	110144****12035676
6		6881	19810224	310674****12035677
7		8245	19870831	510124****12035678
8		9609	19820813	620124****12035679
9		10973	19940522	210124****12035803
10		12337	19961204	210124****12035681
11		13701	19930101	210124****12035682
12		15065	19941015	210124****12035683
13		16429	19921211	210124****12035684

图4-5 查看隐藏内容

凯旋：那如果我不需要隐藏单元格了，该怎么办？

张老师：你可以这样做，把刚才隐藏好的区域选中，右击，在弹出的快捷菜单中选择“设置单元格格式”选项，如图4-6所示，在“设置单元格格式”对话框中“数字”选项卡下面选择“常规”，然后单击“确定”按钮，是不是就回来了呀，如图4-7所示。

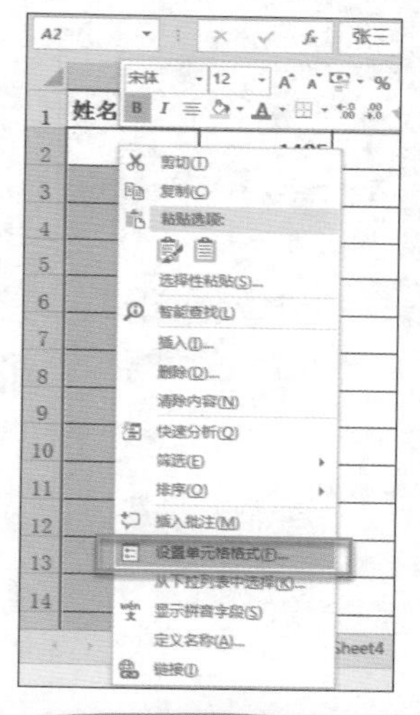

图4-6　设置单元格格式

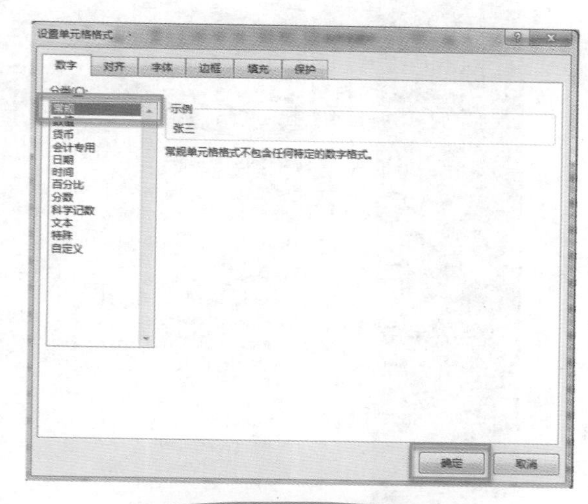

图4-7　恢复被隐藏的列

这是我教你的第一个技巧：**隐藏单元格的内容。**

凯旋：看上去的确有一点“高级”的样子。

4.2 如何保护工作表

张老师：凯旋，我再来考考你，如果要保护整张工作表该怎么做呢？

凯旋：这我还是知道的，不就是加密嘛。单击“文件”中的“菜单”，选择“保护工作簿”，在弹出的“保护工作簿”界面中选择“用密码进行加密”，进行加密命令，如图4-8和图4-9所示。

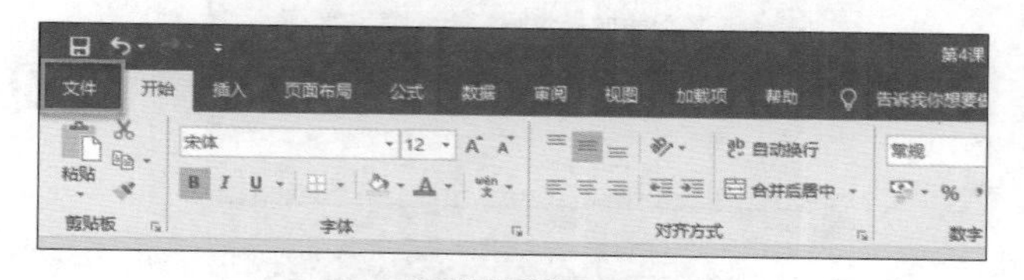

图4-8　文件菜单

图4-9　用密码加密文档

在弹出的“加密文档”对话框中输入密码，再单击“确定”按钮，这时，Excel会要求我们再重新输入一次密码，然后再次单击“确定”按钮，这时，本文件的“打开密码”就设置成功了，如图4-10所示。下次再打开这个文件的时候，如果不知道密码，就没办法打开这个文件了。

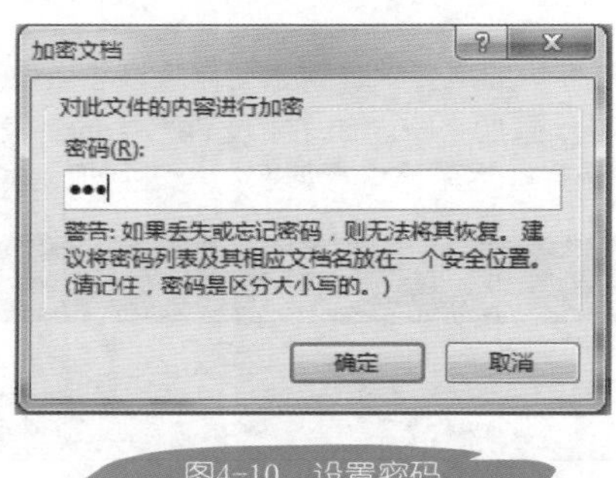

图4-10　设置密码

比如，我双击“第四课”这个文件，Excel会要求输入打开密码，如果不知道密码，这个文件我们就无法查看，如图4-11所示。

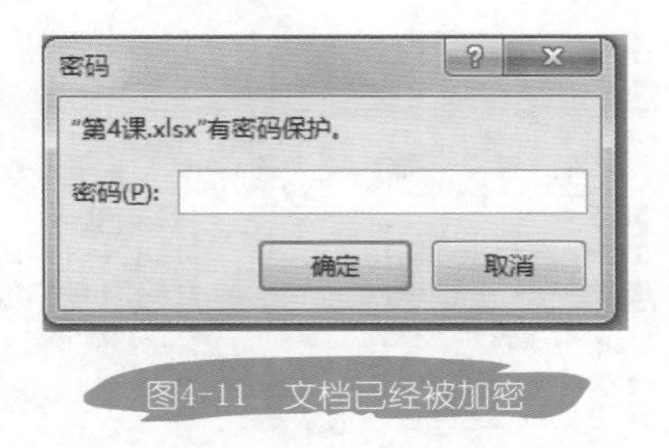

图4-11　文档已经被加密

张老师： 这是最常见的方法，但是大部分的情况是我希望对方可以查看表格内容，但不能修改，这又该如何来操作呢？

凯旋： What？还有这样的功能？

张老师： 当然，比如在这个表格中，“部门”这列是需要填表人填写的，而其他的部分我都不希望他人修改，要怎么做呢？单击“审阅”选项卡“保护”组中的“保护工作表”按钮，它是保护整张工作表，直接单击“确定”按钮，如图4-12所示。

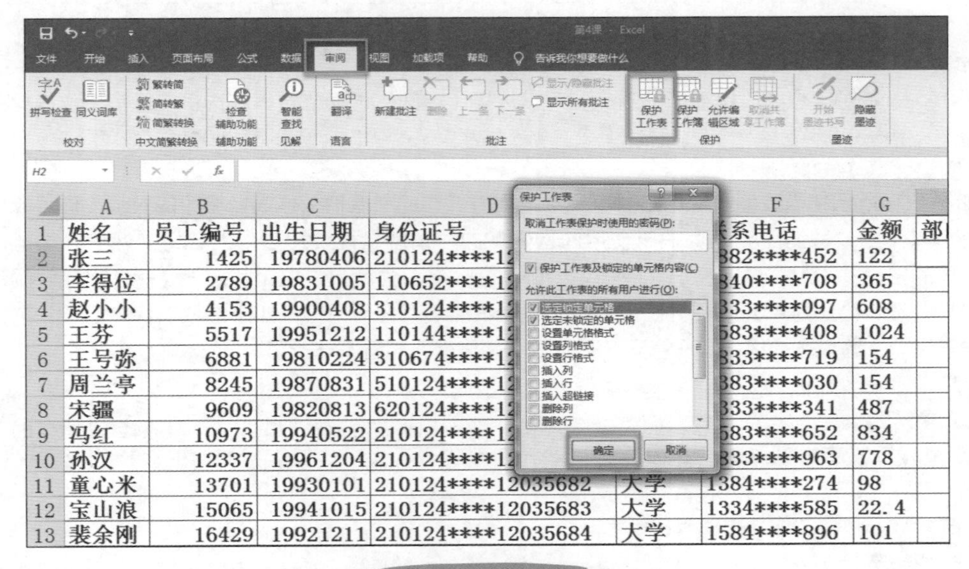

图4-12　保护工作表

接下来，工作表是什么状态呢？我单击“开始”选项卡，你会看到“开始”选项卡所有按钮都变成灰色，不能使用了。这时，我们无法在单元格内输入任何信息。这意味着，我们给表格做了编辑保护，只能看，不能改，如图4-13所示。

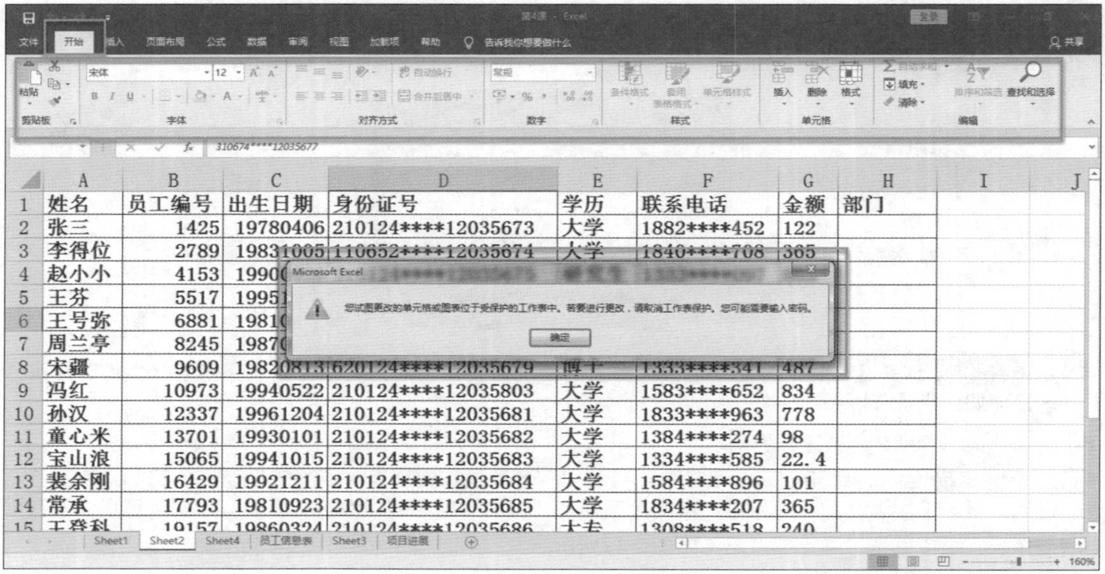

	A	B	C	D	E	F	G	H
1	姓名	员工编号	出生日期	身份证号	学历	联系电话	金额	部门
2	张三	1425	19780406	210124****12035673	大学	1882****452	122	
3	李得位	2789	19831005	110652****12035674	大学	1840****708	365	
4	赵小小	4153	[illegible]	[illegible]	[illegible]	[illegible]	[illegible]	
5	王芬	5517	[illegible]	[illegible]	[illegible]	[illegible]	[illegible]	
6	王号弥	6881	[illegible]	[illegible]	[illegible]	[illegible]	[illegible]	
7	周兰亭	8245	[illegible]	[illegible]	[illegible]	[illegible]	[illegible]	
8	宋疆	9609	19820813	620124****12035679	博士	1333****341	487	
9	冯红	10973	19940522	210124****12035803	大学	1583****652	834	
10	孙汉	12337	19961204	210124****12035681	大学	1833****963	778	
11	童心米	13701	19930101	210124****12035682	大学	1384****274	98	
12	宝山浪	15065	19941015	210124****12035683	大学	1334****585	22.4	
13	裴余刚	16429	19921211	210124****12035684	大学	1584****896	101	
14	常承	17793	19810923	210124****12035685	大学	1834****207	365	
15	王登科	19157	19860324	210124****12035686	大专	1308****518	240	

图4-13 被保护的工作表不能修改

凯旋：不对，想要改也很简单啊，我可以选择“审阅”选项卡，再次选择“撤销工作表保护”选项不就可以改了吗？

张老师：好问题。

如图4-14所示，当我们再次单击“审阅”选项卡下方的“保护工作表”按钮的时候，你可以看到，这里是可以添加“取消工作表保护时使用的密码”的，也就是说我们可以为我们的保护添加密码。注意，这里的密码并不是“打开密码”，而是“编辑密码”。也就是说这个状态下，用户只能够阅读此表格，但是，没有办法对单元格进行任何的修改，也不能填写任何内容。如果想取消保护的话，选择“撤销工作表保护”选项，前提是知道密码，否则这个表格就只能看不能改了。

凯旋：原来如此，就是要多加一个编辑密码。

张老师：这里要特别注意。如果以后大家看到一张表格是被保护的状态：能够选中所有的内容，但是又发现没有办法修改，也没有办法输入，那我告诉大家，其实，此时的表格和没有保护是一样的。

凯旋：啊？为什么啊？

张老师：因为在当前的状态下，虽然不能修改，但是我们依然可以用鼠标选中任何单元格，可以选中单元格就意味着我可以右击选择复制，也就是说，如果我想把表格的内容全部都拿走，最简单的方法是先把整张表选中，然后右击选择复制，接着，再新建一张工作表直接粘贴就可以了。新建的工作表是没有保护状态的，所以，我们就可以随意编辑和修改刚才那个被保护的文档了，如图4-15所示。

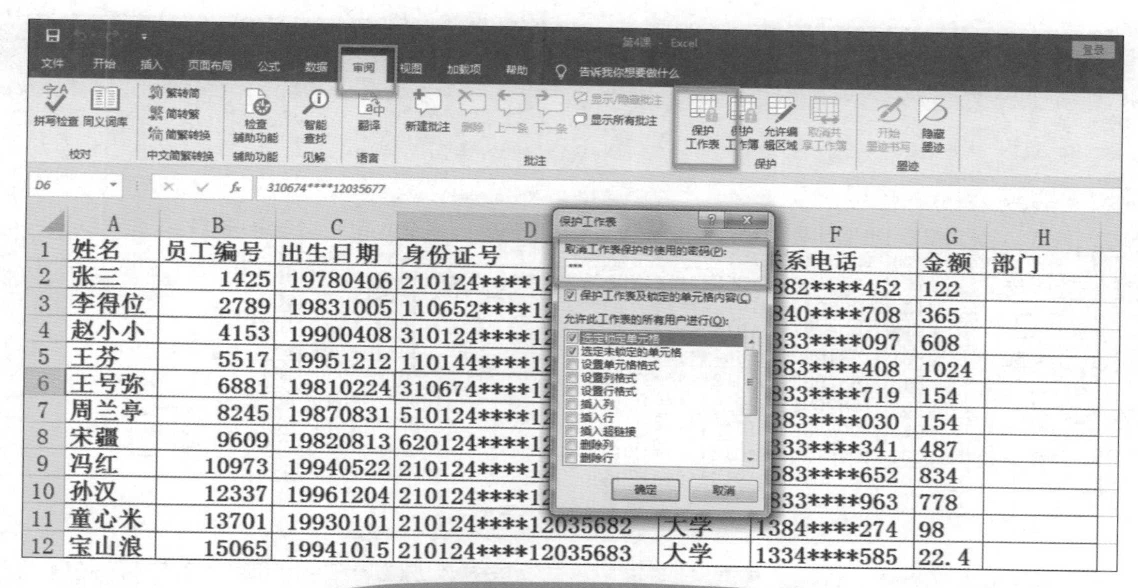

	A	B	C	D	E	F	G	H
1	姓名	员工编号	出生日期	身份证号		系电话	金额	部门
2	张三	1425	19780406	210124****12		882****452	122	
3	李得位	2789	19831005	110652****12		840****708	365	
4	赵小小	4153	19900408	310124****12		333****097	608	
5	王芬	5517	19951212	110144****12		583****408	1024	
6	王号弥	6881	19810224	310674****12		833****719	154	
7	周兰亭	8245	19870831	510124****12		383****030	154	
8	宋疆	9609	19820813	620124****12		333****341	487	
9	冯红	10973	19940522	210124****12		583****652	834	
10	孙汉	12337	19961204	210124****12		833****963	778	
11	童心米	13701	19930101	210124****12035682	大学	1384****274	98	
12	宝山浪	15065	19941015	210124****12035683	大学	1334****585	22.4	

图4-14　添加“取消工作表保护时使用的密码”

	A	B	C	D	E	F	G	H	I	J
1	姓名	员工编号	出生日期	身份证号	学历	联系电话	金额	部门		
2	张三	1425	1978	673	大学	1882****452	122			
3	李得位	2789	1983	674	大学	1840****708	365			
4	赵小小	4153	1990	**12035675	研究生	1333****097	608			
5	王芬	5517	1995	**12035676	大学	1583****408	1024			
6	王号弥	6881	1981	**12035677	大学	1833****719	154			
7	周兰亭	8245	1987	**12035678	大学	1383****030	154			
8	宋疆	9609	1982	**12035679	博士	1333****341	487			
9	冯红	10973	1994	**12035803	大学	1583****652	834			
10	孙汉	12337	1996	**12035681	大学	1833****963	778			
11	童心米	13701	1993	**12035682	大学	1384****274	98			
12	宝山浪	15065	1994	**12035683	大学	1334****585	22.4			
13	裴余刚	16429	1992	**12035684	大学	1584****896	101			
14	常承	17793	19810923	210124****12035685	大学	1834****207	365			

剪切(T)
复制(C)
粘贴选项:
选择性粘贴(S)...
插入(I)
删除(D)
清除内容(N)
设置单元格格式(F)...
行高(R)...
隐藏(H)
取消隐藏(U)

图4-15　复制被保护的单元格

凯旋：还可以这样操作，那我不希望表格数据被复制要怎么办呢？

张老师：要真正地去保护一张工作表，最好的方法应该是这样操作的，我把刚才这张表格的保护状态取消，单击“审阅”选项卡“保护”组中的“撤销工作表保护”按钮，然后输入密码，单击“确定”按钮，如图4-16所示。

	A	B	C	D	E	F	G	H
1	姓名	员工编号	出生日期	身份证号	学历	联系电话	金额	部门
2	张三	1425	19780406	210124****12035673	大学	1882****452	122	
3	李得位	2789	19831005	110652****[illegible]	[illegible]	[illegible]40****708	365	
4	赵小小	4153	19900408	310124****[illegible]	[illegible]	[illegible]3****097	608	
5	王芬	5517	19951212	110144****[illegible]	[illegible]	[illegible]3****408	1024	
6	王号弥	6881	19810224	310674****[illegible]	[illegible]	[illegible]3****719	154	
7	周兰亭	8245	19870831	510124****12035678	大学	1383****030	154	
8	宋疆	9609	19820813	620124****12035679	博士	1333****341	487	
9	冯红	10973	19940522	210124****12035803	大学	1583****652	834	
10	孙汉	12337	19961204	210124****12035681	大学	1833****963	778	
11	童心米	13701	19930101	210124****12035682	大学	1384****274	98	

图4-16　撤销工作表保护

这样表格又恢复到可编辑状态，想要把整张保护工作表功能搞清楚，你首先需要了解单元格格式的“锁定”属性，随便找一个单元格，右击，选择“设置单元格格式”选项，你会发现在弹出的“设置单元格格式”对话框的最右边有一个叫“保护”选项卡，当点开“保护”选项卡时，你会发现这里面有一个“锁定”是被默认选中的，如图4-17所示。

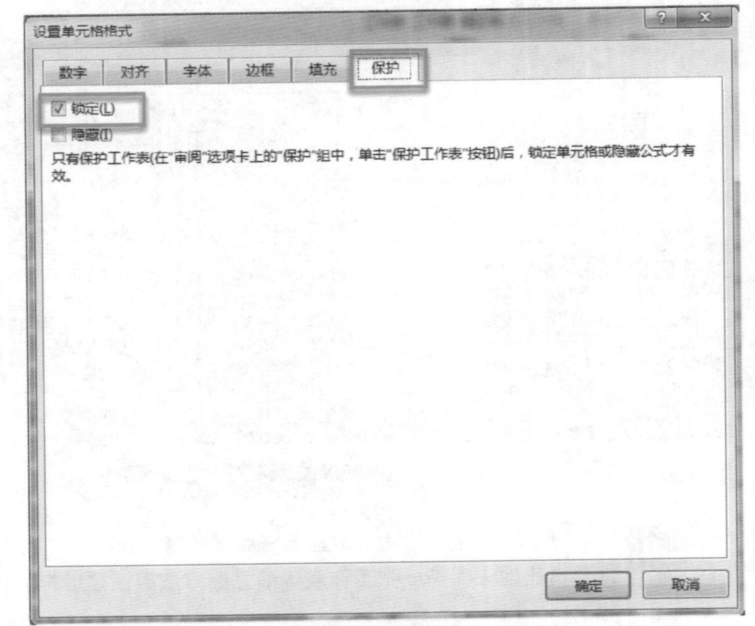

图4-17　“锁定”被默认选中

凯旋：没看懂，这是什么意思？

张老师：这说明单元格在默认情况下都是被锁定的。请大家注意看，关于“锁定”在下面有一行解释，这行解释是“只有保护工作表（在“审阅”选项卡上的“保护”组中，单击“保护工作表”按钮）后，锁定单元格或隐藏公式才有效”。也就是说，想要“锁定单元格”功能生效的前提就是需要“保护工作表”，所以，锁定单元格的效果大家刚才也看到了，在前面保护工作表后，我们之所以没有办法去编辑表格，正是因为保持了单元格默认的锁定状态，如图4-18所示。

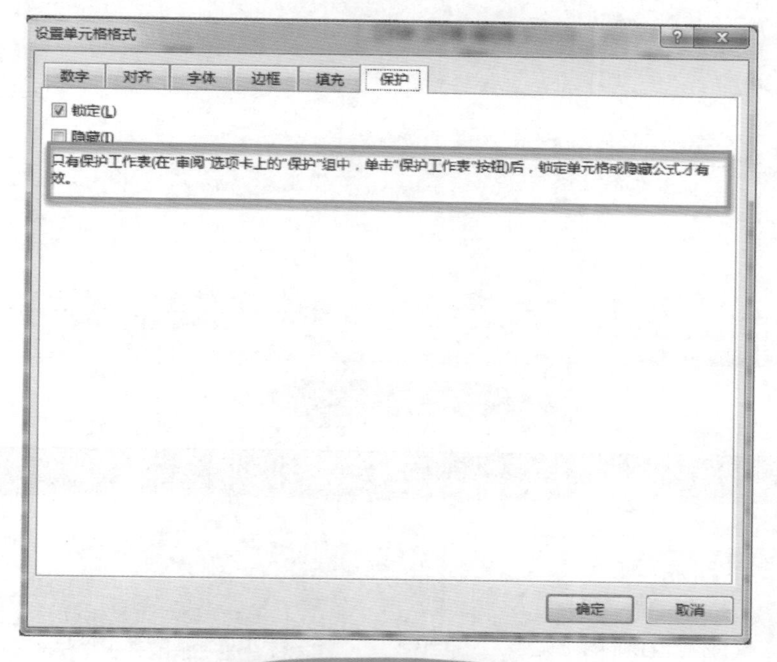

图4-18 锁定的定义

现在，在当前这张表格里面，我们仅允许用户来填写“部门”这列，其他区域都不允许修改和复制，怎么办呢？

第1步 用鼠标选中需要填写的区域，然后右击，在弹出的快捷菜单中选择“设置单元格格式”选项，在“设置单元格格式”对话框的“保护”选项卡里把“锁定”的勾选状态取消，然后单击“确定”按钮，如图4-19所示。

也就是说，在当前这张表格中，除了“部门”下面这17行单元格的状态没有锁定的以外，其他单元格都是锁定状态。

第2步 单击“审阅”选项卡“保护”组中的“保护工作表”按钮，添加密码，再单击“确定”按钮。这跟本节前面提到的操作一样，如图4-20所示。

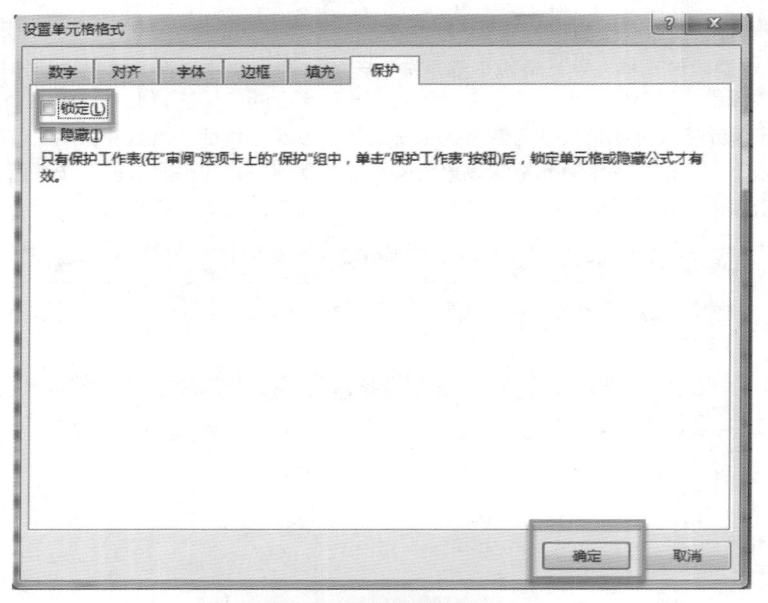

图4-19　取消“锁定”复选框

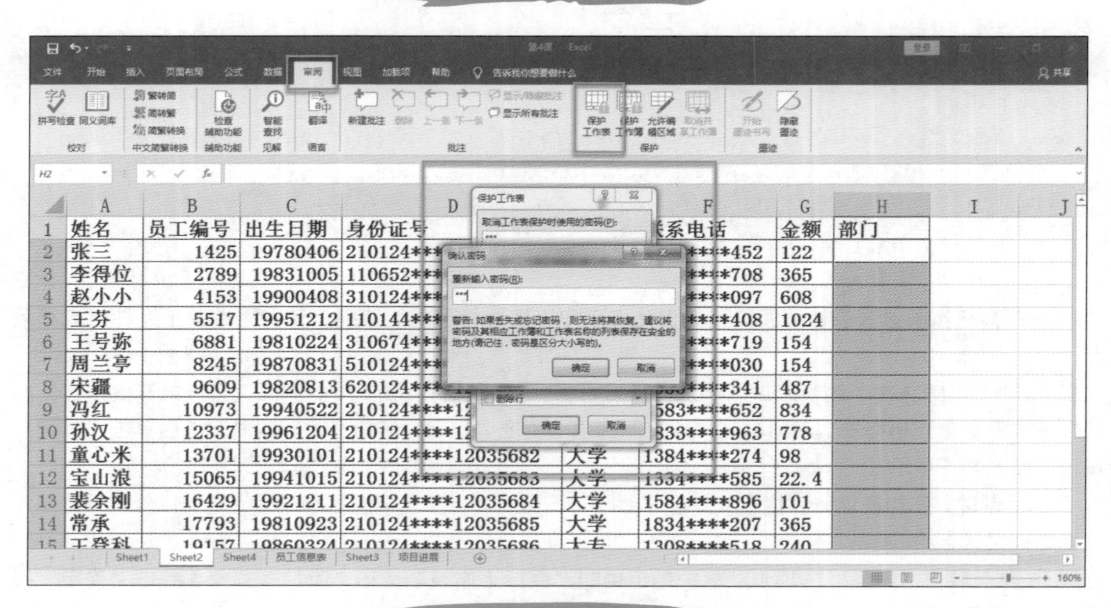

图4-20　取消锁定“部门”单元格

此时，当前的表格又处于保护状态了，你会发现当我用鼠标选择任何地方都没有办法输入新的内容，只有放在单元格格式锁定状态取消的区域里时，我们才可以进行输入，如图4-21和图4-22所示。

B	C	D	E	F	G	H
员工编号	出生日期	身份证号	学历	联系电话	金额	部门
1425	19780406	210124****12035673	大学	1882****452	122	
2789	19831005	110652****12035674	大学	1840****708	365	
4153	1990					
5517	1995					
6881	1981					
8245	1987					
9609	19820813	620124****12035679	博士	1333****341	487	
10973	19940522	210124****12035803	大学	1583****652	834	
12337	19961204	210124****12035681	大学	1833****963	778	
13701	19930101	210124****12035682	大学	1384****274	98	

Microsoft Excel

您试图更改的单元格或图表位于受保护的工作表中。若要进行更改，请取消工作表保护。您可能需要输入密码。

确定

图4-21　无法编辑“部门”以外的区域

F	G	H	I
电话	金额	部门	
****452	122		
****708	365	5465	
****097	608	552	
****408	1024		
****719	154		
****030	154		
****341	487		
****652	834		
****963	778		
****274	98		
****585	22.4		
****896	101		
****207	365		
****518	240		

图4-22　“部门”列可以编辑

凯旋：原来在Excel这个软件里面，单元格格式设置中的保护一定要结合“保护工作表”这个功能一起使用才能看到效果，锁定的单元格在保护以后是不能被修改的，未锁定的单元格在保护以后依然可以进行操作。但是，如果是现在这个状态，还是避免不了刚才说的问题，那些锁定的单元格，虽然用户没有办法进行修改，但是依然可以选中进行复制。当我把整个区域复制到新的表格，还是和没有保护是一样的状态。

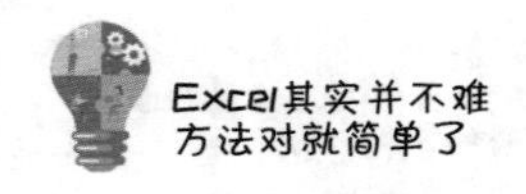

张老师： 接下来就要讲到这个问题的解决方法了。Excel早就为我们准备了更严谨的功能。

（第1步）我们先撤销“工作表保护”，输入密码，单击“确定”按钮，这样工作表的保护状态被取消了。

（第2步）再次单击“保护工作表”按钮，注意了，这个时候我们留意一下在弹出的“保护工作表”对话框中，你会发现下面有一行字“允许此工作表的所有用户进行（O）”，有两项是默认被选中的，如图4-23所示。第一项是“选定锁定单元格”，第二项是“选定解除锁定的单元格”，这就意味着单元格的保护状态无论是“锁定”还是“解除锁定”都是能够被选中的，这就怪不得，刚才我把表格保护以后，那些不希望被别人修改的单元格依然可以被选中。

（第3步）如果我们希望表格被保护以后，用户只能填写该填写的部分的话，我们就在刚才弹出的“保护工作表”对话框中取消选中“选定锁定单元格”复选框，这样，在“保护工作表”对话框中只有“选定未锁定的单元格”复选框是被选中的了。这就意味着，在工作表被保护以后那些没有被锁定的单元格是可以被用户选中的，而那些被锁定的单元格就无法用鼠标选中了，再次加上密码。

（第4步）单击“确定”按钮，再次重复密码。

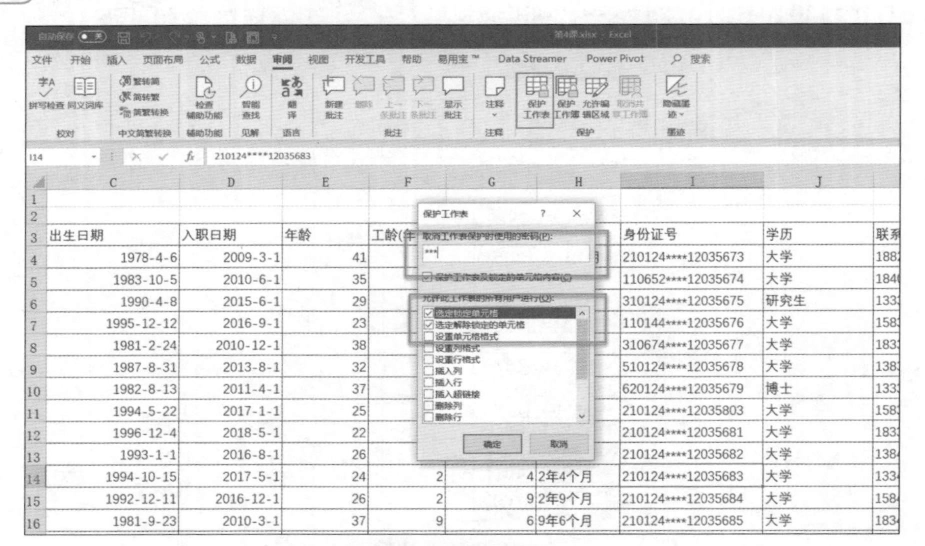

图4-23 给工作表加密

张老师： 好了，凯旋来看一下，现在的表格会变成什么状态呢？

凯旋： 太神奇了，现在我依然可以在刚才那些没有锁定的单元格区域里输入，但是旁边的区域我连选都选不中，如图4-24所示。

张老师： 是不是有种PDF的“手感”？

如图4-25所示，当我们把“审阅”—“保护工作表”—“选定锁定单元格”的状态取消，那些默认状态是被锁定的单元格，我就无法再用鼠标选中了。以后在对工作表进行保护的时候一定要记住了，无论Excel文档是否有需要对方填写的区域，我们在选择“审阅”选项卡的“保护工作表”选项的时候，一定要取消选中“选定锁定单元格”复选框，再加密保护。这样的优点就是没有人可以进行复制了。

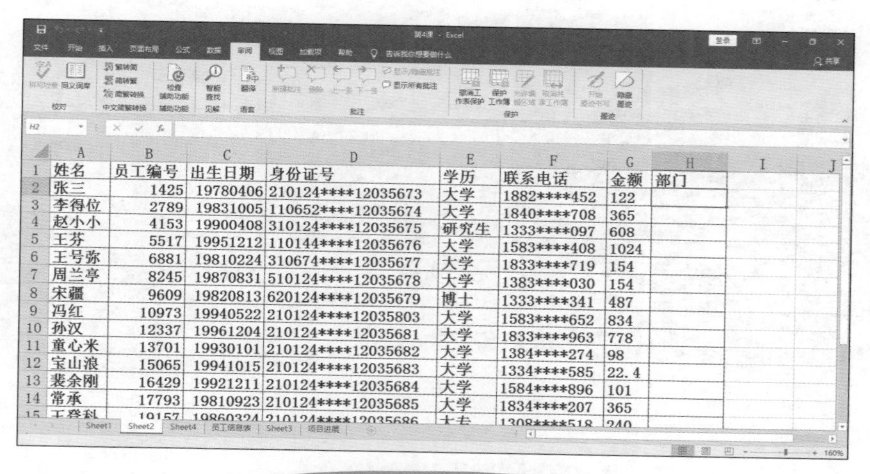

姓名	员工编号	出生日期	身份证号	学历	联系电话	金额	部门
张三	1425	19780406	210124****12035673	大学	1882****452	122	
李得位	2789	19831005	110652****12035674	大学	1840****708	365	
赵小小	4153	19900408	310124****12035675	研究生	1333****097	608	
王芬	5517	19951212	110144****12035676	大学	1583****408	1024	
王号弥	6881	19810224	310674****12035677	大学	1833****719	154	
周兰亭	8245	19870831	510124****12035678	大学	1383****030	154	
宋疆	9609	19820813	620124****12035679	博士	1333****341	487	
冯红	10973	19940522	210124****12035803	大学	1583****652	834	
孙汉	12337	19961204	210124****12035681	大学	1833****963	778	
童心米	13701	19930101	210124****12035682	大学	1384****274	98	
宝山浪	15065	19941015	210124****12035683	大学	1334****585	22.4	
裴余刚	16429	19921211	210124****12035684	大学	1584****896	101	
常承	17793	19810923	210124****12035685	大学	1834****207	365	

图4-24　被锁定的区域无法选中

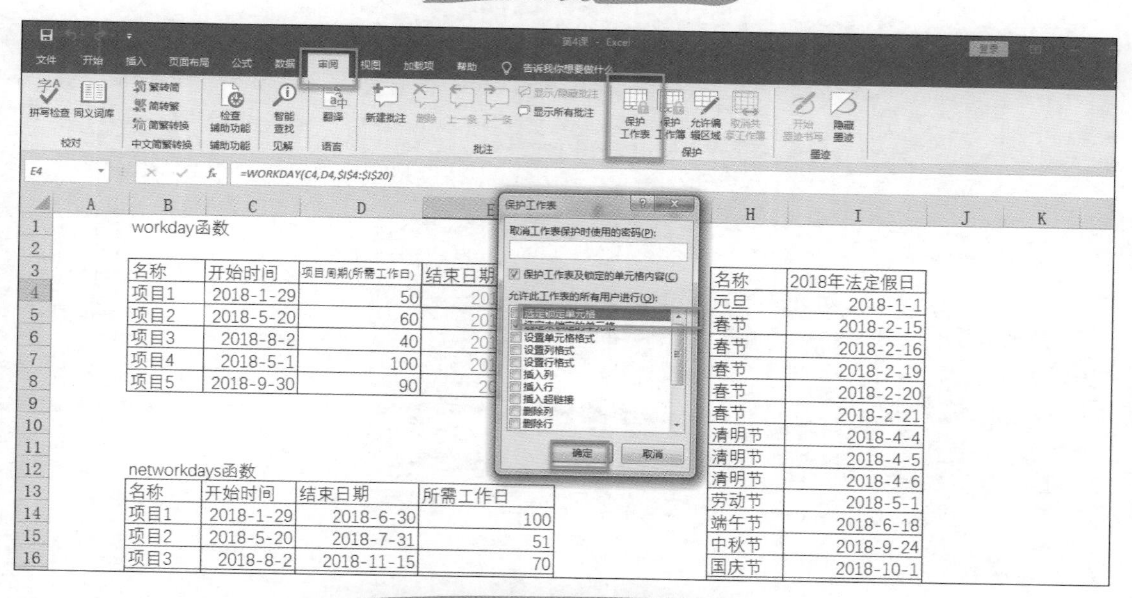

名称	开始时间	项目周期(所需工作日)
项目1	2018-1-29	50
项目2	2018-5-20	60
项目3	2018-8-2	40
项目4	2018-5-1	100
项目5	2018-9-30	90

名称	开始时间	结束日期	所需工作日
项目1	2018-1-29	2018-6-30	100
项目2	2018-5-20	2018-7-31	51
项目3	2018-8-2	2018-11-15	70

名称	2018年法定假日
元旦	2018-1-1
春节	2018-2-15
春节	2018-2-16
春节	2018-2-19
春节	2018-2-20
春节	2018-2-21
清明节	2018-4-4
清明节	2018-4-5
清明节	2018-4-6
劳动节	2018-5-1
端午节	2018-6-18
中秋节	2018-9-24
国庆节	2018-10-1

图4-25　取消选中“选定锁定单元格”复选框

··· 凯旋：哈哈，原来这就是工作表的保护，我再也不用担心我的表格被改得乱七八糟了。

··· 张老师：真没办法，学到点什么就嘚瑟……

本课小结：

本节课主要讲了两个方面的内容：

第一，如何正确“隐藏单元格”。

第二，如何正确“保护工作表”，做到只能看，不能改，或者只能部分修改。

第5课

让Excel能够自动“读懂”数据

张老师，我遇上了一个难伺候的客户，一会儿这个数据要加粗，一会儿那个数据要标红。我就这么不停地改啊改，手都快累断了。要是这些数据能读懂我的心思，能自动变换格式就好了……

你还别说，Excel还真有这个功能。

真的吗？

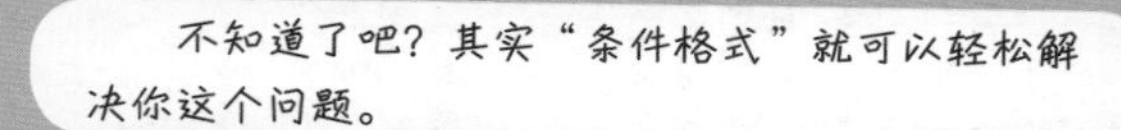

“条件格式”？这是什么？

所谓“条件格式”，就是当单元格的内容满足某个条件时，就自动变换格式。换句话说，条件格式能够自动根据单元格的内容使单元格的格式发生相应的变化。

说得这么玄乎，请展示一下。

话不多说，我们就来看一看。

5.1 巧用条件格式，让数据“活”起来

凯旋，看到这张表了吗？如果我想把“产地”为CN的单元格（如图5-1所示）用红色的背景标出来，应该怎么做呢？

	A	B	C	D	E	F
70	CDROM	CN	1	¥ 1,278.00	83	¥106,074.00
71	CDROM	CN	1	¥ 902.00	128	¥115,456.00
72	CDRW	CN	1	¥ 803.00	15	¥ 12,045.00
73	CDRW	CN	1	¥ 748.00	19	¥ 14,212.00
74	HDD	CN	1	¥ 1,665.00	61	¥101,565.00
75	HDD	CN	1	¥ 1,517.00	89	¥135,013.00
76	HDD	CN	1	¥ 1,769.00	112	¥198,128.00
77	Mouse	CN	1	¥ 527.00	5	¥ 2,635.00
78	Mouse	CN	1	¥ 307.00	81	¥ 24,867.00
79	NIC	CN	1	¥ 888.00	14	¥ 12,432.00
80	NIC	CN	1	¥ 1,009.00	45	¥ 45,405.00
81	RAM	CN	1	¥ 1,466.00	48	¥ 70,368.00
82	RAM	CN	1	¥ 860.00	122	¥104,920.00
83	Udisk	CN	1	¥ 1,669.00	10	¥ 16,690.00
84	Udisk	CN	1	¥ 1,530.00	80	¥122,400.00
85	Udisk	US	1	¥ 833.00	142	¥118,286.00
86	CDROM	US	2	¥ 1,715.00	113	¥193,795.00
87	CDROM	US	2	¥ 989.00	139	¥137,471.00

图5-1　产地为CN的区域

凯旋：这也太简单了吧？单击“数据”选项卡“排序和筛选”组中的“筛选”按钮，然后单击“产地”表头右边的筛选下拉箭头，选中所有的CN，最后把字体颜色调整为红色就行了，如图5-2和图5-3所示。

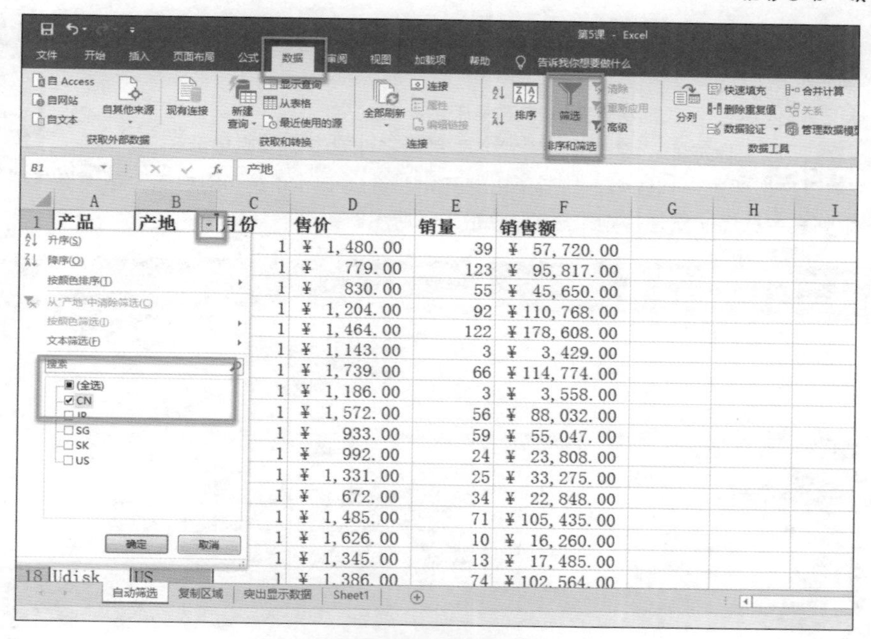

图5-2 筛选产地为CN的区域

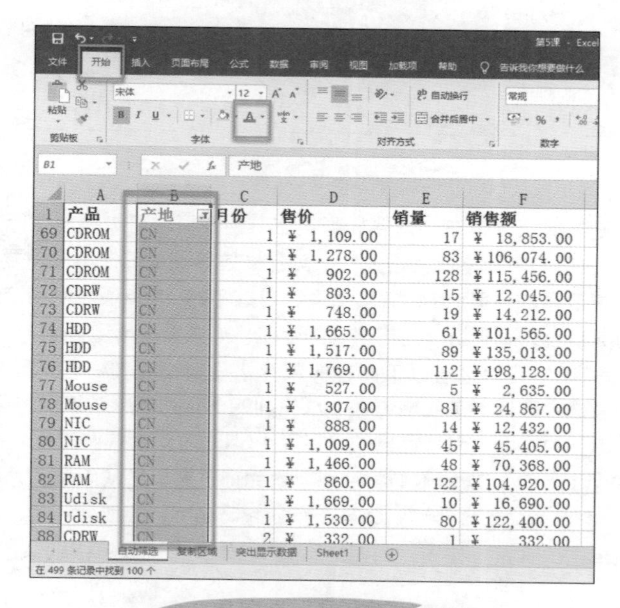

图5-3 将筛选区域字体变红

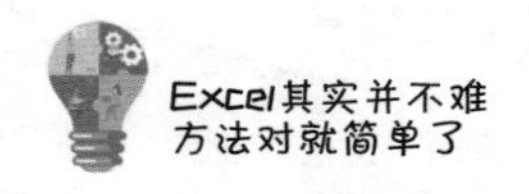

张老师：那如果我又增加了100行数据，并且希望增加的数据中产地为CN的单元格能够自动套用刚才你设定好的格式，可以做到吗？

凯旋：这好像不行吧，又要重复刚才的操作了。

张老师：所以，你需要了解“条件格式”，学会了你就不需要重复劳动了。

第1步 把“产地”这一列选中，然后单击“开始”选项卡“样式”组中的“条件格式”下拉按钮，在弹出的下拉列表中选择“新建规则”选项，如图5-4所示。

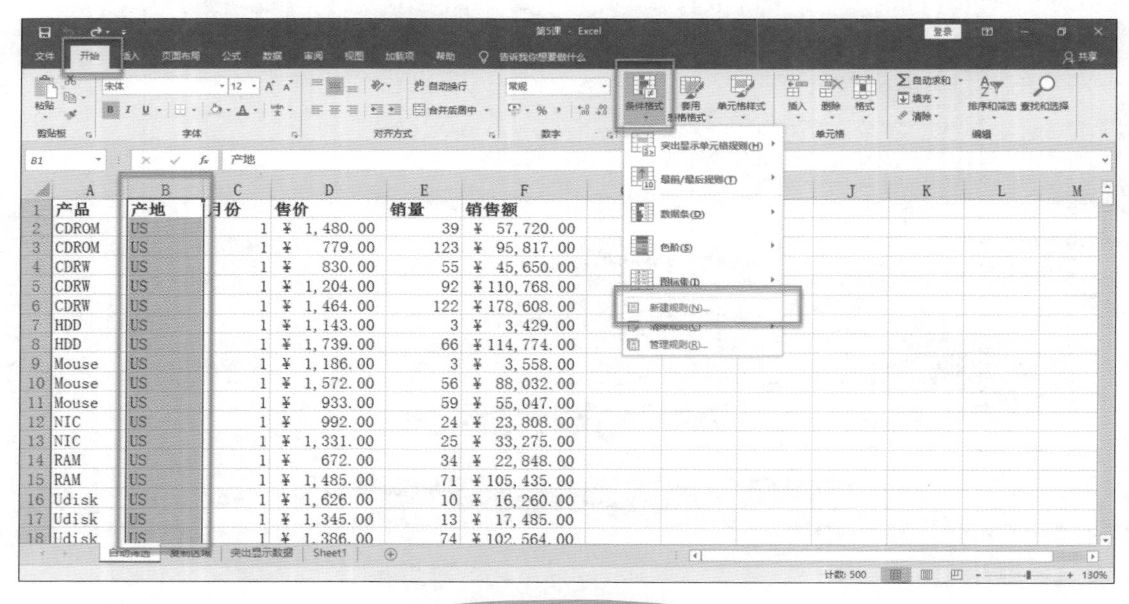

图5-4 设置条件格式

打开“新建格式规则”对话框，在“选择规则类型”列表框中可以根据实际需要选择规则类型。其中第2项“只为包含以下内容的单元格设置格式”，其含义是如果我们记不全需要设置格式的内容，那么记住一部分也是可以完成设置的；第3、4、5项都是针对排名的；第6项“使用公式确定要设置格式的单元格”，其含义是用函数和公式来确认单元格格式的变化，如图5-5所示。

第2步 在此选择第2项“只为包含以下内容的单元格设置格式”。在下面的“编辑规则说明”栏中，从最左边的下拉列表框中选择“单元格值”，从中间的下拉列表框中选择“等于”，如图5-6所示。也就是说，在“产地”这一列里面，当单元格的内容等于CN的时候，要调整什么格式呢？

第3步 在“新建格式规则”对话框下面有一个“格式预览区”，从中单击“格式”按钮。

第4步 在弹出的“设置单元格格式”对话框中，选择“填充”选项卡，在“图案颜色”下拉列表框中选择“红色”，然后单击“确定”按钮，如图5-7所示。如果“字体”继续保持黑色可能会看不清楚，那么就切换到“字体”选项卡中，将字体颜色改成白色，单击“确定”按钮，如图5-8所示。此时可以看到，只要单元格内容是CN的，全部都被自动设定好格式了。

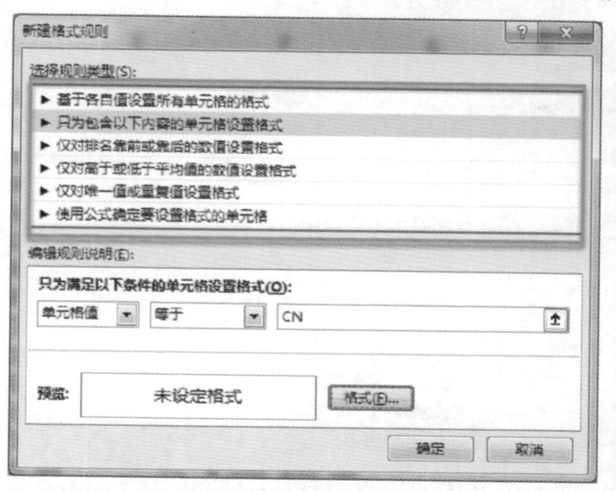

图5-5 选择规则类型

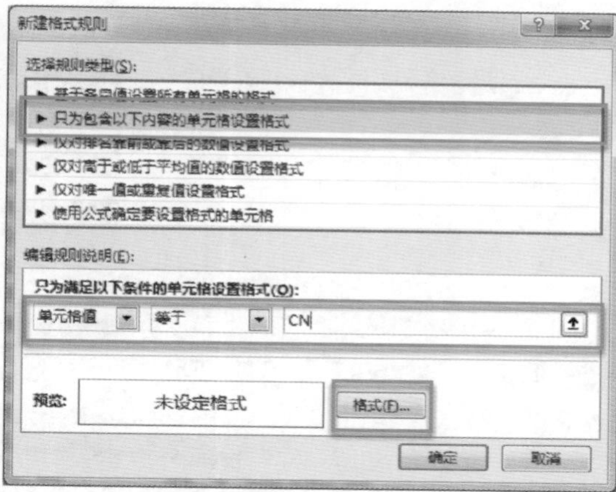

图5-6 新建格式规则

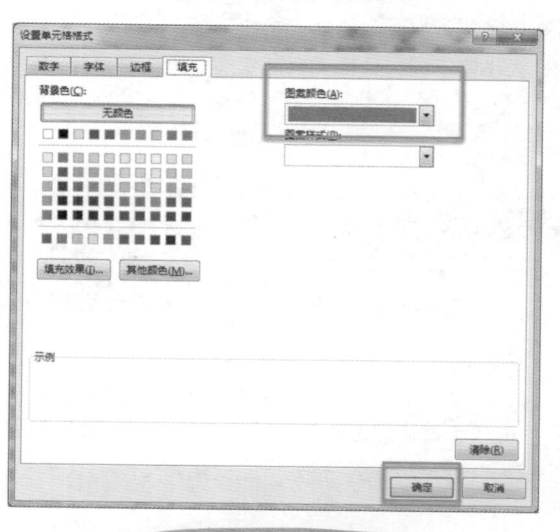

图5-7 选择填充颜色

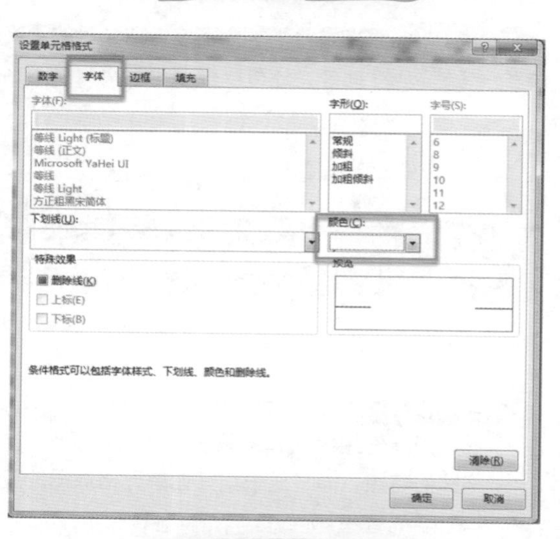

图5-8 设置字体

凯旋：这明明跟我刚才操作的效果是一样的啊，凭什么就说您的这个更好？

张老师：先别急啊。

你看，如果我把其中的某一项改成CN，然后按Enter键，它也会自动调整格式，如图5-9所示。如果我把之前的CN改成别的内容，一按Enter键其红色背景就消失了。

	A	B	C	D
79	NIC	CN	1	¥ 888.00
80	NIC	CN	1	¥ 1,009.00
81	RAM	CN	1	¥ 1,466.00
82	RAM	CN	1	¥ 860.00
83	Udisk	US	1	¥ 1,669.00
84	Udisk	CN	1	¥ 1,530.00
85	Udisk	US	1	¥ 833.00
86	CDROM	US	2	¥ 1,715.00
87	CDROM	US	2	¥ 989.00
88	CDRW	CN	2	¥ 332.00
89	CDRW	US	2	¥ 657.00

图5-9　单元格格式是根据单元格自身内容的变化而变化

也就是说，此时单元格格式是根据单元格自身内容的变化而变化的。而你之前的操作只是一次性的，并不能应对有可能产生的变化。

凯旋：原来如此，学会了这一招，我的手终于有救了。

张老师：此外，还可以根据单元格数值的区间、大小的不同，让格式自动变换，原理是一样的。

5.2 使用公式和函数，轻松搞定格式设定

张老师：凯旋，接下来我们来看一下条件格式的另一种设定规则：用公式和函数来判定单元格格式。当要使用公式和函数来作为判定条件的时候，也意味着我们选中的单元格本身可能不具备数值格式的特点，而是要根据其他单元格数据的变化来让“自身单元格”格式产生变化。

凯旋：等等，能举一个例子吗？

张老师：好，我给你举个例子你就明白了。

比如，在图5-10所示表格中，我希望把所有售价大于1200的CDROM产品用红色加粗表示出来，该怎么做呢？

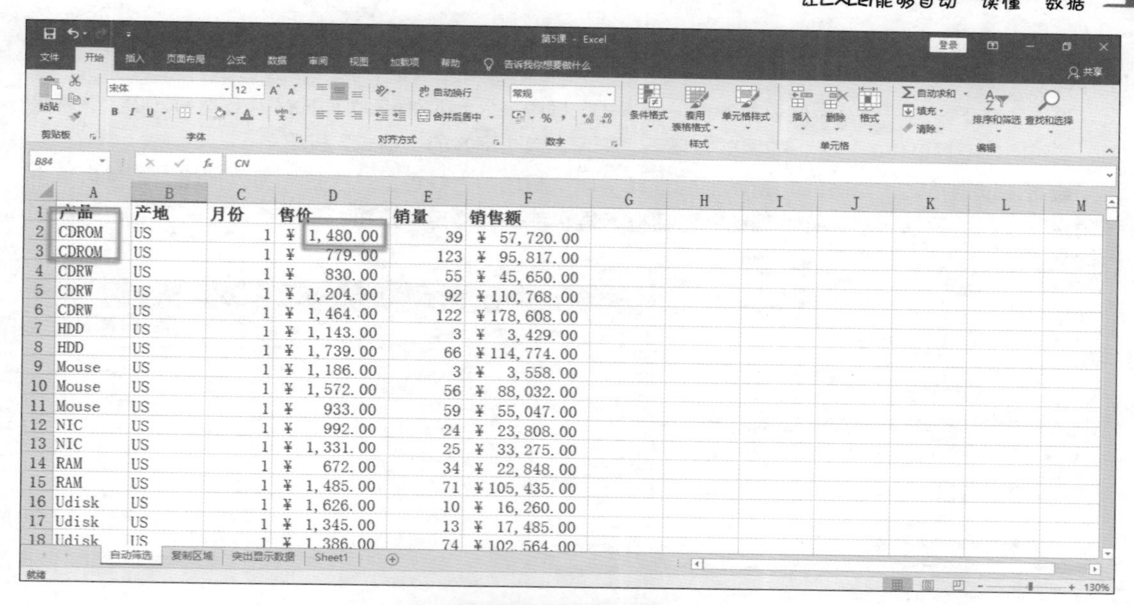

	A	B	C	D	E	F
1	产品	产地	月份	售价	销量	销售额
2	CDROM	US	1	¥ 1,480.00	39	¥ 57,720.00
3	CDROM	US	1	¥ 779.00	123	¥ 95,817.00
4	CDRW	US	1	¥ 830.00	55	¥ 45,650.00
5	CDRW	US	1	¥ 1,204.00	92	¥110,768.00
6	CDRW	US	1	¥ 1,464.00	122	¥178,608.00
7	HDD	US	1	¥ 1,143.00	3	¥ 3,429.00
8	HDD	US	1	¥ 1,739.00	66	¥114,774.00
9	Mouse	US	1	¥ 1,186.00	3	¥ 3,558.00
10	Mouse	US	1	¥ 1,572.00	56	¥ 88,032.00
11	Mouse	US	1	¥ 933.00	59	¥ 55,047.00
12	NIC	US	1	¥ 992.00	24	¥ 23,808.00
13	NIC	US	1	¥ 1,331.00	25	¥ 33,275.00
14	RAM	US	1	¥ 672.00	34	¥ 22,848.00
15	RAM	US	1	¥ 1,485.00	71	¥105,435.00
16	Udisk	US	1	¥ 1,626.00	10	¥ 16,260.00
17	Udisk	US	1	¥ 1,345.00	13	¥ 17,485.00
18	Udisk	US	1	¥ 1,386.00	74	¥102,564.00

图5-10 多个条件格式的设定

张老师：根据前面的例子，我想你应该不会再筛选了吧？

凯旋：当然，我凯旋向来活学活用，看我的。

首先，我把“产品”这一列选中，然后单击“开始”选项卡“样式”组中的“条件格式”下拉按钮，在弹出的下拉列表中选择“新建规则”选项，在弹出对话框的“选项规则类型”列表框中选择“使用公式确定要设置格式的单元格”，如图5-11所示。

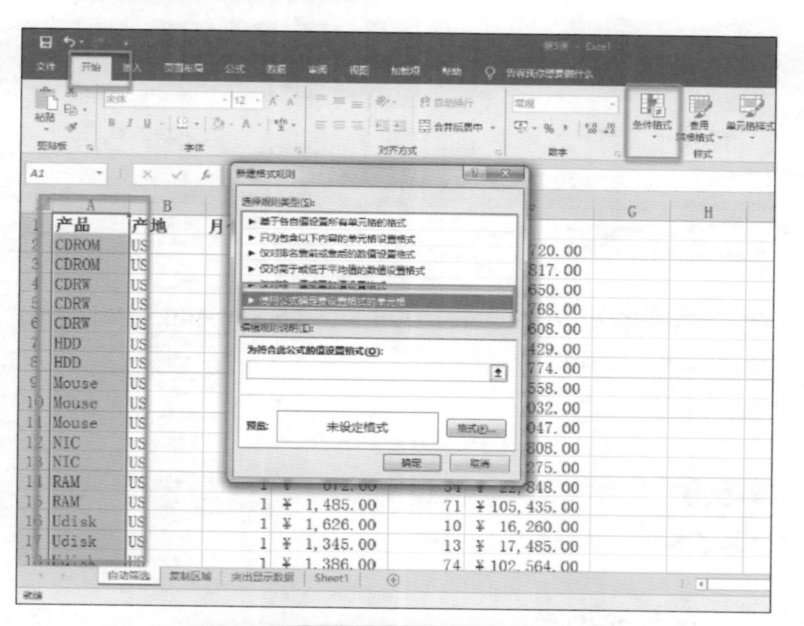

图5-11 使用公式确定要设置格式的单元格

这时必须满足2个条件，那就是A列单元格的内容必须是CDROM，D列单元格的数据必须大于等于1200。

其次，在下方的“为符合此公式的值设置格式”框中输入=AND(A2="CDROM"，D2>=1200)，这就是用公式对刚才所提条件的描述，如图5-12所示。接着，单击下方的“格式”按钮。

最后，设定格式，如图5-13所示。我选择字体“颜色”为红色，“字形”为“加粗”，然后单击“确定”按钮。返回“新建格式规则”对话框，再次单击“确定”按钮。现在就可以一眼看出来哪些CDROM产品的售价超过了1200。

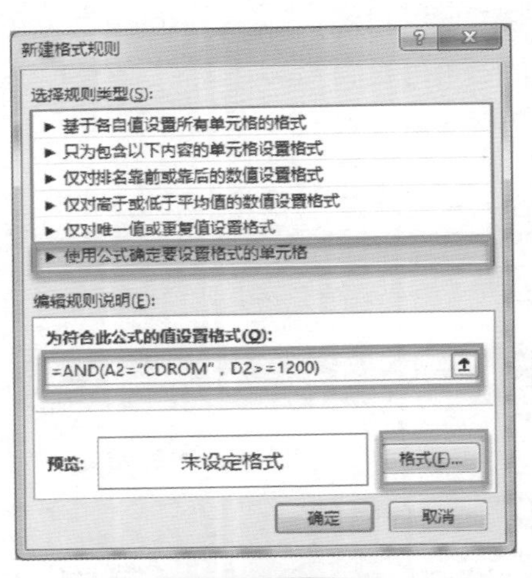

图5-12 编辑规则说明

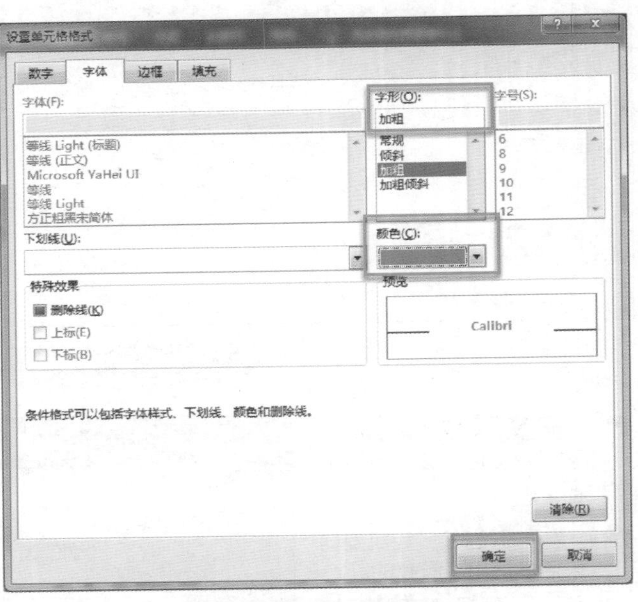

图5-13 编辑字体格式

张老师： 聪明，一点就通。没错，这就是叫作使用公式来设定格式。

凯旋： 哈哈哈，我“凯旋表哥”的名头可不是白叫的。

5.3 “凸”出显示重要数据，让人眼前一亮

张老师： 凯旋，学完了“条件格式”，我再教你一个很酷炫的技能，保证你绝对没见过。

凯旋：还能玩出什么花样来？

张老师：我先问你，你平时会用什么方法突出显示重要的数据呢？

凯旋：这还用问？用鼠标选中想要突出显示的数据，要么就是更改字体颜色、要么就是加粗、要么就是添加背景颜色或者把字号加大，如图5-14所示。

C	D	E
开始时间	项目周期(所需工作日)	结束日期
2018-1-29	50	2018-4-9
2018-5-20	60	2018-8-10
2018-8-2	40	2018-9-27
2018-5-1	100	2018-9-18
2018-9-30	90	2019-2-1

图5-14　普通的突出显示数据

除了这样还能怎么办？难不成你还能玩出花来？这可是Excel，不是PPT。

张老师：我说的当然不一样！我教你一种真正让数据“凸”出显示的好方法，非常简单。

如图5-15所示，首先把整个表格都选中，然后单击“开始”选项卡“字体”组中的“填充颜色”按钮，把背景都填充成深灰色。这个操作很简单，对不对？

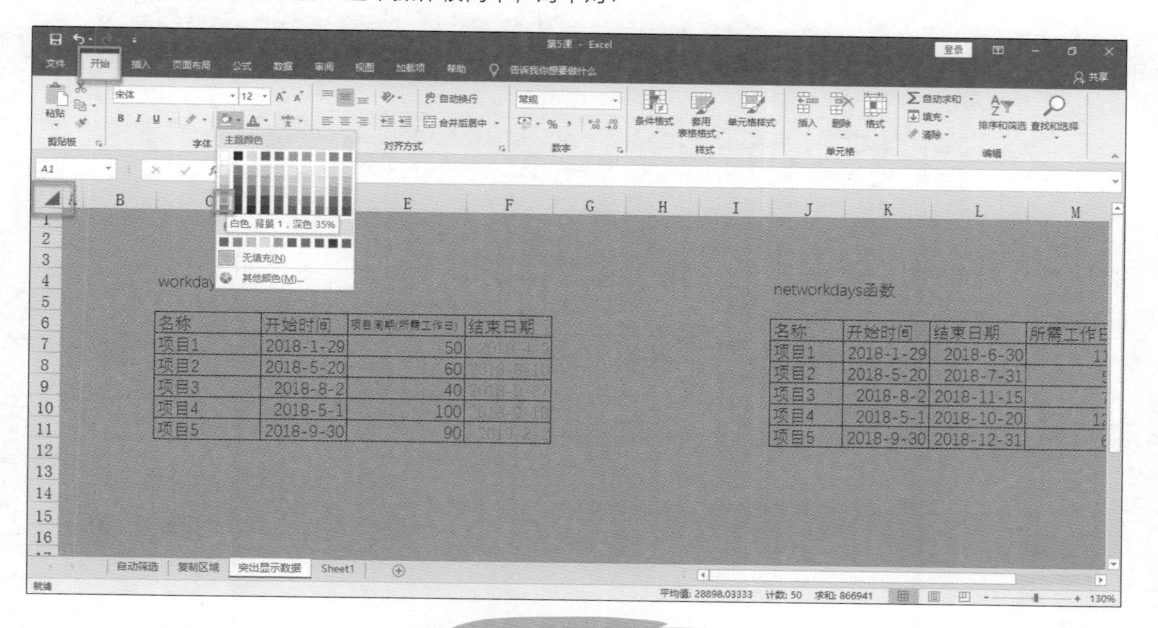

图5-15　加深背景色

为了进行对比，我再用鼠标选中两个区域。选好第1个区域后右击，选择“设置单元格格式”命令，如图5-16所示。在弹出的“设置单元格格式”对话框中选择“边框”选项卡，在“样式”列表框中选择一种最粗的边框，然后单击右边“预置”栏中的“外边框”按钮，此时可以看到整个表格多了一个黑色外边框，如图5-17所示。

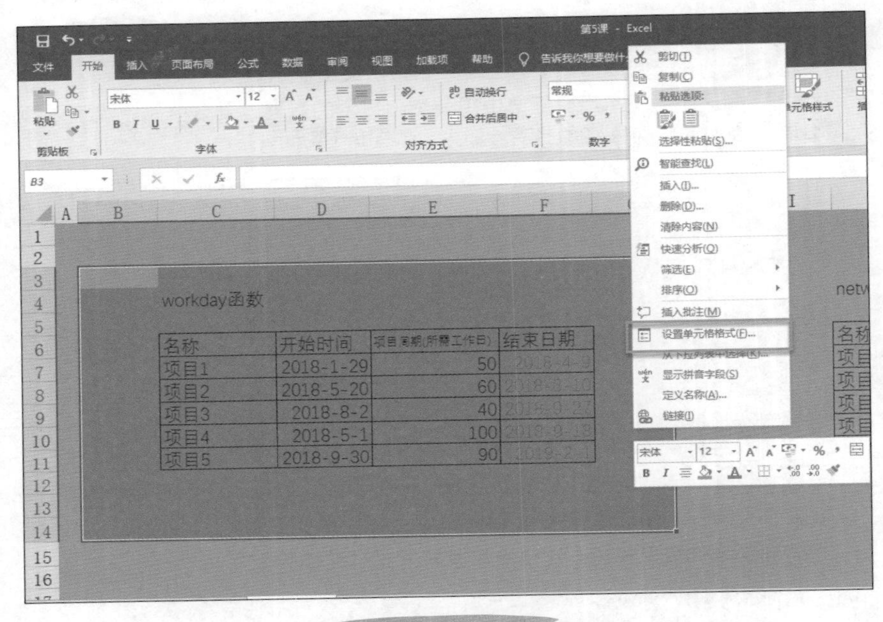

图5-16　设置单元格格式

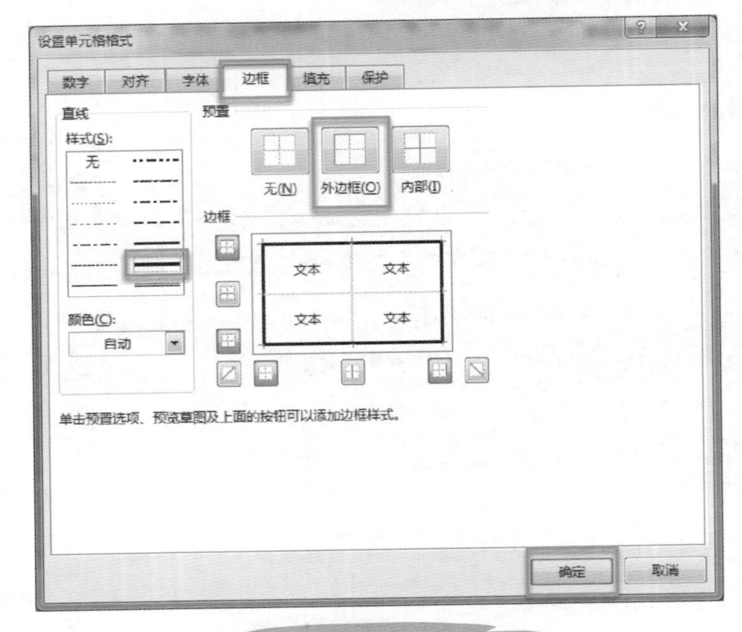

图5-17　给选中区域添加边框

以同样的方法为右边的表格添加一个外边框。

凯旋：哦，就这样啊？这有什么好神奇的？

张老师：别急，我还没讲完呢，接下来神奇的事情就要发生了。

如图5-18所示，我把第一个框选中，右击，选择“设置单元格格式”命令，在弹出的“设置单元格格式”对话框中选择“边框”选项卡。可以看到在“样式”列表框下方还有一个“颜色”下拉列表框，从中可以选择边框的颜色。

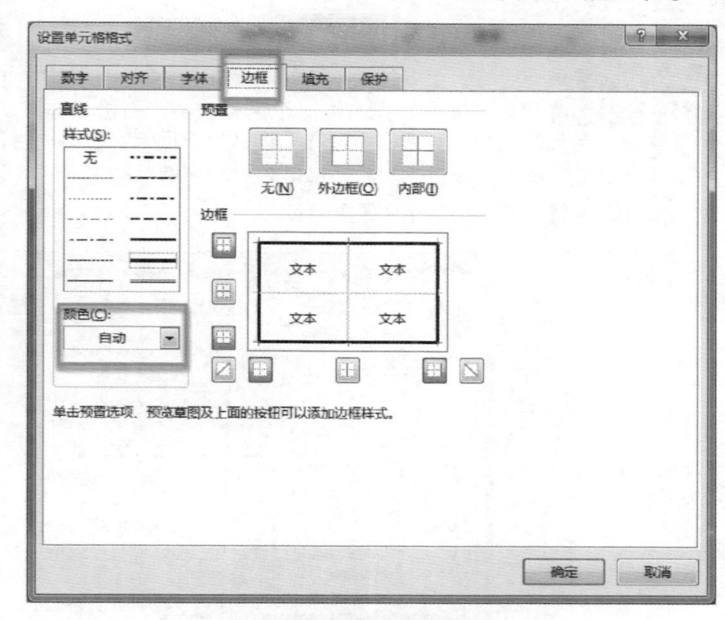

图5-18　设置边框颜色

在此选择“白色”，然后在“边框”栏中先单击一下“上边框”按钮，再单击一下“左边框”按钮，最后单击“确定”按钮，如图5-19所示。注意，只把两条相邻的边框变成白色，另外两条边框不变色。

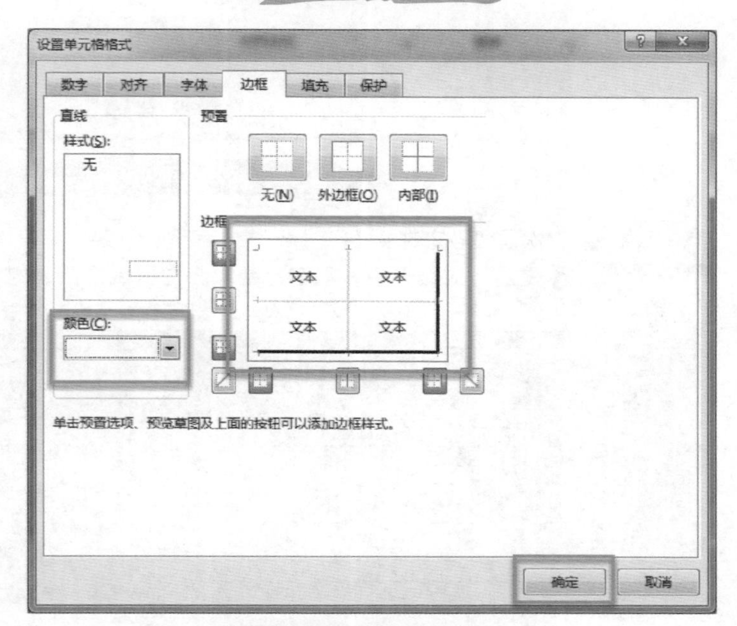

图5-19　更改部分边框颜色

张老师： 现在你有什么感觉？

凯旋： 这……这……这个区域怎么突然凸……凸……凸出来了？

张老师： 同样的道理，把右边这个区域选中，右击，选择“设置单元格格式”命令，在弹出的“设置单元格格式”对话框中选择“边框”选项卡，在“颜色”下拉列表框中依然选择“白色”，在“边框”栏中依次单击“右边框”和“下边框”按钮，然后单击“确定”按钮，如图5-20所示。凯旋，你看一下这又是什么效果呢？

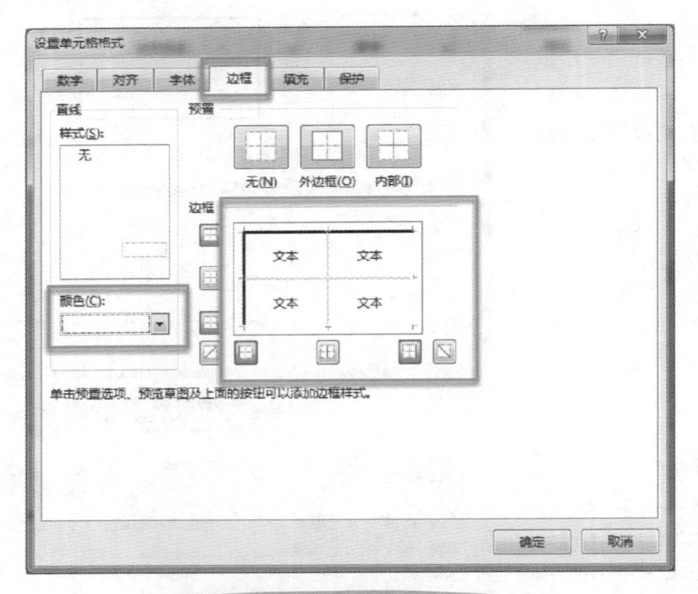

图5-20　更改第2个区域的外边框颜色

凯旋： 这次是凹陷的效果！

张老师： 是的，对比一下，很容易看出左边区域是凸起的状态，右边区域是凹陷的状态，如图5-21所示。

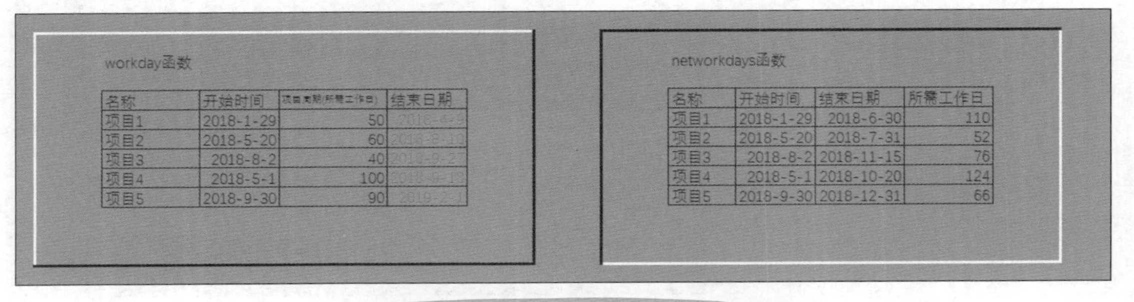

workday函数

名称	开始时间	项目周期(所需工作日)	结束日期
项目1	2018-1-29	50	[illegible]
项目2	2018-5-20	60	[illegible]
项目3	2018-8-2	40	[illegible]
项目4	2018-5-1	100	[illegible]
项目5	2018-9-30	90	[illegible]

networkdays函数

名称	开始时间	结束日期	所需工作日
项目1	2018-1-29	2018-6-30	110
项目2	2018-5-20	2018-7-31	52
项目3	2018-8-2	2018-11-15	76
项目4	2018-5-1	2018-10-20	124
项目5	2018-9-30	2018-12-31	66

图5-21　左边是凸起状态，右边是凹陷状态

凯旋：高！实在是高！这才是真正的“凸”显数据啊！

张老师：凯旋，学会了吧？如果把刚才学习的条件格式和这个边框格式设定相结合，又会发生什么呢？我想在第一张整个凸起的表格中，把“项目周期（所需工作日）”大于60天而小于99天的数据突出显示，怎么做呢？

凯旋：我来，可以这么做。选中“项目周期（所需工作日）”列，然后单击“条件格式”下拉按钮，在弹出的下拉列表中选择“管理规则”选项，如图5-22所示。在弹出的“条件格式规则管理器”对话框中单击“新建规则”按钮，如图5-23所示。

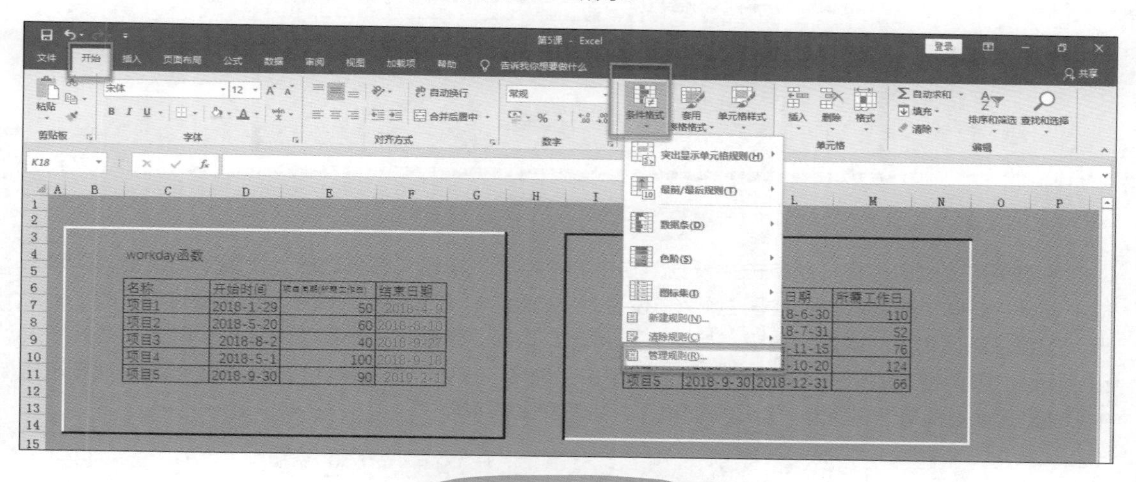

图5-22　管理规则

图5-23　新建规则

弹出“新建格式规则”对话框，在“选择规则类型”列表框中选择“只为包含以下内容的单元格设置格式”，在“只为满足以下条件的单元格设置格式”栏中设置条件为“单元格值介于60到99”，如图5-24所示。

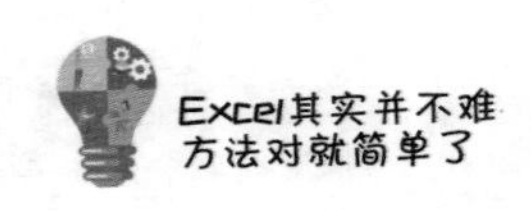

新建格式规则

选择规则类型(S):

- 基于各自值设置所有单元格的格式
- 只为包含以下内容的单元格设置格式
- 仅对排名靠前或靠后的数值设置格式
- 仅对高于或低于平均值的数值设置格式
- 仅对唯一值或重复值设置格式
- 使用公式确定要设置格式的单元格

编辑规则说明(E):

只为满足以下条件的单元格设置格式(O):

单元格值 介于 60 到 99

预览: 未设定格式 格式(F)...

确定 取消

图5-24 编辑规则说明

如要采用凹陷的边框，则单击“预览”栏中的“格式”按钮，在弹出的“设置单元格格式”对话框中选择“边框”选项卡，把边框“颜色”设置为“白色”，在“边框”栏中单击“右边框”和“下边框”按钮，然后单击“确定”按钮，如图5-25所示。返回“新建格式规则”对话框，单击“确定”按钮。返回“条件格式规则管理器”对话框后，单击“确定”按钮，退出条件格式规则的设定。现在表格中那些满足条件的单元格就会“自动”凹陷了，如图5-26所示。

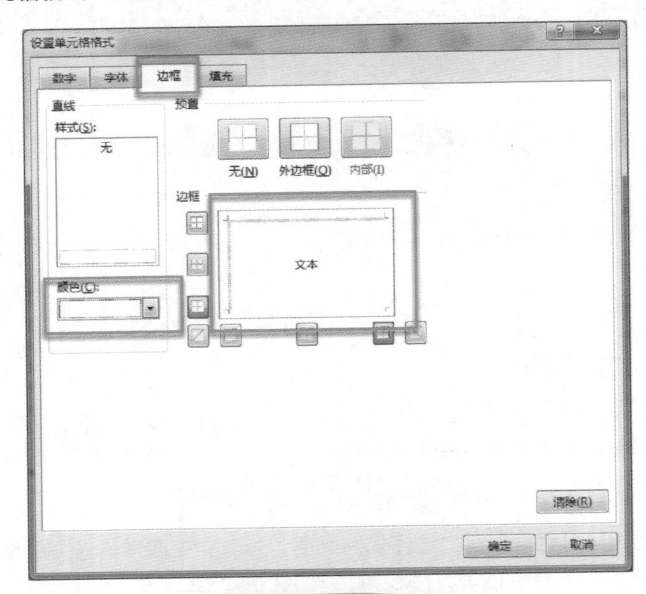

图5-25 设计边框

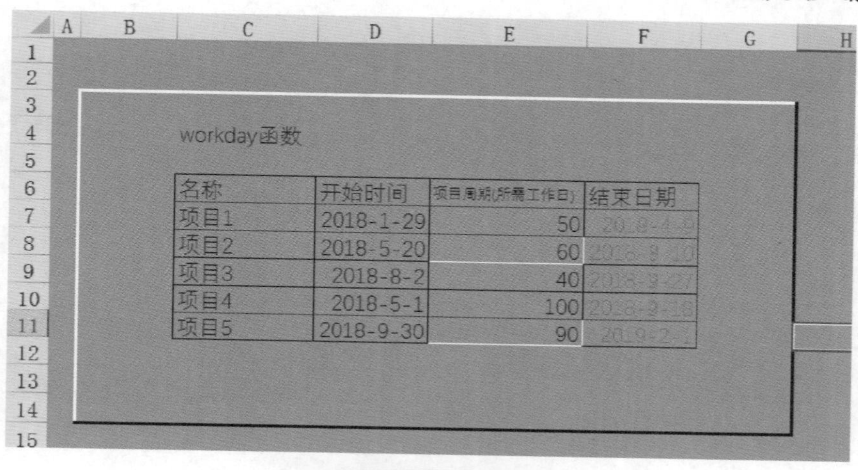

workday函数

名称	开始时间	项目周期(所需工作日)	结束日期
项目1	2018-1-29	50	2018-4-9
项目2	2018-5-20	60	2018-8-10
项目3	2018-8-2	40	2018-9-27
项目4	2018-5-1	100	2018-9-18
项目5	2018-9-30	90	2019-2-1

图5-26　数据产生凹陷效果

同样的道理，我也可以把凹陷下去的个别数据“凸”出显示。只需在条件格式规则中设定“上边框”和“左边框”为白色，单击“确定”按钮，就可以看到在众多凹陷的数据中“凸”出显示了某个指定数据，如图5-27所示。以后再设定“凸”出显示数据的时候，就可以这么做了。

networkdays函数

名称	开始时间	结束日期	所需工作日
项目1	2018-1-29	2018-6-30	110
项目2	2018-5-20	2018-7-31	52
项目3	2018-8-2	2018-11-15	76
项目4	2018-5-1	2018-10-20	124
项目5	2018-9-30	2018-12-31	66

图5-27　数据产生凸起效果

本课小结：

本节课主要讲了3个方面的内容：

第一，“条件格式”的功能是什么。

第二，如何使用函数和公式作为判断条件来进行“条件格式”的设定。

第三，一种“与众不同”的“凸”出显示重要数据的方法。

第6课
到底这个钱($)要怎么给？你不得不了解的计算背后的原理

凯旋，你这么急要干什么去啊？

别提了，主管又给我一张表，说要统计一下利润。我以为是小case，结果拿到手一看，整整3000多行的数据啊，两两交叉相乘。而且，关键是每一个商品的利润率都不一样啊！我试遍了各种函数也不行，总不能让我一个个乘吧。

这种事，你找我就对了。你肯定不知道“给钱”。

什么“给钱”？给什么钱？

6.1 什么是相对引用

我用一个例子来打比方，如图6-1所示的表格是某小区的“水费记录表”，有房号、上月水表上的读数、本月水表上的读数，现在要计算本月用了多少吨水，该怎么做呢？

房号	上月	本月	实用	金额
101	32	43		
102	43	70		
103	22	36		
201	45	58		
202	32	47		
203	52	68		
301	65	79		
302	63	78		
303	33	45		

图6-1　某小区的“水费记录表”

凯旋：这也太简单了吧，算法就是直接等于“本月水表上的数值”减去“上月的数值”，然后直接按Enter键，这时就会看到这个房间的水费显示出来了，下面也不需要做，直接往下拉（填充）就能得到结果，如图6-2所示。

房号	上月	本月	实用	金额
101	32	43	=F3-E3	44.00
102	43	70	27	108.00
103	22	36	14	56.00
201	45	58	13	52.00
202	32	47	15	60.00
203	52	68	16	64.00
301	65	79	14	56.00
302	63	78	15	60.00
303	33	45	12	48.00

图6-2 计算吨数的算法

张老师：这个计算我相信很多人可以做到的，但是不知道你是否思考过，为什么我们直接往下拉的时候下面每一组的结果就能出现呢？

凯旋：这个我还真没想过，难道不是本来就这样的吗？

张老师：很多人平时做这个操作的时候，可能并没有仔细想过为什么Excel可以这样，这节课我就好好和你讲一下这个原理。虽然，你了解要如何去做，但是倘若你对原理了解的不清楚，往后遇到更复杂的情况的时候，就容易出错。所以，我觉得很有必要来仔细学习一下。

如图6-3和图6-4所示，当我双击“计算结果”单元格的时候，你会看到第一个单元格的内容是=F3-E3，下面第二个单元格是=F4-E4。很显然当我往下填充的时候计算结果会自动跟着往下走，这种引用，我们把它叫作相对引用。

=F3-E3

D	E	F	G	H
房号	上月	本月	实用	金额
101	32	43	=F3-E3	44.00
102	43	70	27	108.00
103	22	36	14	56.00
201	45	58	13	52.00
202	32	47	15	60.00
203	52	68	16	64.00
301	65	79	14	56.00
302	63	78	15	60.00
303	33	45	12	48.00

图6-3 相对引用（1）

=F4-E4

D	E	F	G	H
房号	上月	本月	实用	金额
101	32	43	11	
102	43	70	=F4-E4	
103	22	36	14	
201	45	58	13	
202	32	47	15	
203	52	68	16	
301	65	79	14	
302	63	78	15	
303	33	45	12	

图6-4　相对引用（2）

凯旋：什么是相对引用呢？

张老师：注意了，我们在刚才做计算的时候，用F3−E3的时候，实际上我们传递给Excel这个软件的信号并不是用某一个单元格内的数字减去另一个单元格内的数字，而指的是我们把当前单元格左边的两个单元格相减，当我们往下填充的时候，每一个出现结果，都是由当前左边两个单元格相减得出来的结果，这就是相对引用的原理，如图6−5所示。

=F8-E8

D	E	F	G	H
房号	上月	本月	实用	金额
101	32	43	11	
102	43	70	27	
103	22	36	14	
201	45	58	13	
202	32	47	15	
203	52	68	=F8-E8	
301	65	79	14	
302	63	78	15	
303	33	45	12	

图6-5　相对引用的原理

凯旋：原来这就是所谓的相对引用啊，我平时经常用到，只是不知道叫什么。

张老师：凯旋，我问你，如图6−6所示，在这种情况下，如果我把其中某一个单元格复制然后粘贴，比如说，我把G3单元格粘贴到M1单元格里去，此时，你会发现M1单元格显示结果是0，你知道

为什么会这样吗？

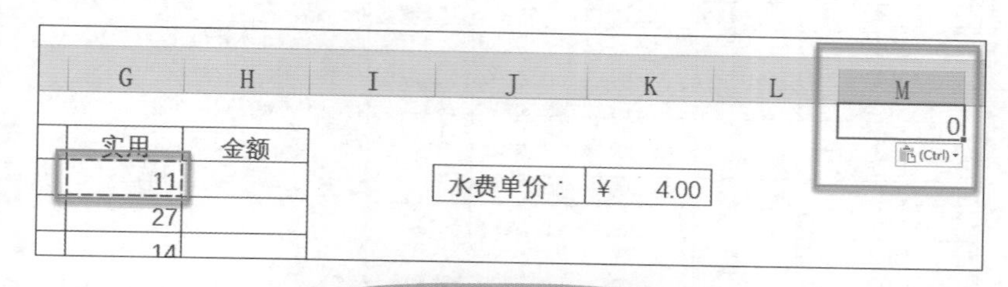

图6-6　M1单元格复制结果为0

凯旋：很简单，如图6-7所示，按照相对引用的原理，当我双击M1单元格你就会看到，M1里的公式是L1-K1。

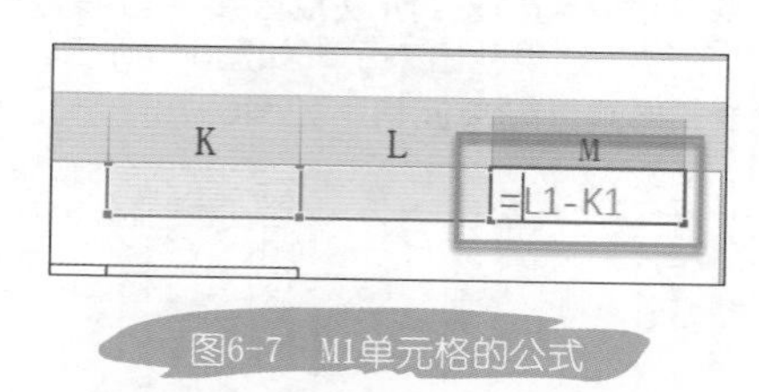

图6-7　M1单元格的公式

换句话说，Excel根本不知道具体是哪两个数字相减，它只知道是选中的单元格左边两个单元格相减。更加说明相对引用实际上是相对位置的引用。

张老师：聪明！正因为Excel有相对引用这么一个特性，所以我们在做计算的时候才可以省很多功夫，直接做完一个计算往下拉，结果就出现了。

6.2 绝对引用，要给“$”

凯旋：既然有相对引用，那么肯定也有绝对引用啦？

张老师：没错！还是拿我刚才这个计算水费的表格来举例，如图6-8所示，当我知道每一个房间使用的水的数据以后，又知道水费的单价是每吨4元钱，要计算水费“金额”就非常简单了，直接等于左边的数字乘以水费单价即可。那么，这个水费单价在做乘法的时候有两种做法，一种做法就是直接手动输入水费单价的数字进行计算。

房号	上月	本月	实用	金额
101	32	43	11	
102	43	70	27	
103	22	36	14	
201	45	58	13	
202	32	47	15	
203	52	68	16	
301	65	79	14	
302	63	78	15	
303	33	45	12	

水费单价：	¥ 4.00

图6-8　计算水费的表格

凯旋：这个我会。因为水费单价是4元钱，所以我直接手写4就好了，按Enter键结果马上就出现了。下面也不用做了，直接往下拉，结果就出来了，如图6-9所示。

还有一种做法是，直接用G3单元格乘以K3单元格，如图6-10所示。

本月	实用	金额
43	11	=G3*4
70	27	
36	14	
58	13	
47	15	

图6-9　直接输入水费单价计算金额

G	H	I	J	K
实用	金额			
11	=G3*K3		水费单价：	¥ 4.00
27				
14				
13				
15				

图6-10　用G3单元格乘以K3单元格计算金额

如果这么做的话，我的H3单元格的结果是44，这个数据是正确无误的，只是，我再往下拉，结果就全是0，如图6-11所示，这是为什么呢？

月	实用	金额
	11	44.00
	27	0.00
	14	0.00
	13	0.00
	15	0.00
	16	0.00
	14	0.00
	15	0.00
	12	0.00

图6-11　下拉结果为0

张老师：哈哈，不会了吧，我来告诉你。你看啊，当我们双击单元格你就会看到第一个单元格是G3*K3，而到下面这个单元格呢，由于相对引用的原理，它就变成了G4*K4，然而K4单元格是空的，所以结果就是0了，如图6-12和图6-13所示。

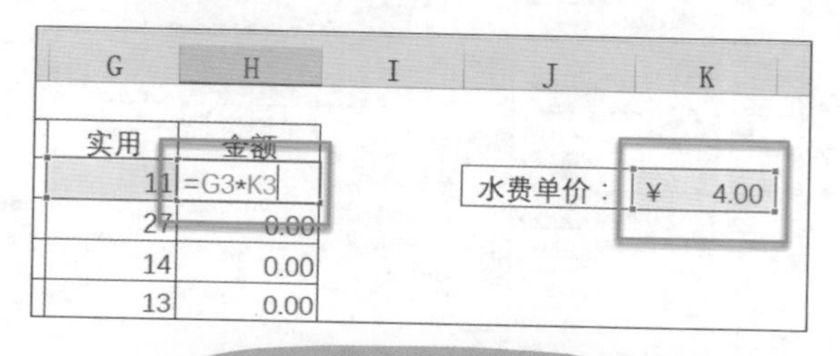

图6-12　第一个单元格的公式

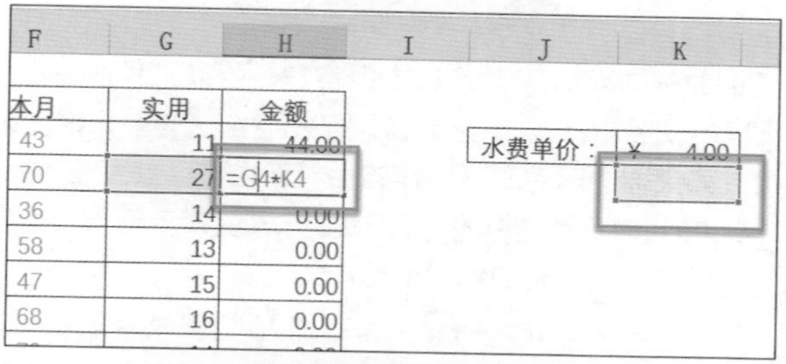

图6-13　第二个单元格的公式

也就是说，在做计算水费金额的乘法的时候，K3单元格是不能够变动的，我们对这种不能变动的单元格使用的引用方式就叫作绝对引用，那如何操作呢？注意了，这里有一个快捷键。

凯旋：这种问题休想难倒我，F4键嘛。

张老师：对，没错，是F4键，如图6-14所示，当你按F4 键的时候你就会发现，在K3这个单元格引用的上面会出现美元的“$”符号，这是什么意思呢？这就表示锁定这个单元格。

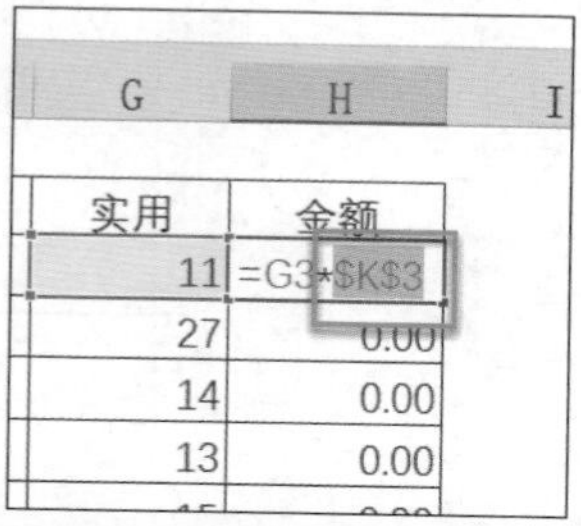

图6-14　用F4锁定单元格

接着，按下Enter键以后，再往下填充公式，正确的结果都随之出现了。这时，无论我双击哪个结果都是这个单元格左边的内容乘以K3，如图6-15所示。

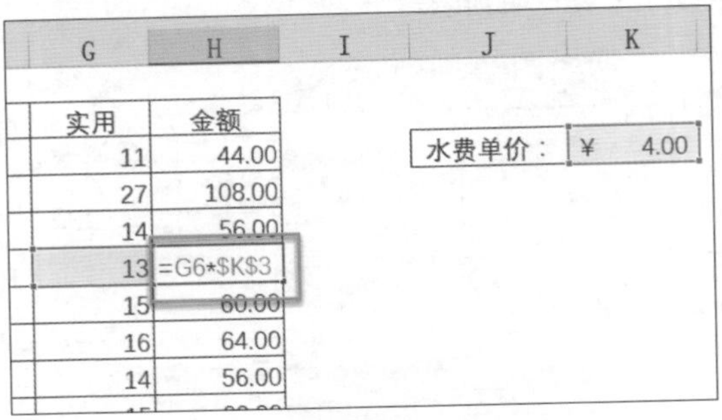

G	H	I	J	K
实用	金额			
11	44.00		水费单价：	¥ 4.00
27	108.00			
14	56.00			
13	=G6*$K$3			
15	60.00			
16	64.00			
14	56.00			

图6-15　K3被锁定

你看，因为我在做乘法的时候前面的G3并没有去锁定它，所以，我往下拉的时候依然是相对引用的方式。由于K3被锁定了，属于绝对引用，所以无论我如何往下拉这些单元格，乘以的都是K3单元格，这是锁定的操作快捷键是F4键。如果你的F4键不好操作的话，你也可以直接输入“$”符号。

强调一下，$K$3的中K左边的$表示锁定列号，3左边的$表示锁定行号，如果行列都锁定就意味着这个单元格已经被我们固定了，这就是我们说的绝对引用。

凯旋：我就不懂了，为什么绝对引用的时候一定要输入“$”符号呢？

张老师：哈哈，这是Excel这个软件的规则，不过，我们可以换个角度来解读它，试想，如果你的公司有一个关键员工要辞职了，你想要留住他，最好的方法是什么呀？

凯旋：给他加薪呗。

张老师：没错，用我的话说就是“给钱”。

发现没有，在Excel这个软件里面如果你把一个单元格锁定，就是在这个单元格行号和列标左边加了美元符号，这是不是就是相当于给他们钱啊，如图6-16所示。

所以在后面的课程里面，我要问你“给没给钱啊？”你一定要知道什么意思。

凯旋：原来这就是“给钱”，不过这也太小儿科了。除了“给钱”外，还有没有别的办法呢？

张老师：当然还有。我们想留住一个人，有两个方法，要么是“给钱”，要么是“给名”。

G	H	I
实用	金额	
11	=G3*$K$3	
27	108.00	
14	56.00	
13	52.00	

图6-16　“$”= 给钱

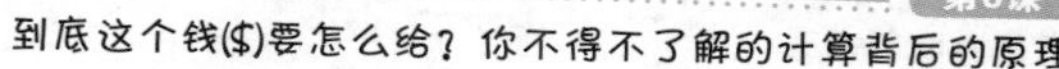

凯旋：给名？什么意思？不懂！

张老师："给名"的意思是给单元格命名，这个方法该如何使用呢？当把鼠标定位在K3单元格的时候你会发现，在整个Excel的左上方有一个区域叫"名称框"，这个名称框里显示的就是K3，K3就是这个单元格的名称（坐标），如图6-17所示。

	D	E	F	G	H
2	房号	上月	本月	实用	金额
3	101	32	43	11	44.00
4	102	43	70	27	108.00
5	103	22	36	14	56.00
6	201	45	58	13	52.00
7	202	32	47	15	60.00

水费单价：¥ 4.00

图6-17 每个单元格都有自己的名字

在整个Excel文件里面，每张工作表里面都有K3单元格的存在，所以，它并不是唯一的。接下来我给它取一个唯一属于它的名字，怎么取名字呢？方法也非常简单。

选中K3单元格后，单击名称框，把里面原有的K3给删除，输入新的名称，用什么名字呢？根据刚才的比喻，如果你想留住一个人不让他走，除了给钱以外还有什么呢？嗯，升职！那么，我就给K3单元格取名字为CEO，输入后按Enter键，如图6-18所示。

	D	E	F	G	H
2	房号	上月	本月	实用	金额
3	101	32	43	11	44.00
4	102	43	70	27	108.00
5	103	22	36	14	56.00
6	201	45	58	13	52.00
7	202	32	47	15	60.00

水费单价：¥ 4.00

图6-18 给K3单元格取名CEO

凯旋：所以，留住一个人，不让他走，要么就是给钱，要么就是升职嘛。

张老师：注意了，我这里强调的是命名，怎么给一个单元格命名呢？方法是用鼠标选中你需要命名的单元格，单击“名称框”，输入完你想要设定的名称后一定要按下Enter键。

当我给单元格做好命名以后，我怎么查看这个名称是否成功呢？最简单的方法是单击“名称框”右方的下拉箭头，如果你取的名字在列表里出现了，这就意味着名字取好了，如图6-19所示，接下来做计算的时候就很简单了。

K4 ▾ ceo

	D	E	F	G	H	I	J	K
1								
2	房号	上月	本月	实用	金额		水费单价：	¥ 4.00
3	101	32	43	11	44.00			
4	102	43	70	27	108.00			
5	103	22	36	14	56.00			
6	201	45	58	13	52.00			
7	202	32	47	15	60.00			

图6-19 在名称下拉菜单中检验名字是否取好

这里，当我们再去计算水费的金额时，只要输入等于左边的单元格乘以CEO就好了，然后再按Enter键，马上结果就出现了，然后再往下一拉，如图6-20所示。你看，是不是很快呢？

G	H	I
实用	金额	
11	=G3*ceo	
27	1 ceo	
14	56.00	
13	52.00	
15	60.00	

图6-20 利用CEO做计算

命名这也相当于给单元格做了绝对引用，并且命名有一个它的专属优势，那就是“名称”可以进行跨表引用的，也就是说，无论我在当前工作簿的哪一张工作表，只要我在当前表格选中的单元格里输入=CEO，然后按Enter键，显示的结果都会是4。也就是说，名称不仅可以有绝对引用的作用，还可以跨表引用，如图6-21和图6-22所示。

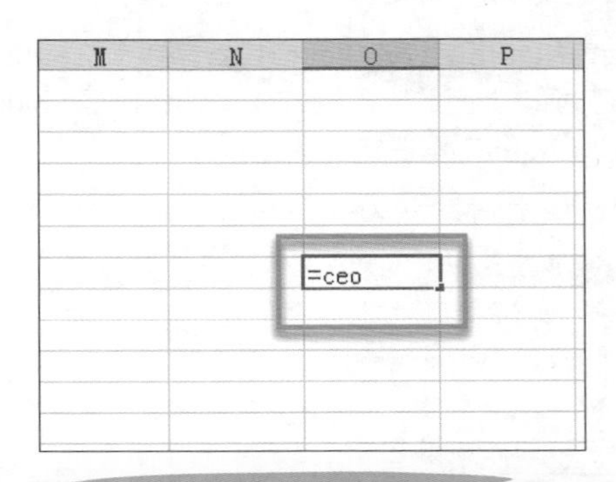

图6-21　命名的单元格可以跨表引用（1）

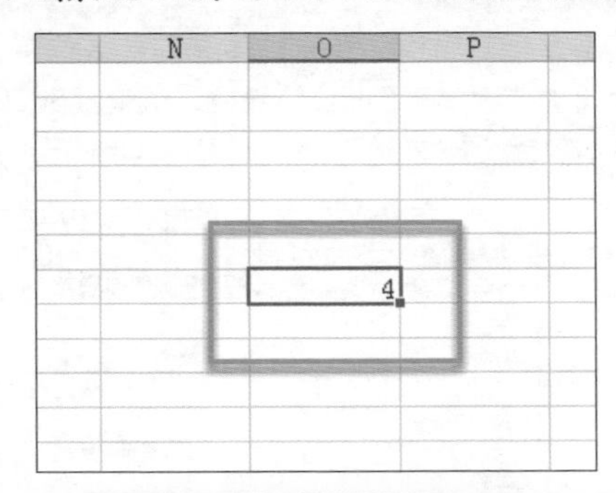

图6-22　命名的单元格可以跨表引用（2）

6.3 混合引用，给一半“$”

凯旋：讲了这么多，还是没能解决我最开始的问题啊。

张老师：别急嘛，接下来我们讲的例子，就跟你遇到的问题很像，这里有一个表格叫“销售佣金比例对应表”，这个表格我要做什么呢？很简单，你看我表格的第1行是“佣金比例”，第1列是“销售额”。我想把不同销售额对应的不同佣金比例所产生的佣金填写在这个表里，说白了就是两两交叉相乘，这个要怎么做呢？

前面讲了绝对引用和相对引用，我相信大家一定想到了，最常见的方法是我们可以输入“=D22*E21（乘以上面的百分比单元格）”，这个时候如果我们不去做任何引用的话，Excel只认为你单元格里的数据是当前定位单元格左边的单元格乘以上面的单元格，这样，我进行填充以后，你会发现，结果是完全错误的，如图6-23所示。

销售佣金比例对应表

佣金比例 / 销售额	3%	6%	8%
30000	=D22*E21	54	4.32
50000	45000000	2430000000	1.05E+10
80000	3.6E+12	8.748E+21	9.18E+31

图6-23　相对引用计算结果出现问题

由于是相对引用，我无论填充到什么位置，都是当前单元格左边的单元格内容乘以上面的单元格内容。比如说，到了下面E23单元格，就变成50000（D23）乘以上面的500（E22）了，结果是45000000，越往下结果就会越来越离谱，如图6-24所示。

图6-24　相对引用计算错误的原因

显然，我们在向下填充的时候，百分比的数值是不能变的。我们很容易想到的方法是当我们乘以E21这个佣金比例的时候，直接按F4键，锁定这个单元格，然后再按Enter键往下拉，你看这个结果就是正确的，如图6-25所示。

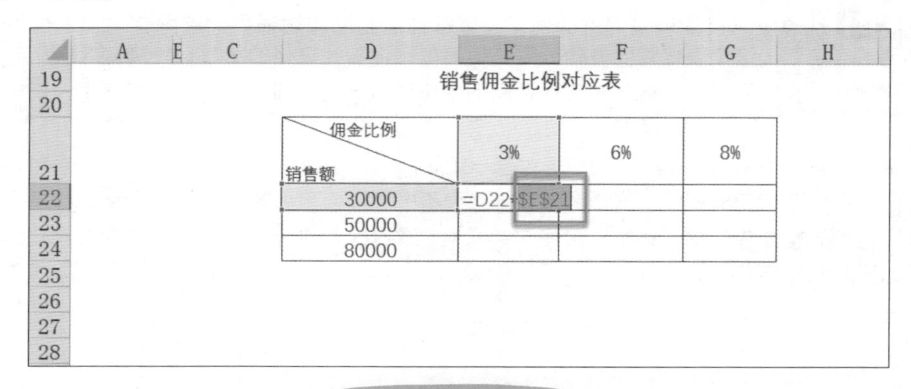

图6-25　锁定单元格

那接下来6%这列怎么办呢？绝大多数人在做这个例子的时候会进行3次运算，在这个例子里面，由于我已经把3%固定了，无论怎么填充，数据都是乘以3%，结果肯定会有问题。因此我们第2列就得重新做一次乘以6%、锁定6%，然后再往下拉，对吧，如图6-26所示。

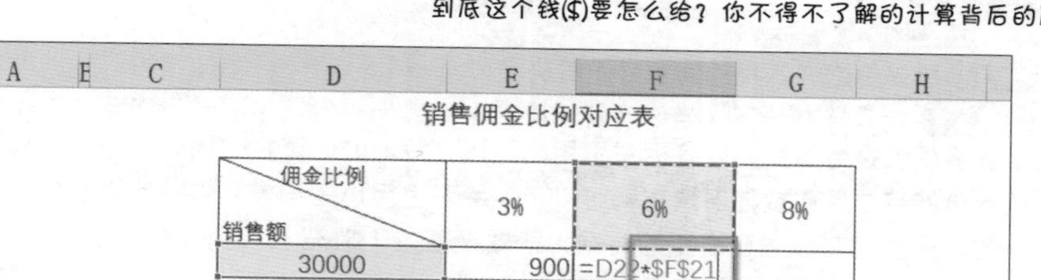

图6-26　锁定6%的单元格

这样确实是比我们之前一次次地输入要省力很多，因为按照以上方式我们只要进行3次计算并且填充就可以了。

凯旋：这个方法虽然好，但是在这个例子里面“佣金比例”只有3列，我的那张表可是有300多列啊，如果有3个佣金比例我要算3次，那如果有300个佣金比例岂不是要算300次？有没有一次性就能计算完的方法呢？

张老师：接下来我们就要讲到Excel里的混合引用了。在我做刚才这个计算的时候，你会发现我是等于左边的销售额乘以上面的百分比，那么，左边这一列的销售额再往下填充的时候列标不能变，而行号要跟着变，对吧？同样的道理，佣金比例在做乘法的时候，行号不能变，但列标是可以变的，这要如何实现呢？

如图6-27所示，比如说我拿E22单元格打比方，我用左边的销售额乘以上边的百分比的时候，销售额所在的列标不能变，行号需要变，怎么办？那我把光标定位在D22后面连续按3下F4键，当“$”符号只出现在D22左边的时候，这就表示只锁定列，不锁定行；当我们再乘以上面E21单元格的时候怎么办呢？很显然，我就是只锁定行不锁定列，连续按两次F4键，因为在这里我要锁定的是第21行，但是百分比（3%、6%、8%…）会随着填充的变化而自动更新。这时，再按Enter键，结果出现了，然后我们再往下填充，再往右填充，怎么样？现在我们用一个公式就可以计算出来了。

E21　=$D22*E$21

销售佣金比例对应表

佣金比例 / 销售额	3%	6%	8%
30000	=$D22*E$21		
50000			
80000			

图6-27　“$”符号的混合引用

凯旋：原来是这样，我的问题终于解决了！

张老师：我再补充一下，当你了解了绝对引用、相对引用和混合引用后，不知道你有没有发现，如果表格仅仅是绝对引用或者相对引用的时候，我们的计算方向相对单一。尤其是相对引用，通常是把计算做完之后直接往下填充就可以了，绝对引用也是一样，做完计算直接往下拉，通常是一个方向的。而我们在做混合引用的时候，既要往下拉（填充）又要往右拉（填充）。我们再用第1课所讲的知识点来看一下，从表格的种类上来讲，我们使用相对引用和绝对引用的时候，通常是在对一张“数据表”进行操作；如果你发现你的那张表格，是一个有行变量，同时又有列变量的表格时候，那么，这是一张什么表还记得吗？这是我们在第1课就说过的——“报表”。也就是说，在对“报表”做计算的时候，我们要使用的计算方法就是混合引用了。所以下次再做计算的时候，就先看一下表格的状态，如果它是数据表，那么通常不是绝对引用就是相对引用；如果是“报表”，通常就要使用混合引用了。

请大家自行用Excel制作一个“乘法口诀表”吧。

本课小结：

本节课主要讲了3种引用：相对引用、绝对引用和混合引用。

在使用Excel进行计算的时候，我们要先看一下表格的状态。如果它是数据表，那么就用绝对引用或者相对引用；如果它是报表，则要使用混合引用。

第7课

比给钱更重要的操作——命名

上节课我们讲了怎么“给钱”，凯旋，你还记得吗？

当然记得啊，不就3点嘛——相对引用不给“钱”，绝对引用要给“钱”，混合引用给“一半钱”。

不错，总结得很到位。其实，我在讲到绝对引用的时候，曾说过绝对引用的方法就是锁定单元格。此外，我还讲到了名称。如果为单元格命名，很容易就能做到绝对引用和跨表引用。

好无聊，能来点“刺激”“好玩”的吗？

到底是年轻呀！好吧，这节课我用更加生动的例子来给你讲讲“名称”的好处。

7.1 如何设置下拉列表

张老师：现在有一张表格，其中包含员工的编号、姓名、尊称、生日、地址、邮编等信息，需要大家依次填写各自所在的部门。如何填写呢？第一种方法是逐一手写，但常会遇到一个问题，那就是对于同样的内容会有不同的写法。比如，财务部有人会写为“财务”，有人会写作finance，如图7-1所示。这样就会导致同样的信息表现方式各不相同，导致后面的数据分析出现问题。

	A	B	C	D	E	F	G	H
1								
2		编号	姓名	尊称	生日	地址	邮政编码	部门
3		1201	张颖	女士	1972-3-1	复兴门246号	100098	财务部
4		1203	王伟	博士	1968-6-1	罗马花园890号	109801	财务
5		1208	李芳	女士	1957-9-1	芍药园小区78号	198033	finance
6		1218	郑建杰	先生	1972-8-1	前门大街789号	198052	fin
7		1220	赵军	先生	1967-8-1	学院路78号	100090	
8		1316	孙林	先生	1964-12-1	阜外大街110号	100678	
9		1318	金士鹏	先生	1962-12-1	成府路119号	100345	
10		1440	刘英玫	女士	1973-3-1	建国门76号	198105	
11		1452	张雪眉	女士	1955-11-1	永安路678号	100056	
12								
13								

图7-1　相同内容有不同写法

最好的方法就是给“部门”列制作一个下拉列表，让大家从中选择相应的部门来填写。凯旋，我问你，下拉列表该如何制作呢？

凯旋：这很简单啊，我来！直接选中需要制作下拉列表的区域，单击“数据”选项卡“数据工具”组中“数据验证”按钮，在弹出的“数据验证”对话框中选择“设置”选项卡，在“允许”下拉列表框中选择“序列”，此时在下方出现“来源”参数框，如图7-2所示。

有两种方法输入“来源”。

方法1：把下拉列表中的内容直接输入在“来源”参数框中，每一项之间用英文输入法状态下的“,”（逗号）隔开，如图7-3所示。不过，如果部门特别多的话，一个一个地输入会非常麻烦。

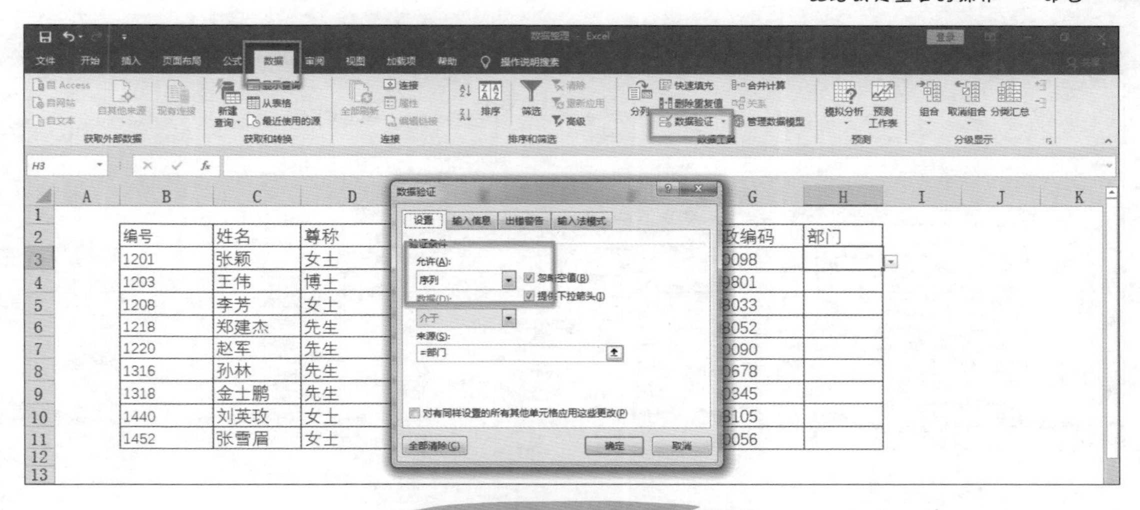

图7-2　打开“数据验证”对话框

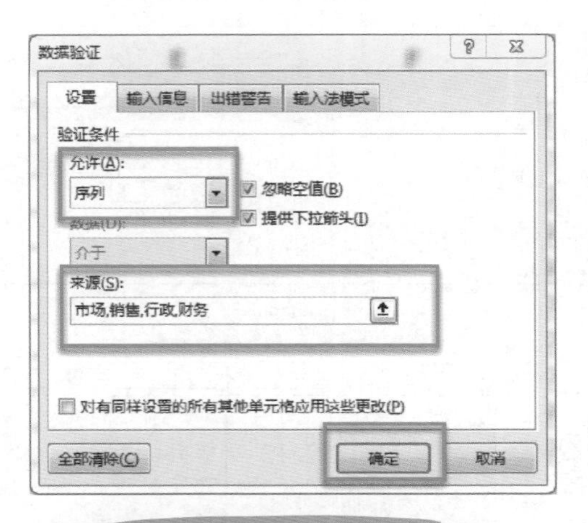

图7-3　设置下拉列表的第1种方法

方法2：在“来源”参数框的右侧有一个单元格链接的图标，说明还可以选择某一个固定的单元格区域，该区域中的内容就是该下拉列表中的数据源，可以用鼠标直接选取数据源所在的区域，如图7-4和图7-5所示，此时在“来源”中会自动显示“=参数表!$A$1:$A$5”，通常情况下，使用鼠标选择区域的方式要比手动输入准确性更高，不容易出错。

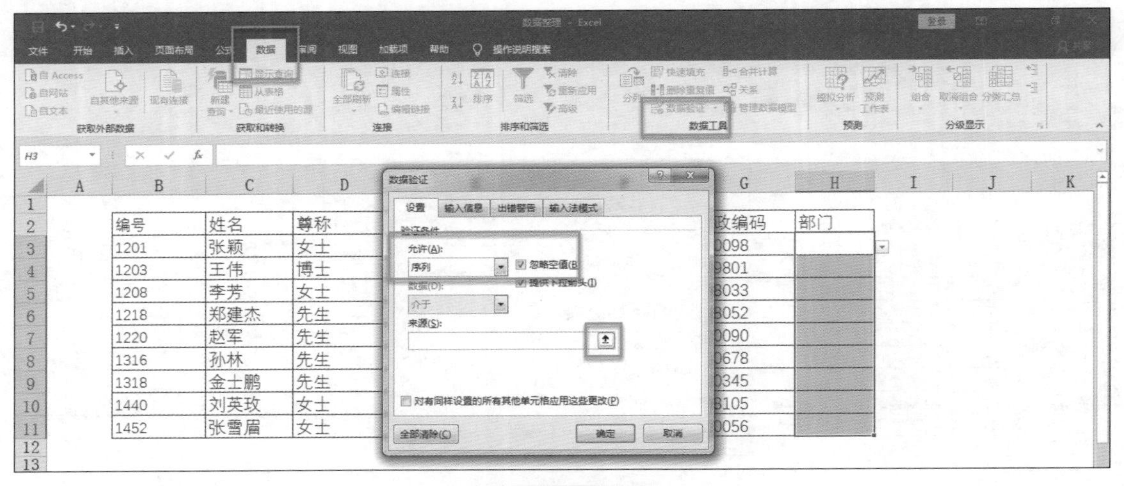

图7-4　使用单元格链接

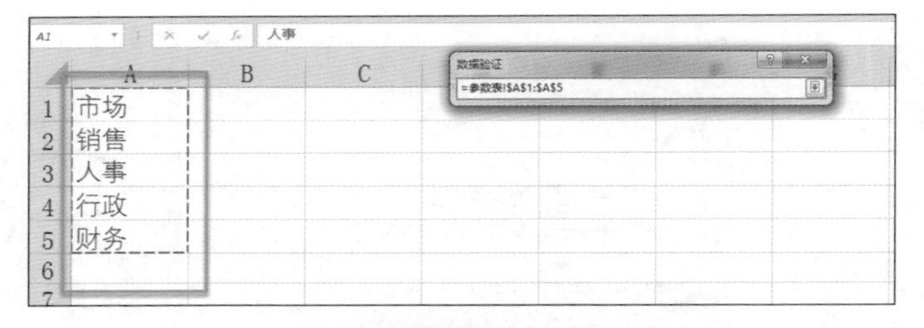

图7-5　选择引用区域

设置完成后，如果想在下拉列表中随便填写其他的内容，是做不到的，Excel会报错，如图7-6所示。

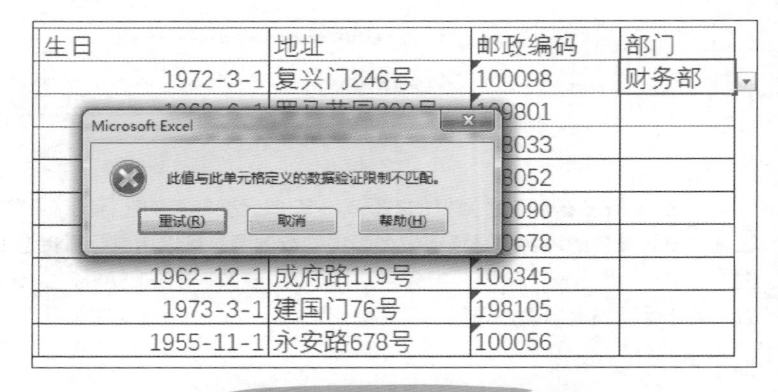

图7-6　Excel“数据验证”自动报错

怎么样，厉害吧？

张老师：完全正确！如果是Office 2007及以下版本的话，是没有办法直接做跨表引用的；从Office 2010版本开始，“数据验证”功能中的跨表引用就能够实现了。但是，如果将来跨表引用的时候，每一次都要去选择另一张表里的每个区域，无疑会非常麻烦。根据上一节课所讲的内容，我们可以为单元格命名，因为“名称”既是绝对引用又能跨表引用。

凯旋：等等，难道说区域也可以命名？

张老师：当然可以。

7.2 给选定的区域命名

张老师：给区域命名，其实非常简单。在参数表中，选中A1~A5单元格区域，然后单击“名称框”，给这个区域取一个名字，比如“部门”，如图7-7所示。名称既可以用中文，也可以用英文。输入完“部门”后，按Enter键。注意，一定要按Enter键！如果在输入完名称后没按Enter键，这个名称实际上并没有取上。换句话说，此时并没有完成命名。

接下来回到信息表里，开始进行“数据验证”。在进行“数据验证”之前，建议先测试一下名称是否取好了。单击“名称框”右侧的下拉按钮，你会发现“部门”两个字已在其中。用鼠标单击这两个字，如果此时马上跳转到名称所在的区域，就证明名称取正确了，或者说取成功了，如图7-8所示。

部门 | × ✓ fx 市场

	A	B	C
1	市场		
2	销售		
3	人事		
4	行政		
5	财务		
6			

图7-7　给区域命名

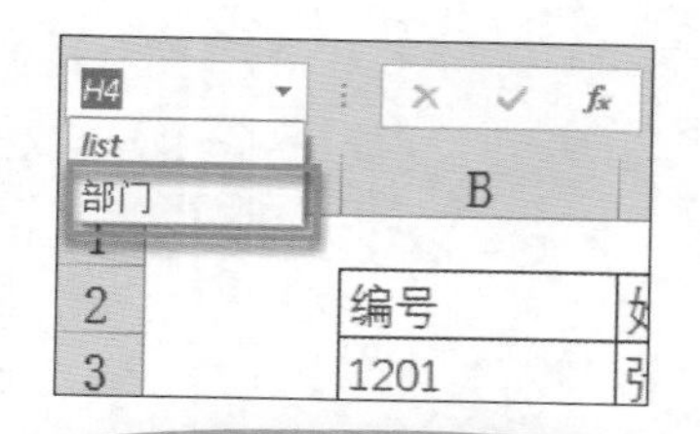

图7-8　检验命名是否取好

确认名称设定成功后，把需要进行“数据验证”的表格中表头为“部门”的区域选中，单击“数据验证”按钮，在弹出的对话框中选择“设置”选项卡，在“允许”下拉列表框中选择“序列”，在“来源”参数框中输入“=部门”（注意，这里输入的“=”也要是英文输入法状态下的），最后单击“确定”按钮，如图7-9所示。这时下拉列表出现了，当单击“部门”列中每一个单元格右侧的下拉按钮时，就会发现刚才命名为“部门”这个区域里的内容自动出现了。

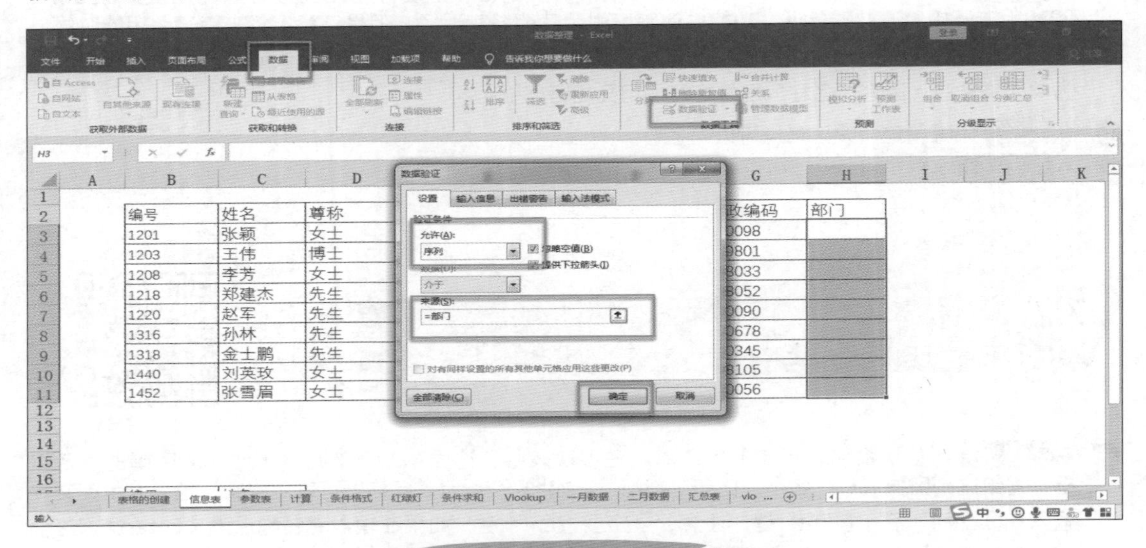

图7-9 设置下拉列表的第2种方法

凯旋：果然，用命名的方法为区域命名，就省去了跨表引用，确实好用多了。

张老师：接下来我再举个例子，如图7-10所示，还是在刚才这张工作表中，不过是下面另一个表格。这个表格是要求填写对应编号的员工“姓名”，很显然，这样的操作最合适不过的函数就是VLOOKUP，对不对？关于VLOOKUP我在后面的第8课和第9课将专门讲解。

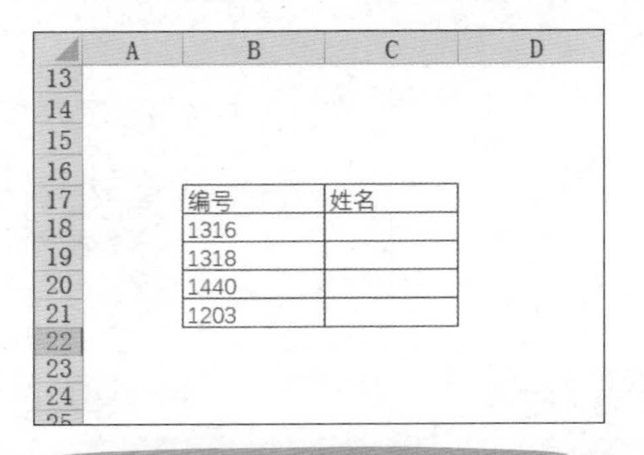

编号	姓名
1316	
1318	
1440	
1203	

图7-10 需要根据编号“提取”对应姓名的表格

这里先来讲一讲，如果要使用VLOOKUP函数，名称会起到什么作用呢？这个表格需要做的是根据“编号”找“姓名”，那就直接输入=VLOOKUP，然后输入左括号，索引条件是左边的B18单元格；接

着输入“,”；第2个参数是table_array，即区域，那就把需要索引的区域都选中，在区域里要找什么内容呢？很显然是要找“姓名”，“姓名”在刚才所选的区域里的第2列；接下来是第3个参数col_index_num，输入2；最后，要进行“精确匹配”，就输入0或者false，如图7-11所示。具体关于这个函数要如何操作，在第8课将详细地解读，这里我们要把目光放在引用上。

此时编号1316的员工“姓名”就出现了，是“孙林”。但是当往下拉的时候你会发现一个问题，编号1203的员工“姓名”变成了#N/A，如图7-12所示。

编号	姓名
1316	=VLOOKUP(B18,B2:G11,2,0)
1318	
1440	
1203	

图7-11　VLOOKUP函数

编号	姓名
1316	孙林
1318	金士鹏
1440	刘英玫
1203	#N/A

图7-12　下拉填充出现#N/A

凯旋：出现了#N/A，说明函数可能出现了某些问题，或者干脆找不到。

张老师：没错，我们来看一下，问题出在哪里呢？首先，编号1203的员工在原始表里是有这个人存在的，那为什么在查询表里显示#N/A呢？双击这个包含#N/A的单元格，你会发现在这个VLOOKUP函数里，原本选择的表格区域是B2~H11，此时却变成了B5~G14，如图7-13所示。

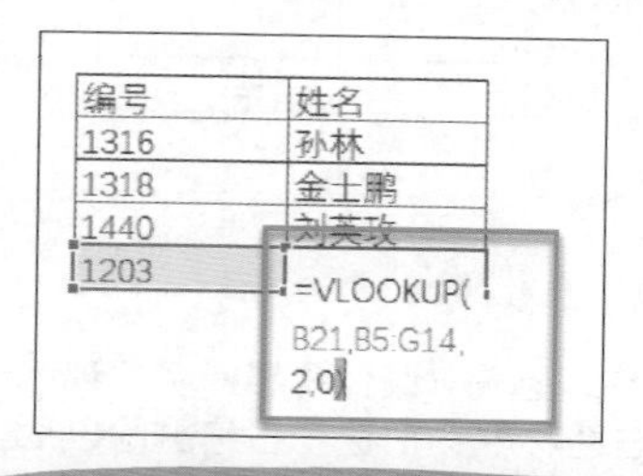

编号	姓名
1316	孙林
1318	金士鹏
1440	刘英玫
1203	=VLOOKUP(B21,B5:G14,2,0)

图7-13　表示区域的参数发生了变化

一目了然，说明在使用VLOOKUP函数的时候，表示区域的参数需要锁定。如果区域没有锁定，在往下填充的时候，表示数据的区域也在往下移动，这样就很容易遗漏信息。

张老师：简而言之，如果要引用一个固定的区域，在使用VLOOKUP函数之前，可以先把查询表的区域选中（也就是VLOOKUP函数中的table_array参数），为它命名，如这里将其命名为list，如图7-14所示。

list　编号

编号	姓名	尊称	生日	地址	邮政编码	部门
1201	张颖	女士	1972-3-1	复兴门246号	100098	
1203	王伟	博士	1968-6-1	罗马花园890号	109801	
1208	李芳	女士	1957-9-1	芍药园小区78号	198033	
1218	郑建杰	先生	1972-8-1	前门大街789号	198052	
1220	赵军	先生	1967-8-1	学院路78号	100090	
1316	孙林	先生	1964-12-1	阜外大街110号	100678	
1318	金士鹏	先生	1962-12-1	成府路119号	100345	
1440	刘英玫	女士	1973-3-1	建国门76号	198105	
1452	张雪眉	女士	1955-11-1	永安路678号	100056	

图7-14　给区域命名为list

接下来，再使用VLOOKUP函数的时候就非常简单了。直接输入=VLOOKUP，然后输入左括号，索引条件是B18（这里需要相对引用，因为往下拉的时候其编号也要跟着变）；接着输入逗号；在设置第2个参数table_array的时候，直接输入list（还记不记得，名称还有一个作用是绝对引用）；接下来，输入2；最后输入0，按下Enter键。结果就出现了，而且后面的结果不会出现问题，如图7-15所示。

编号	姓名
1316	=VLOOKUP(B18,list,2,0)
1318	
1440	
1203	王伟

图7-15　直接输入list

凯旋：Cool！不过我有个疑问，上一节课我就想问了，那就是当为单元格或者区域取好名称后，如果要删除，该怎么办啊？单击名称框，把这个名称删除以后，我发现无论怎么删，这个名称都删不掉啊，它依然会出现，如图7-16所示。

张老师：删除名称其实非常简单，接下来我就教你怎么做。单击“公式”选项卡“定义名称”组中的“名称管理器”按钮，在弹出的“名称管理器”对话框中便会看到之前为整个工作簿所取的名称都显示在其中。从中选中刚才所取的名称，然后单击上面的“删除”按钮，即可将其删除，如图7-17所示。

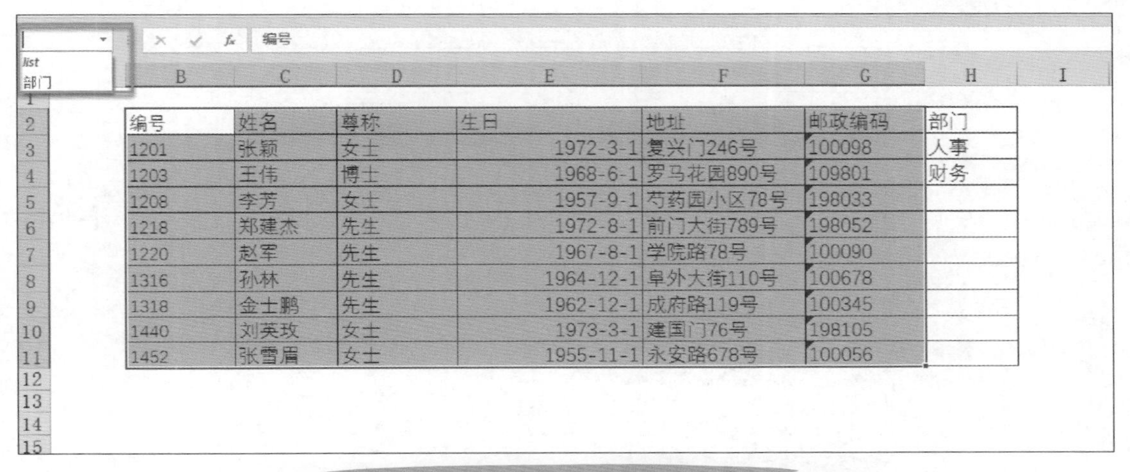

图7-16　在“名称框”里选中“名称”进行删除，是删除不了的

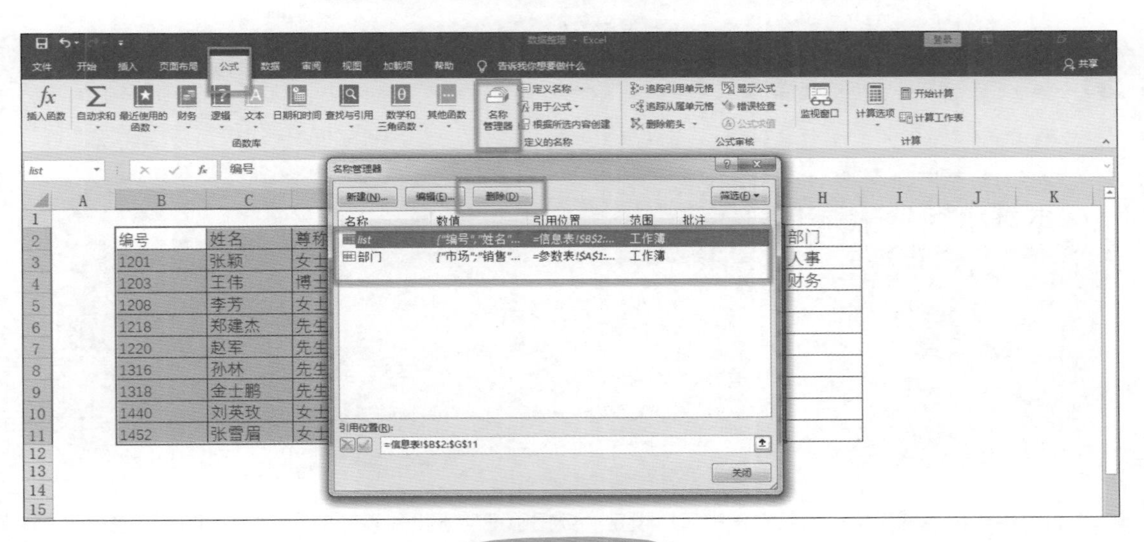

图7-17　删除名称

正好，在“名称管理器”对话框中顺便看一下这个名称到底是什么意思。当使用鼠标选中之前所取名称list后，可以看到在下方的“引用位置”栏的参数框中显示了相应内容。实际上你会发现名称就是相当于不仅把你选中的区域绝对引用了，还在前面加上了表格的名称，如图7-18所示。也就是名称不仅仅进行了绝对引用，还定位了所在的表格，这就是“名称”为什么可以跨表引用的原因。

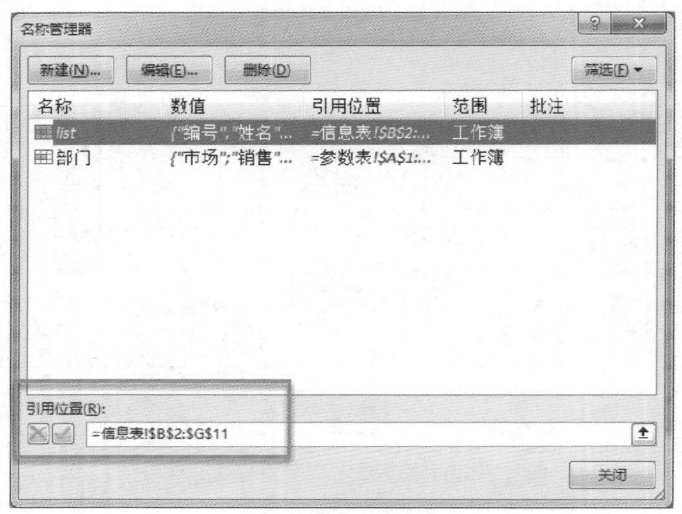

图7-18 引用位置

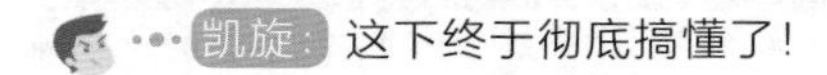
凯旋：这下终于彻底搞懂了！

打开平时常用的表格，看看有没有可以设定“数据验证”下拉列表的单元格。如果有，则按照本节课所讲的“跨表引用”方法（命名）创建下拉列表。

PART 第3部分

深度拆解职场必备函数——VLOOKUP

第8课

只会用SUM千万别说会用函数——VLOOKUP初步认识

凯旋，你这是哪里想不开了啊？

今天我又被客户催了，说我数据做得慢。主要是我在使用VLOOKUP函数进行查询的时候，动不动就出现#N/A，我都快疯了。

原来是这样，你知道为什么会出现#N/A吗？

不就是找不到，或者没有锁定区域吗？我们上节课不是都讲过了，还能有其他原因？

这你就不知道了吧。

8.1 VLOOKUP的基本使用方法

我来给你举个例子，如图8-1所示，左边的表格是一家公司的员工信息表，右边这个表是需要根据编号把员工的姓名查询出来。凯旋，你还记得当初我是怎么做的吗？

编号	姓名	性别	部门	职称	生日	电话
1201	张惠真	女	会计	主任	1972-3-1	(020)2517-6399
1203	吕莹	女	人事	主任	1968-6-1	(020)2515-5428
1208	吴志明	男	业务	主任	1957-9-1	(020)2517-6408
1218	黄启川	男	业务	专员	1972-8-1	(020)2736-3972
1220	谢龙盛	男	业务	专员	1967-8-1	(020)8894-5677
1316	孙国宁	女	门市	主任	1964-12-1	(020)5897-4651
1318	杨桂芬	女	门市	销售员	1962-12-1	(020)2555-7892
1440	梁国栋	男	业务	专员	1973-3-1	(020)7639-8751
1452	林美惠	女	会计	专员	1955-11-1	(020)3399-5146

编号	姓名
1316	
1227	
1318	
1440	
1203	
1220	

图8-1　公司员工信息表和数据表

凯旋：当然记得，是用VLOOKUP函数来做查询。

张老师：那你来操作一下吧。

凯旋：看我的，把鼠标定位在“姓名”单元格里，直接输入=VLOOKUP，然后输入左括号就行了，如图8-2所示。

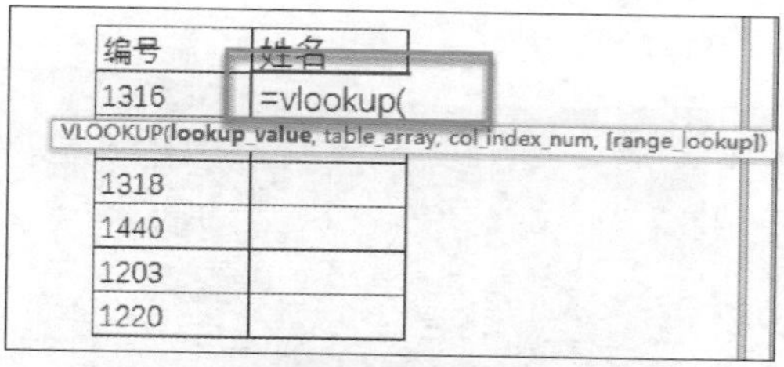

编号	姓名
1316	=vlookup(
1318	
1440	
1203	
1220	

VLOOKUP(**lookup_value**, table_array, col_index_num, [range_lookup])

图8-2 使用VLOOKUP函数

张老师：没错。这里我要提醒一下，输入函数的时候输入法一定要是英文状态。当我们输入完VLOOKUP函数后，你会发现，在VLOOKUP函数里有4个参数，第1个参数叫lookup_value，如图8-3所示。凯旋，你知道这个参数表示的是什么吗？

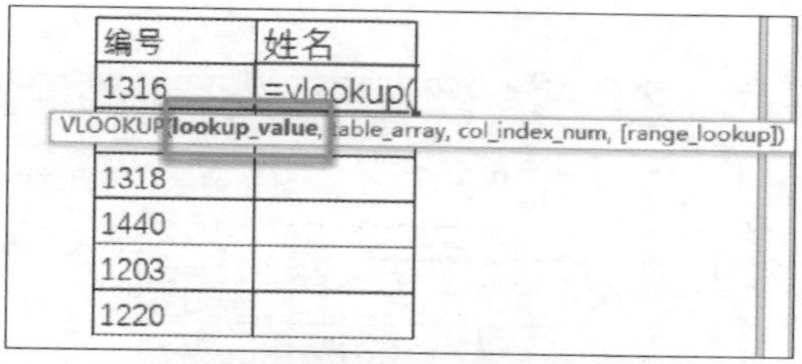

编号	姓名
1316	=vlookup(
1318	
1440	
1203	
1220	

VLOOKUP(**lookup_value**, table_array, col_index_num, [range_lookup])

图8-3 VLOOKUP函数的参数

凯旋：这个参数表示的是索引条件，一般这个索引条件就在当前的表格里面。在当前这个表格里就是“编号”，当我选择K6单元格，然后输入逗号，如图8-4所示。

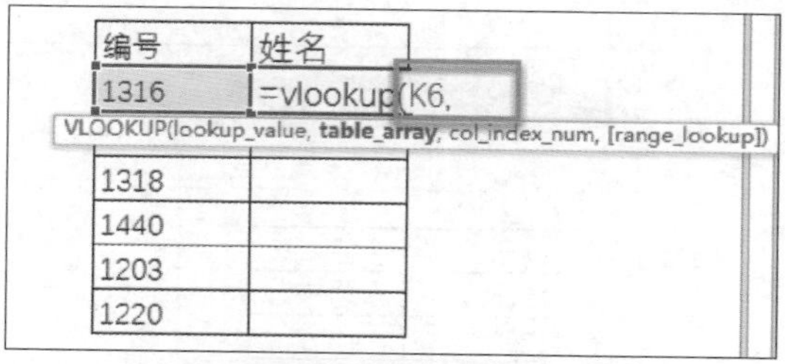

编号	姓名
1316	=vlookup(K6,
1318	
1440	
1203	
1220	

VLOOKUP(lookup_value, **table_array**, col_index_num, [range_lookup])

图8-4 索引条件的使用

张老师：不错，那下面几个参数你知道是什么吗？

凯旋：第2个参数叫table_array，就是代表表格区域，就是左边的“员工信息表”，我把整个表选中，这是最常规的做法，然后再输入逗号。第3个参数叫col_index_num，这个参数才是真正帮我们去找到结果的参数。因为col_index_num表示的是你所要找的信息在你刚才所选区域的哪一列上，要写数字，这里我要找“姓名”在所选区域的第2列，所以我这里就写数字2。

注　意

这里的数字表示的是你选中区域的第几列，而非根据列号来换算的第几列。比如，如果“姓名”在D列，我并不是要写4而是选中区域的第2列，因为，我们选择的区域是从第C列开始，那么D列就是第2列啦。

最后一个参数叫range_lookup，表示是匹配方式是精确匹配还是近似匹配，大部分情况下使用的都是精确匹配，我们可以写FALSE，也可以写0，因为0也表示精确匹配。最后输入右括号并按Enter键，这个编号对应的人名即可被我们查询出来了。下面还用做吗？当然是直接往下填充就好了，如图8-5和图8-6所示。怎么样，厉害吧？

编号	姓名	性别	部门	职称	生日	电话
1201	张惠真	女	会计	主任	1972-3-1	(020)2517-6399
1203	吕莹	女	人事	主任	1968-6-1	(020)2515-5428
1208	吴志明	男	业务	主任	1957-9-1	(020)2517-6408
1218	黄启川	男	业务	专员	1972-8-1	(020)2736-3972
1220	谢龙盛	男	业务	专员	1967-8-1	(020)8894-5677
1316	孙国宁	女	门市	主任	1964-12-1	(020)5897-4651
1318	杨桂芬	女	门市	销售员	1962-12-1	(020)2555-7892
1440	梁国栋	男	业务	专员	1973-3-1	(020)7639-8751
1452	林美惠	女	会计	专员	1955-11-1	(020)3399-5146

编号	姓名
1316	=VLOOKUP(K6,C5:I14,2,0)
1318	杨桂芬
1440	梁国栋
1203	#N/A
1220	谢龙盛

VLOOKUP(lookup_value, table_array, col_index_num, [range_lookup])

图8-5　VLOOKUP参数的使用

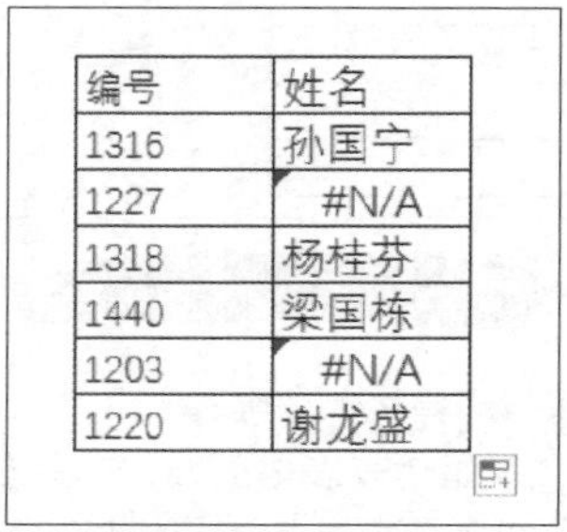

编号	姓名
1316	孙国宁
1227	#N/A
1318	杨桂芬
1440	梁国栋
1203	#N/A
1220	谢龙盛

图8-6　向下填充的结果

张老师：基本知识掌握得不错嘛。

凯旋：哈哈，那是当然。

8.2 出现#N/A的5种可能

张老师：但是凯旋，你发现没有，在往下填充的时候，你会看到#N/A，如图8-7所示。你还记得吗，我们上节课也碰到过同样的问题，这是什么意思呢？

编号	姓名
1316	孙国宁
1227	#N/A
1318	杨桂芬
1440	梁国栋
1203	#N/A
1220	谢龙盛

图8-7 出现#N/A

凯旋：这就表示这个编号所对应的内容是找不到的。

张老师：我们来看一下在左边的表格，的确，1227这个编号是不存在的，对吧？所以就是#N/A了，如图8-8所示。

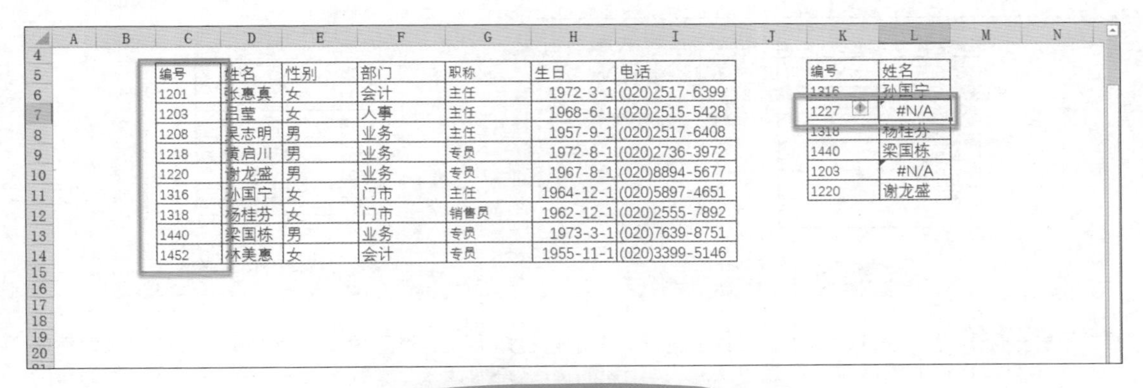

编号	姓名	性别	部门	职称	生日	电话
1201	张惠真	女	会计	主任	1972-3-1	(020)2517-6399
1203	吕莹	女	人事	主任	1968-6-1	(020)2515-5428
1208	吴志明	男	业务	主任	1957-9-1	(020)2517-6408
1218	黄启川	男	业务	专员	1972-8-1	(020)2736-3972
1220	谢龙盛	男	业务	专员	1967-8-1	(020)8894-5677
1316	孙国宁	女	门市	主任	1964-12-1	(020)5897-4651
1318	杨桂芬	女	门市	销售员	1962-12-1	(020)2555-7892
1440	梁国栋	男	业务	专员	1973-3-1	(020)7639-8751
1452	林美惠	女	会计	专员	1955-11-1	(020)3399-5146

编号	姓名
1316	孙国宁
1227	#N/A
1318	杨桂芬
1440	梁国栋
1203	#N/A
1220	谢龙盛

图8-8 1227编号不存在出现#N/A

这是使用VLOOKUP函数的时候出现#N/A的第1个原因。那为什么1203也是#N/A呢？左边数据表里1203正好是第2个编号，对应的姓名是“吕莹”。当双击1203右边#N/A单元格时会发现，这时函数中的区域向下移动了，如图8-9所示，这是为什么呢？

编号	姓名	性别	部门	职称	生日	电话
1201	张惠真	女	会计	主任	1972-3-1	(020)2517-6399
1203	吕莹	女	人事	主任	1968-6-1	(020)2515-5428
1208	吴志明	男	业务	主任	1957-9-1	(020)2517-6408
1218	黄启川	男	业务	专员	1972-8-1	(020)2736-3972
1220	谢龙盛	男	业务	专员	1967-8-1	(020)8894-5677
1316	孙国宁	女	门市	主任	1964-12-1	(020)5897-4651
1318	杨桂芬	女	门市	销售员	1962-12-1	(020)2555-7892
1440	梁国栋	男	业务	专员	1973-3-1	(020)7639-8751
1452	林美惠	女	会计	专员	1955-11-1	(020)3399-5146

编号	姓名
1316	孙国宁
1227	#N/A
1318	杨桂芬
1440	梁国栋
1203	=VLOOKUP(K10,C9:I18,2,0)
1220	谢龙盛

图8-9　函数的区域移动

凯旋： 这个我们上一节课不是已经学过了吗，在使用VLOOKUP函数的时候，这个区域要锁定，你用了“给钱”两个字，或者是“命名”，我还有印象呢。如果没有锁定的话，往下拉的时候，Excel做的是相对引用，也就是位置的引用，往下拉时整个区域也会往下“走”，所以我的区域已经到了C9:I18这个区域，显然已经不包含1203这个数据了，所以它的结果就是#N/A。

张老师： 没错！因此我们在使用VLOOKUP函数的时候，第2个出现#N/A的原因就是我们并没有锁定区域。所以……

凯旋： 所以，要么就是在写函数的时候直接在输完表达区域的参数以后按F4键，要么就是提前把区域选中，为区域取一个名字。这里我采用锁定的方式。接下来，再往下拉就可以看到1203对应的“吕莹”已经找到了，如图8-10和图8-11所示。

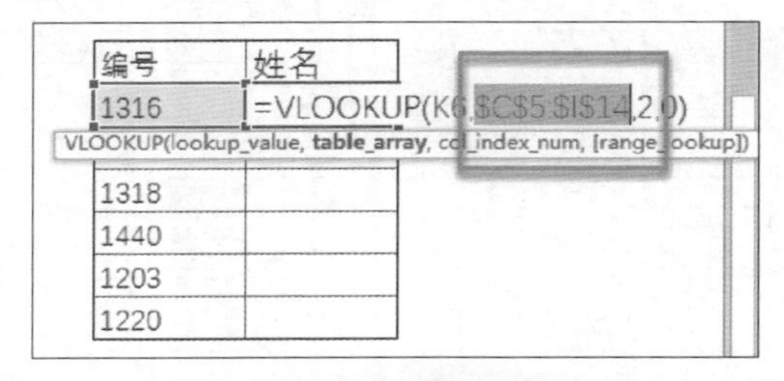

图8-10　锁定用F4区域

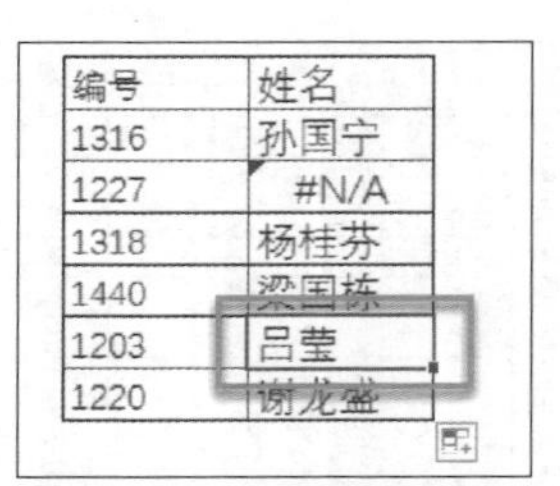

图8-11　锁定后1203可以被找到

张老师： 嗯，很好，看来上节课的内容你真的已经掌握了。这里很有意思的是，我们很多学员从来没有锁定过他的区域，但是也从来没有出过错，这是为什么呢？我来给大家解释一下。因为有的人选择的区域是整个列标。

凯旋，你可以看到我屏幕上的操作，如图8-12所示，有人是这么做的，当他输完VLOOKUP以后，到表示区域的时候他不是从C5拉到I15并且锁定，而是把鼠标定位在C列往右拉，这时候在函数里显示的是C:I这就表示我们把整个C~I的区域都选中了，再输入后面的参数，这样的输入方式，结果也是不会出错的，为什么呢？因为我们已经把整个区域都选中了，所以不会存在引用出错的问题。

编号	姓名	性别	部门	职称	生日	电话
1201	张惠真	女	会计	主任	1972-3-1	(020)2517-6399
1203	吕莹	女	人事	主任	1968-6-1	(020)2515-5428
1208	吴志明	男	业务	主任	1957-9-1	(020)2517-6408
1218	黄启川	男	业务	专员	1972-8-1	(020)2736-3972
1220	谢龙盛	男	业务	专员	1967-8-1	(020)8894-5677
1316	孙国宁	女	门市	主任	1964-12-1	(020)5897-4651
1318	杨桂芬	女	门市	销售员	1962-12-1	(020)2555-7892
1440	梁国栋	男	业务	专员	1973-3-1	(020)7639-8751
1452	林美惠	女	会计	专员	1955-11-1	(020)3399-5146

编号	姓名
1316	=VLOOKUP(K6,C:I,2,0)
1227	
1318	
1440	
1203	
1220	

图8-12　选中C列到I列，结果不变

凯旋：但这样操作的话，问题就来了。我们往下填充虽然没有问题，但是如果你的VLOOKUP函数要往右填充的话，就会有问题了，如图8-13和图8-14所示，因为C~I是没有锁定的，所以，当我们往右拉一格，它的区域就会变成D:J，再往右拉变成E:K。

编号	姓名	性别	部门	职称	生日	电话
1201	张惠真	女	会计	主任	1972-3-1	(020)2517-6399
1203	吕莹	女	人事	主任	1968-6-1	(020)2515-5428
1208	吴志明	男	业务	主任	1957-9-1	(020)2517-6408
1218	黄启川	男	业务	专员	1972-8-1	(020)2736-3972
1220	谢龙盛	男	业务	专员	1967-8-1	(020)8894-5677
1316	孙国宁	女	门市	主任	1964-12-1	(020)5897-4651
1318	杨桂芬	女	门市	销售员	1962-12-1	(020)2555-7892
1440	梁国栋	男	业务	专员	1973-3-1	(020)7639-8751
1452	林美惠	女	会计	专员	1955-11-1	(020)3399-5146

编号	姓名	
1316	孙国宁	=VLOOKUP(L6,D:J,2,0)
1227	#N/A	
1318	杨桂芬	
1440	梁国栋	
1203	吕莹	
1220	谢龙盛	

图8-13　区域变成D:J

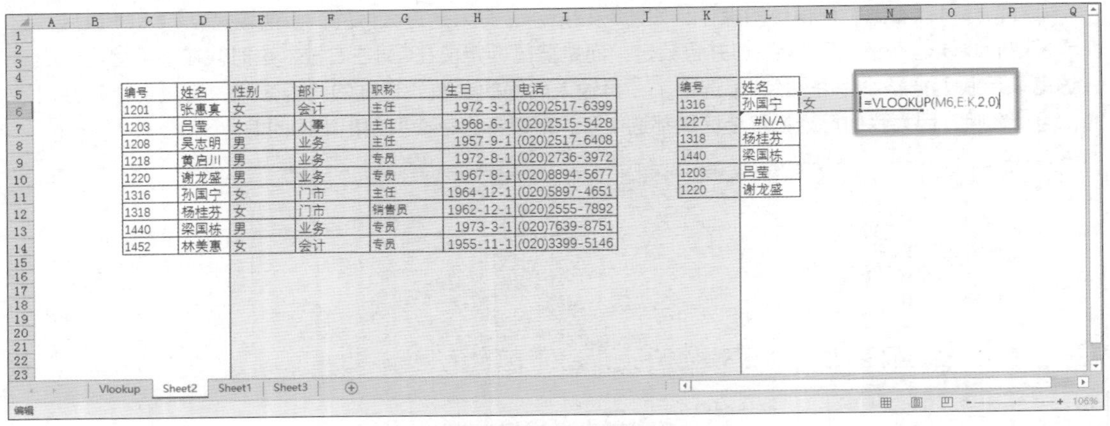

编号	姓名	性别	部门	职称	生日	电话
1201	张惠真	女	会计	主任	1972-3-1	(020)2517-6399
1203	吕莹	女	人事	主任	1968-6-1	(020)2515-5428
1208	吴志明	男	业务	主任	1957-9-1	(020)2517-6408
1218	黄启川	男	业务	专员	1972-8-1	(020)2736-3972
1220	谢龙盛	男	业务	专员	1967-8-1	(020)8894-5677
1316	孙国宁	女	门市	主任	1964-12-1	(020)5897-4651
1318	杨桂芬	女	门市	销售员	1962-12-1	(020)2555-7892
1440	梁国栋	男	业务	专员	1973-3-1	(020)7639-8751
1452	林美惠	女	会计	专员	1955-11-1	(020)3399-5146

编号	姓名	
1316	孙国宁	女
1227	#N/A	
1318	杨桂芬	
1440	梁国栋	
1203	吕莹	
1220	谢龙盛	

图8-14　区域变成E:K

所以说，我建议大家在使用VLOOKUP函数的时候，表达区域的参数尽量使用绝对引用，要么锁定这个区域，要么提前给这个区域命名——选中区域，单击“名称框”给区域命名，如图8-15所示。

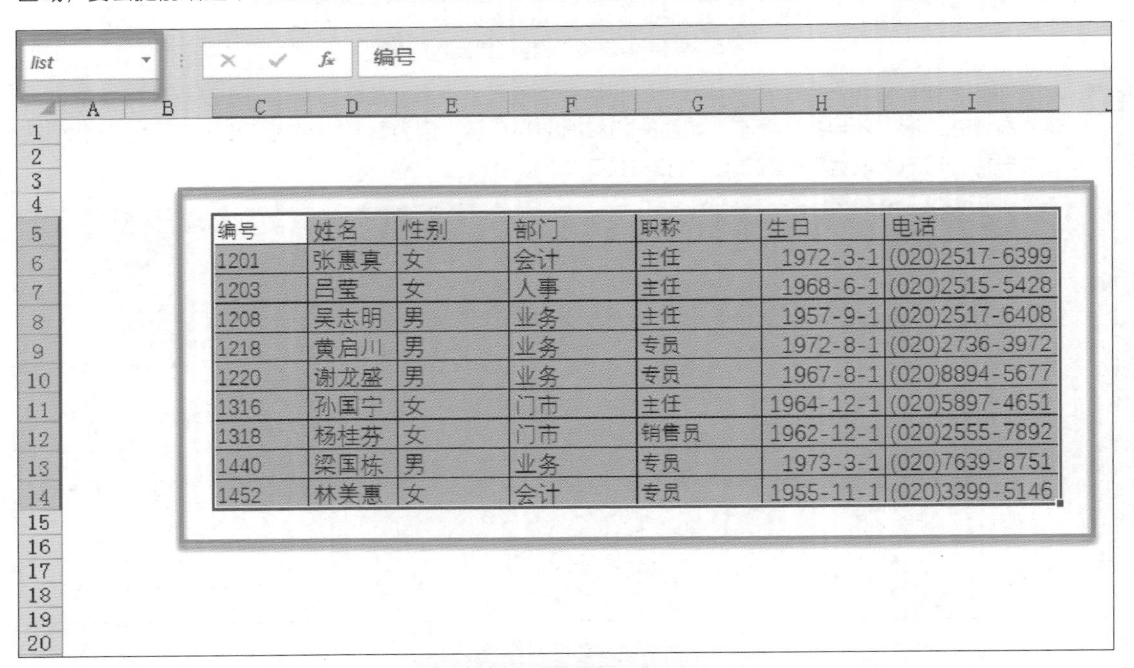

编号	姓名	性别	部门	职称	生日	电话
1201	张惠真	女	会计	主任	1972-3-1	(020)2517-6399
1203	吕莹	女	人事	主任	1968-6-1	(020)2515-5428
1208	吴志明	男	业务	主任	1957-9-1	(020)2517-6408
1218	黄启川	男	业务	专员	1972-8-1	(020)2736-3972
1220	谢龙盛	男	业务	专员	1967-8-1	(020)8894-5677
1316	孙国宁	女	门市	主任	1964-12-1	(020)5897-4651
1318	杨桂芬	女	门市	销售员	1962-12-1	(020)2555-7892
1440	梁国栋	男	业务	专员	1973-3-1	(020)7639-8751
1452	林美惠	女	会计	专员	1955-11-1	(020)3399-5146

图8-15　给区域命名list

张老师： 凯旋，不错嘛，总结得很到位。我们接下来看一下，使用VLOOKUP函数还有哪些需要注意的地方。

我们看到这个案例，在案例中左边是“配送公司收费表”，右边是“订单明细表”，就是把每一笔订单的“货运费用”填在“订单明细表”的“货运费用”栏里面，很显然当我们看到这两个表的时候就知道，该使用VLOOKUP函数了，我们直接输入=VLOOKUP和左括号，索引条件在当前表格里很显然只有“交货方式”，那我们选中“交货方式”单元格H4，输入逗号，表格区域从B3选到D7。

选完以后要赶紧锁定，或者提前给这个区域命名，然后输入逗号，我们所要找的区域是“配送公司收费表”里的“货运费用”这一列，很显然是表格的第3列，所以我输入3，最后我们要精确匹配就输入0，然后再往下填充，结果就完完整整地出现了，如图8-16和图8-17所示。

SUM　=VLOOKUP(H4,$B$3:$D$7,3,0)

配送公司收费表

交货方式	配送公司	货运费用
普通	安易快递	￥5.00
加急	安易快递	￥10.00
邮寄	速通邮政	￥2.00
EMS	迅达快递	￥50.00

订单明细表

订单	总价	交货方式	货运费用
A001	￥300.00	普通	=VLOOKUP(H4,$B$3:$D$7,3,0)
A002	￥50.00	加急	
A003	￥200.00	邮寄	
A004	￥40.00	普通	
A005	￥800.00	EMS	
A006	￥1,200.00	加急	
A007	￥500.00	邮寄	

图8-16　锁定区域

订单明细表

订单	总价	交货方式	货运费用
A001	￥300.00	普通	￥5.00
A002	￥50.00	加急	￥10.00
A003	￥200.00	邮寄	￥2.00
A004	￥40.00	普通	￥5.00
A005	￥800.00	EMS	￥50.00
A006	￥1,200.00	加急	￥10.00
A007	￥500.00	邮寄	￥2.00

图8-17　下拉自动填充结果

但是，当我们的示例变成下面这个例子的时候就可能出现一些问题。在这个例子里面，还是要查询“货运费用”，如果我们按照刚才的思路，输入=VLOOKUP(H17,$B$16:$D$20,3,0)后，再按Enter键，你

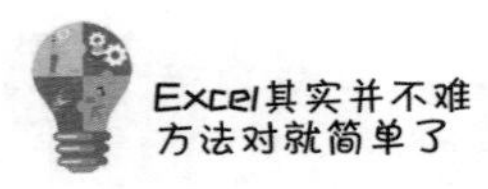

会发现结果是#N/A了，当我往下填充的时候所有单元格都是#N/A，确定所有的数据都是可以查询匹配到的，此时，显然是我们的函数使用有问题了，如图8-18和图8-19所示。

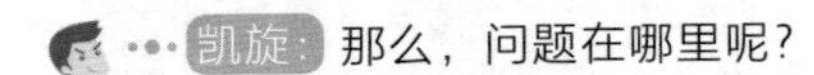
凯旋：那么，问题在哪里呢？

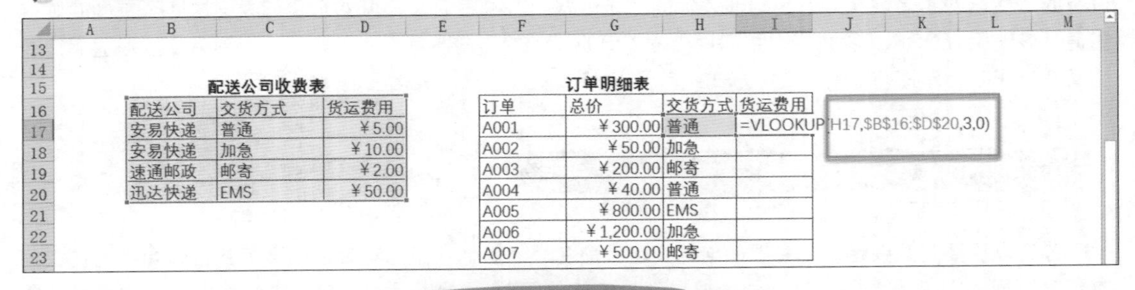

配送公司收费表

配送公司	交货方式	货运费用
安易快递	普通	¥5.00
安易快递	加急	¥10.00
速通邮政	邮寄	¥2.00
迅达快递	EMS	¥50.00

订单明细表

订单	总价	交货方式	货运费用
A001	¥300.00	普通	=VLOOKUP(H17,$B$16:$D$20,3,0)
A002	¥50.00	加急	
A003	¥200.00	邮寄	
A004	¥40.00	普通	
A005	¥800.00	EMS	
A006	¥1,200.00	加急	
A007	¥500.00	邮寄	

图8-18 输入函数，锁定区域

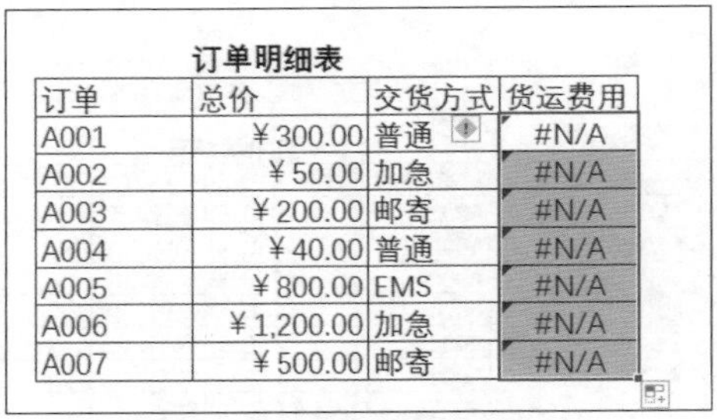

订单明细表

订单	总价	交货方式	货运费用
A001	¥300.00	普通	#N/A
A002	¥50.00	加急	#N/A
A003	¥200.00	邮寄	#N/A
A004	¥40.00	普通	#N/A
A005	¥800.00	EMS	#N/A
A006	¥1,200.00	加急	#N/A
A007	¥500.00	邮寄	#N/A

图8-19 结果全部显示#N/A

张老师：问题在于我们对VLOOKUP函数的理解上。你看，当我输完=VLOOKUP的时候，在这个函数的下方会出现一行字，表示这个函数的说明，如图8-20所示。

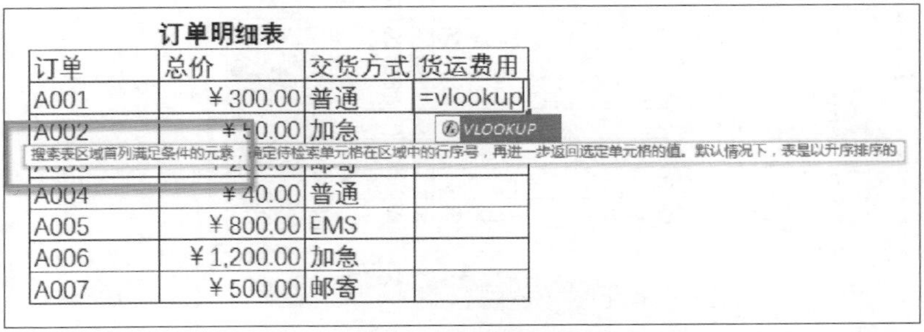

订单明细表

订单	总价	交货方式	货运费用
A001	¥300.00	普通	=vlookup
A002	¥50.00	加急	
A003	¥200.00	邮寄	
A004	¥40.00	普通	
A005	¥800.00	EMS	
A006	¥1,200.00	加急	
A007	¥500.00	邮寄	

VLOOKUP

搜索表区域首列满足条件的元素，确定待检索单元格在区域中的行序号，再进一步返回选定单元格的值。默认情况下，表是以升序排序的

图8-20 VLOOKUP函数的解读

显示的是“搜索表区域首列满足条件的元素”，这就表示在我们使用VLOOKUP函数的时候，第1个参数lookup_value的内容，必须出现在第2个参数也就是所选的表格区域的首列。第2个参数，刚才我选的是B16:D20，这个区域B列上的数据是第1列的数据，但B列的内容并不是我们的索引条件——“交货方式”，所以在这时我们选取的区域是从C列开始往后选。我们选取C16:D20，这样就可以把“交货方式”放在所选区域的“首列”了。

VLOOKUP函数并不知道原始表格有多大，它只是在你所选的区域内进行查询。

我们要保证第2个参数中所选区域内首列的信息是我们的索引条件，既然是这样的话，参数col_index_num要引用的列号就不是3了，而是2，最后输入精确匹配0，按Enter键，此时的结果就出现了，如图8-21和图8-22所示。

配送公司收费表

配送公司	交货方式	货运费用
安易快递	普通	￥5.00
安易快递	加急	￥10.00
速通邮政	邮寄	￥2.00
迅达快递	EMS	￥50.00

订单明细表

订单	总价	交货方式	货运费用
A001	￥300.00	普通	=VLOOKUP(H17,$C$16:$D$20,2,0)
A002	￥50.00	加急	
A003	￥200.00	邮寄	
A004	￥40.00	普通	
A005	￥800.00	EMS	
A006	￥1,200.00	加急	
A007	￥500.00	邮寄	

图8-21　VLOOKUP函数的正确使用

订单明细表

订单	总价	交货方式	货运费用
A001	￥300.00	普通	5
A002	￥50.00	加急	10
A003	￥200.00	邮寄	2
A004	￥40.00	普通	5
A005	￥800.00	EMS	50
A006	￥1,200.00	加急	10
A007	￥500.00	邮寄	2

图8-22　下拉填充结果

也就是说，在我们使用VLOOKUP函数出现#N/A的第3种可能是，在选择表格区域的时候没有把索引条件置于首列去选择。

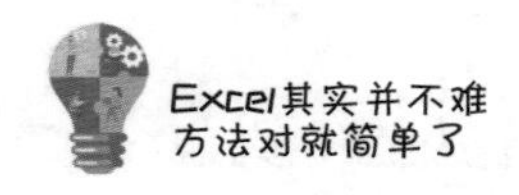

凯旋： 我有个问题，如果遇到“货运费用”在“交货方式”的左边，这种情况该怎么办呢？

张老师： 这个问题问得很好。如果遇到这种情况，你会发现，“交货方式”决对不能出现在“首列”，所以，这里最简单的方式就是把“交货方式”和“货运费用”交换位置，直接把“交货方式”复制粘贴到“货运费用”的左边，最后，进行接下来的操作，这样就能够保证我们的结果是正确无误的，如图8-23所示。

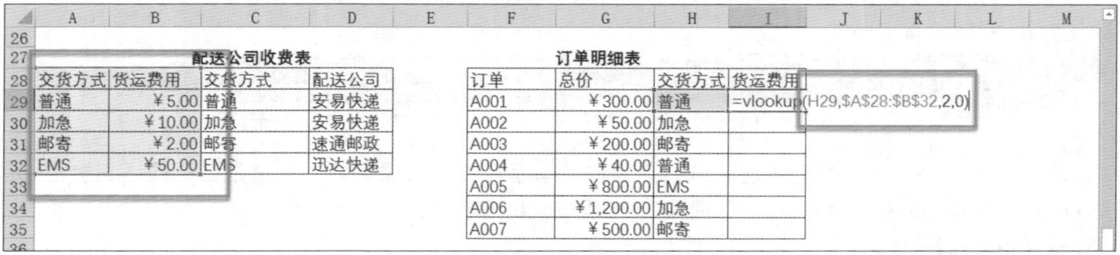

配送公司收费表
交货方式 货运费用 交货方式 配送公司
普通 ￥5.00 普通 安易快递
加急 ￥10.00 加急 安易快递
邮寄 ￥2.00 邮寄 速通邮政
EMS ￥50.00 EMS 迅达快递
订单明细表
订单 总价 交货方式 货运费用
A001 ￥300.00 普通 =vlookup(H29,$A$28:$B$32,2,0)
A002 ￥50.00 加急
A003 ￥200.00 邮寄
A004 ￥40.00 普通
A005 ￥800.00 EMS
A006 ￥1,200.00 加急
A007 ￥500.00 邮寄

图8-23 把“交货方式”复制粘贴到“货运费用”的左边

凯旋： 但是前面多了一列啊，别人看到了会不会有疑惑？

张老师： 这个问题很容易解决，左边这列只是辅助列，并不希望别人看到，你还记不记得我们在第4课讲到的“隐藏单元格”的操作呢？

凯旋： 当然记得！我们可以选中A列，然后把它的边框选为无色。右击，在弹出的快捷菜单中选择“设置单元格格式”命令，在自定义里面把选择格式的类型，手动输入3个英文输入法状态下的分号“;”，单击“确定”按钮，A列就不见了，如图8-24和图8-25所示。

剪切(T)
复制(C)
粘贴选项:
选择性粘贴(S)...
智能查找(L)
插入(I)...
删除(D)...
清除内容(N)
快速分析(Q)
筛选(E)
排序(O)
设置单元格格式(F)...
显示拼音字段(S)
定义名称(A)...
链接(I)
Sheet1
Sheet3

图8-24 设置单元格格式

设置单元格格式
数字
对齐
字体
边框
填充
保护
分类(C):
常规
数值
货币
会计专用
日期
时间
百分比
分数
科学记数
文本
特殊
自定义
示例
类型(T):
;;;
删除(D)
以现有格式为基础，生成自定义的数字格式。
确定
取消

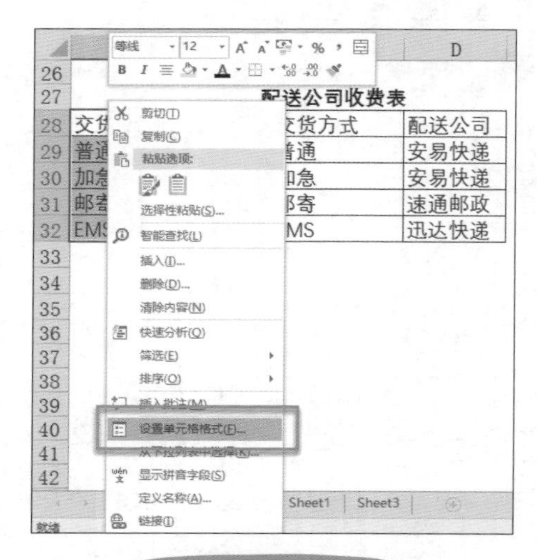

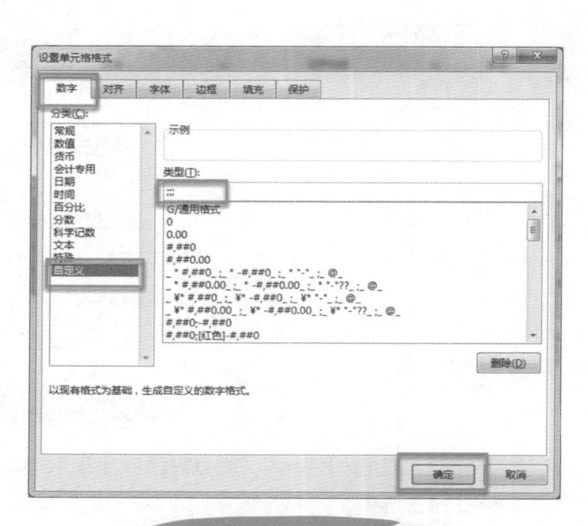

图8-25 自定义隐藏单元格

张老师： 不错，掌握得很熟练。所以，使用VLOOKUP函数出现#N/A的第4种可能性是，我们要找的结果位于索引条件的前面或者左边，这需要用“交换位置”的方式来更改。

张老师： 好了，那我们看回来，如图8-26所示，我们刚才讲的这个例子里，我有一个学员做完练习后发现结果全部显示#N/A。他说：“老师你看区域也都锁定了，我的编号也是在首列，为什么我这样查找出来的结果还是#N/A呢？”

如果你发现函数没有问题，区域锁定了，位置也没有问题，结果依然是#N/A的话，很有可能是索引条件的格式不匹配。你还记不记得我们在第2课对“单元格格式”的原理做了详细的解读。你看，当我选中第1列员工“编号”的时候，它的格式是“文本”，而查询表的编号是靠“右对齐”，是“常规”，也就是说“数字格式”。当格式不匹配的时候，查询出来的结果也会是#N/A，所以这个时候最简单的方法就是，把原始表和查询表里的格式统一。

编号	姓名	性别	部门	职称	生日	电话
1201	张惠真	女	会计	主任	1972-3-1	(020)2517-6399
1203	吕莹	女	人事	主任	1968-6-1	(020)2515-5428
1208	吴志明	男	业务	主任	1957-9-1	(020)2517-6408
1218	黄启川	男	业务	专员	1972-8-1	(020)2736-3972
1220	谢龙盛	男	业务	专员	1967-8-1	(020)8894-5677
1316	孙国宁	女	门市	主任	1964-12-1	(020)5897-4651
1318	杨桂芬	女	门市	销售员	1962-12-1	(020)2555-7892
1440	梁国栋	男	业务	专员	1973-3-1	(020)7639-8751
1452	林美惠	女	会计	专员	1955-11-1	(020)3399-5146

编号	姓名
1316	#N/A
1227	#N/A
1318	#N/A
1440	#N/A
1203	#N/A
1220	#N/A

图8-26　索引条件的格式不同导致结果为#N/A

凯旋，还记得怎么改格式吗？

凯旋： 当然记得——分列。但实际上这里并不需要真的分列，只需单击“下一步”按钮，再次单击“下一步”按钮，连续单击两次“下一步”按钮之后，在第3步中间的“列数据格式”里面选中“文本”单选按钮，然后单击右下角的“完成”按钮，格式转化完成了，与此同时，VLOOKUP的查询结果就出现了，如图8-27和图8-28所示。

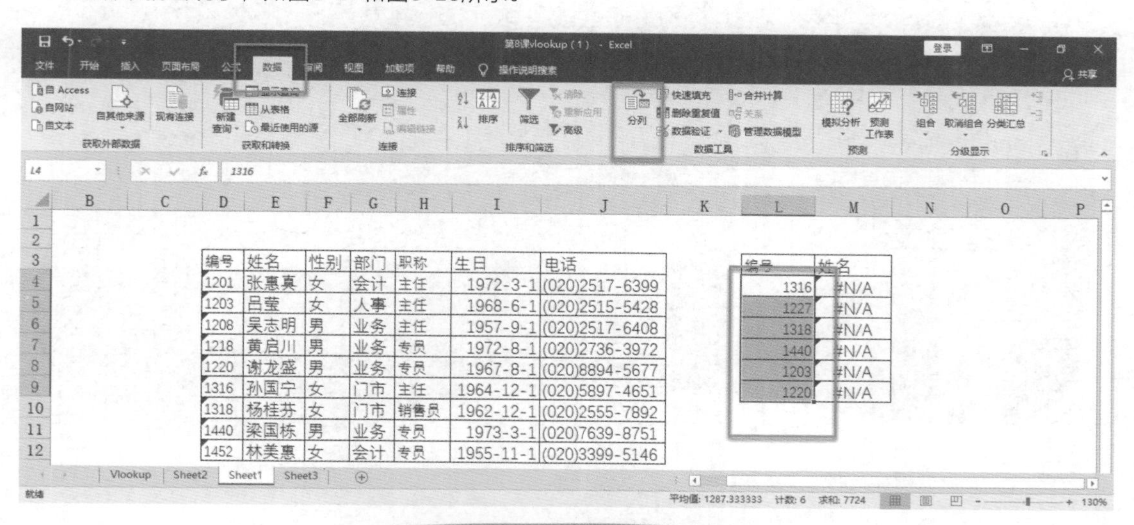

图8-27　选中“编号”用“分列”调整格式

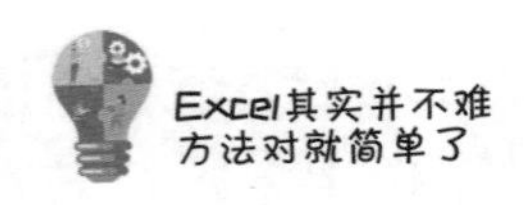

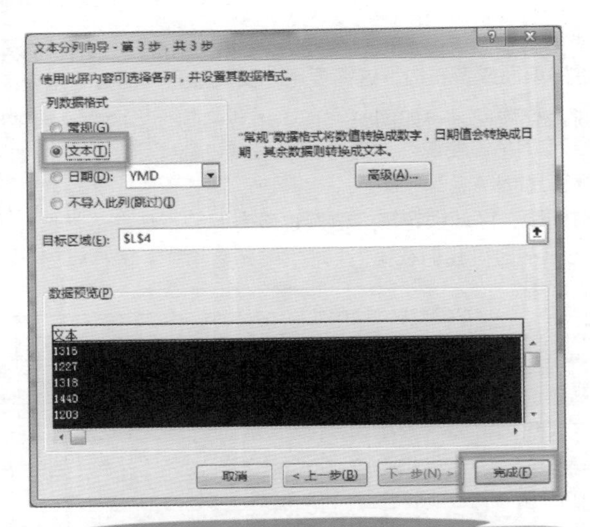

图8-28 “分列”的第3步，选中“文本”单选按钮

张老师：很好，现在你知道在用VLOOKUP的时候为什么动不动就出现#N/A了吧？

凯旋：谁知道原来有这么多情况，现在我算是明白了，话不多说，我得赶紧再去改改表格。

本课小结：

本节课主要介绍了在使用VLOOKUP函数时，出现#N/A的5种情况：

第一，真的找不到。

第二，选择表格区域的时候没有锁定，解决方法就是要“锁定”区域或者提前给区域“命名”。

第三，在选择数据表的时候，没有把索引条件放在“首列”。

第四，查询结果在“索引条件列”的左边，这样也是查询不到结果的。解决方法是“换位置”。

第五，索引条件的格式不匹配，可以用“分列”对格式进行修改。

第9课

VLOOKUP函数的近似匹配用处大

凯旋，你的眼睛怎么了？昨晚没睡好？

哎，别提了。要说我凯旋的Excel技能，那也是杠杠的，但有时候真的不得不吐槽一下Excel的设计者，有些函数真是太不人性化了！就比如说那个IF函数，今天我做了个表，判断条件多达几十个，我的天，一层层嵌套，把我的眼睛都快看瞎了！

Excel可不背这个锅，人家能解决这个问题，只不过你不知道而已。

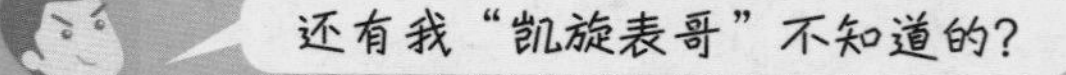

Excel博大精深，你呀，还是得要多多潜心研究，至于你说的那个问题，可以用VLOOKUP的近似匹配来解决。

等等，您是说VLOOKUP能解决IF层层嵌套的问题？

那是当然，今天我就来教教你。

9.1 搞懂近似匹配的原理，大大提高工作效率

我们在上一节课学习了VLOOKUP函数的基本使用方法和技巧，重点是出现#N/A的5种情况。VLOOKUP函数中的最后一个参数叫作range_lookup，它有两种情况，一种叫近似匹配；另一种叫精确匹配，前面我们讲的都是精确匹配，接下来，我们就来学习近似匹配。

近似匹配还用学？不就是找最近的那个吗？

其实不然，近似匹配了解了，可以极大地提高工作效率。

张老师：如图9-1所示，我们来看一下近似匹配的原理是什么。这是一个外汇牌价查询的例子。左边这个表格叫外汇牌价，是2003年某段时间美元和人民币的外汇牌价，日期是从2003年5月1日到2003年6月26日中间的某几天。接下来我要做什么呢？我想在右边的表格里面把对应日期的美元兑人民币的汇率填写过来。显然，在这个例子里面最简单的方法就是用VLOOKUP函数的查询，以日期对应日期的方式查询来得到结果。

外汇牌价

日期	美元/人民币
2003-5-1	￥8.266
2003-5-8	￥8.267
2003-5-15	￥8.265
2003-5-22	￥8.264
2003-5-29	￥8.266
2003-6-5	￥8.265
2003-6-12	￥8.268
2003-6-19	￥8.267
2003-6-26	￥8.264

查询

日期	汇率($)
2003-5-1	
2003-5-7	
2003-5-18	
2003-6-1	
2003-6-12	
2003-6-13	
2003-6-18	
2003-6-26	
2003-7-1	

图9-1 “外汇牌价”表和查询

直接输入=VLOOKUP(F3,$B$3:$C$11,2,0)，如图9-2所示，在我们的查询结果里面，5月1日是可以查到结果的，因为左边的表格里有5月1日，当往下填充的时候就出现了很多#N/A，如图9-3所示。为什么会出现这些#N/A呢？很显然这些#N/A是因为找不到对应的数据，比如，5月7日、5月18日、6月1日，在左边的表格里面是没有这些日期的，所以从精确匹配的角度上来看是肯定找不到的，这个时候就要用到近似匹配了。

	A	B	C	D	E	F	G	H	I
1		外汇牌价				查询			
2		日期	美元/人民币			日期	汇率($)		
3		2003-5-1	￥8.266			2003-5-1	=VLOOKUP(F3,$B$3:$C$11,2,0)		
4		2003-5-8	￥8.267			2003-5-7			
5		2003-5-15	￥8.265			2003-5-18			
6		2003-5-22	￥8.264			2003-6-1			
7		2003-5-29	￥8.266			2003-6-12			
8		2003-6-5	￥8.265			2003-6-13			
9		2003-6-12	￥8.268			2003-6-18			
10		2003-6-19	￥8.267			2003-6-26			
11		2003-6-26	￥8.264			2003-7-1			
12									

图9-2 使用VLOOKUP函数索引

外汇牌价

日期	美元/人民币
2003-5-1	¥8.266
2003-5-8	¥8.267
2003-5-15	¥8.265
2003-5-22	¥8.264
2003-5-29	¥8.266
2003-6-5	¥8.265
2003-6-12	¥8.268
2003-6-19	¥8.267
2003-6-26	¥8.264

查询

日期	汇率($)
2003-5-1	¥8.266
2003-5-7	#N/A
2003-5-18	#N/A
2003-6-1	#N/A
2003-6-12	¥8.268
2003-6-13	#N/A
2003-6-18	#N/A
2003-6-26	¥8.264
2003-7-1	#N/A

图9-3　索引结果出现#N/A

凯旋：说了半天，到底什么叫近似匹配啊？

张老师：拿5月7日为例，多数人会认为近似匹配的原理就是取离5月7日最近，也就是5月8日的值。按照近似匹配的原理，我们只需把VLOOKUP函数最后一个参数由0改成1，或者改成TURE就好了。可是，当我改成1以后，你会发现5月7日这天查询出来的结果并不是左边表格里面5月8日对应的8.267，而是8.266，如图9-4和图9-5所示。

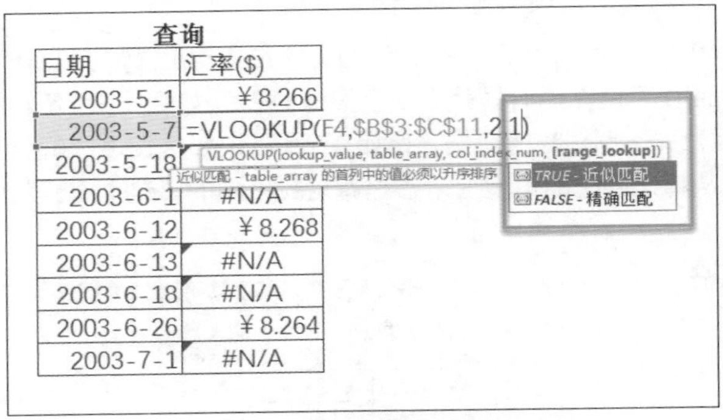

查询

日期	汇率($)
2003-5-1	¥8.266
2003-5-7	=VLOOKUP(F4,$B$3:$C$11,2,1)
2003-5-18	VLOOKUP(lookup_value, table_array, col_index_num, [range_lookup])
2003-6-1	#N/A
2003-6-12	¥8.268
2003-6-13	#N/A
2003-6-18	#N/A
2003-6-26	¥8.264
2003-7-1	#N/A

近似匹配 - table_array 的首列中的值必须以升序排序

TRUE - 近似匹配

FALSE - 精确匹配

图9-4　使用近似匹配

查询

日期	汇率($)
2003-5-1	¥8.266
2003-5-7	¥8.266
2003-5-18	#N/A
2003-6-1	#N/A
2003-6-12	¥8.268
2003-6-13	#N/A
2003-6-18	#N/A
2003-6-26	¥8.264
2003-7-1	#N/A

图9-5　近似匹配索引结果正确

凯旋：这就奇了怪了，难道近似匹配不是查找对应最近的结果吗？

张老师：近似匹配的原理并不是查询与索引条件最近的那个结果，而是向上查询比索引条件小但是跟索引条件最近的值的结果，可能这样说有点绕口，那我们就用汇率这个例子来打比方。暂且不要去想VLOOKUP和Excel，想想看，在5月7日这一天你要去看哪天的汇率才是合理的呢？

凯旋：当然是5月8日啊，这还用问吗？

张老师：显然……不对，去查看5月8日是不合理的。

凯旋：为什么？

张老师：5月8日还没有来临，所以说，如果要查询5月7日的汇率，在左边这个表里面我们只能够查看5月7日之前且距离5月7日最近的这一天的汇率，就是5月1日。

凯旋：原来是这样，我懂了，也就是说，使用VLOOKUP函数的近似匹配，它的原理是向上查询跟"自己"（当前索引条件）最近的但是比"自己"小的那个值的结果，而并不是找距离"自己"最近的，而是要向"前"去找。在这个例子里，当我们使用VLOOKUP做近似查找的时候，5月7日这一天它就会去查询比5月7日小，但是跟5月7日最近的那一天的值的结果，也就是5月1日。

张老师：没错，如图9-6所示，5月18日这一天也是向上查询，在左边这个表格里面向上看比5月18日小、但是离5月18日最近的那一天就是5月15日这一天，也就是8.265。

外汇牌价

日期	美元/人民币
2003-5-1	￥8.266
2003-5-8	￥8.267
2003-5-15	￥8.265
2003-5-22	￥8.264
2003-5-29	￥8.266
2003-6-5	￥8.265
2003-6-12	￥8.268
2003-6-19	￥8.267
2003-6-26	￥8.264

查询

日期	汇率($)
2003-5-1	￥8.266
2003-5-7	￥8.266
2003-5-18	￥8.265
2003-6-1	￥8.266
2003-6-12	￥8.268
2003-6-13	￥8.268
2003-6-18	￥8.268
2003-6-26	￥8.264
2003-7-1	￥8.264

图9-6　近似匹配的原理

在使用VLOOKUP函数进行近似匹配查询的时候，还有一个比较苛刻的条件，就是它要求我们的原始表，也就是VLOOKUP函数里面第2个参数table_array表格区域的首列一定要是"升序排序"。

凯旋：为什么要这样要求呢？

张老师：因为只有升序排序，我们做向上查询的时候找到的才是比索引内容小的值的结果。如图9-7所示，我们还是拿"外汇牌价"这个例子打比方，大家可以看到，我之所以可以成功地完成近似匹配，那是因为在"外汇牌价"这张原始表格里的日期是按升序排序的，以5月18日为例，按照升序排序的好处就是，5月18日这一天在"外汇牌价"这张表里面向上查看，一定找的都是比5月18日小的。

外汇牌价

日期	美元/人民币
2003-5-1	￥8.266
2003-5-8	￥8.267
2003-5-15	￥8.265
2003-5-22	￥8.264
2003-5-29	￥8.266
2003-6-5	￥8.265
2003-6-12	￥8.268
2003-6-19	￥8.267
2003-6-26	￥8.264

查询

日期	汇率($)
2003-5-1	￥8.266
2003-5-7	￥8.266
2003-5-18	￥8.265
2003-6-1	￥8.266
2003-6-12	￥8.268
2003-6-13	￥8.268
2003-6-18	￥8.268
2003-6-26	￥8.264
2003-7-1	￥8.264

图9-7　日期按升序排序

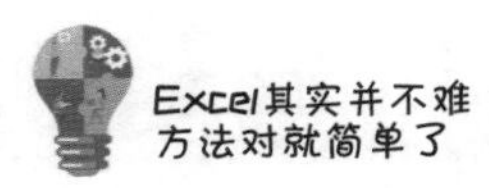

如果我们不做升序排序，假设6月出现在5月的前面，顺序又是乱的，这样5月18日向上查询到的是6月数据，它得出来的结果依然还是#N/A。

凯旋：明白了，也就是说，在做近似匹配的时候，我们数据表的首列一定要是升序排序，用近似匹配进行查询的原理是向上查询小于索引条件最大值所对应的内容。

9.2 用VLOOKUP的近似匹配进行区间判断，秒杀IF函数

张老师：好了，既然你已经了解了近似匹配的原理，那接下来我们就来看一个近似匹配的应用吧，这个应用案例刚好可以解决你开头提到的问题。

如图9-8所示，左边有一个表格叫作“参数表”，有区间和对应的类别。右边有具体的数值，我们需要将这些数值所对应的类别根据左边表格区间的对应方式填写出来。凯旋，当我们看到这个例子的时候我们本能的做法是什么呢？

凯旋：IF函数呀，IF的嵌套。这还不简单。

张老师：你来操作一下吧。

凯旋：很简单，如图9-8所示，我们只需在单元格里面输入=IF，然后输入左括号，做一层一层的判定就可以了。IF函数有3个参数，第1个叫判断条件，第2个叫value _if_ture，即条件满足时返回的结果,第3个叫value_if_false，即条件不满足时返回的结果。也就是说，当我的条件有5个的话，我做的就不再是一次性的判定，我可以在单元格里输入=IF，用单击左边的F2单元格，从小到大判断，先输入F2<=499，再输入“,”（逗号），如果F2真的小于等于499怎么办呢？那我们单元格里显示的就是类别A，当我需要显示文本的时候，我需要给文本加上双引号，如果不小于499的话，下面还有*n*种可能，我要继续使用IF函数，一层一层地嵌套下来。第2层当F2<=999的时候，我的条件就是B，接下来如果既不是F2<=499，又不是F2<=999，那么还有可能F2<=2999，现在我的函数写完了，怎么样？

	A	B	C	D	E	F	G	H	I	J
1						数值	所属类别（if）	所属类别		
2		参数表				4560	=IF(F2<=499,"A",IF(F2<=999,"B",IF(F2<=2999,"C",IF(F2<=5999,"D",IF(F2<=9999,"E","")))))			
3						230				
4	辅助列	区间	对应类别			650				
5	0	0~499	A			8499				
6	500	500~999	B			1590				
7	1000	1000~2999	C			567				
8	3000	3000~5999	D			5893				
9	6000	6000~9999	E			2300				
10						1902				
11						3678				

图9-8 IF层层嵌套的判定

张老师：这个函数写起来非常地麻烦，如果我们的判定条件不是5个而是10个呢？那这样写的IF函数就更长。

凯旋：就是啊！我早就说IF函数设计不人性，可害苦我了！

张老师：凯旋，别激动，我现在就救你脱离苦海。接下来我教你如何使用VLOOKUP函数进行区间判断。如果要用VLOOKUP函数的话，那显然我们的索引条件就是数值格式，但是在“参数表”里面表示区间的单元格是文本格式，它并不是数值，所以我肯定是查询不到结果的。因此，我们要做一个“辅助列”，那这个“辅助列”需要在查找结果的左边，也就是在区间的左边加“辅助列”。那这个“辅助列”输入什么呢？告诉你一个很简单的技巧，在“辅助列”里面我们就输入每个区间的最小值，也就是说第一个区间的数值是 0~499，我就输入0，500~999我就输入500，以此类推把这个“辅助列”给输完，大家注意看，这个时候我们的“辅助列”是不是“升序排序”？接下来，就可以使用VLOOKUP函数的近似匹配的方法来迅速做到区间的查询了，如图9-9所示。

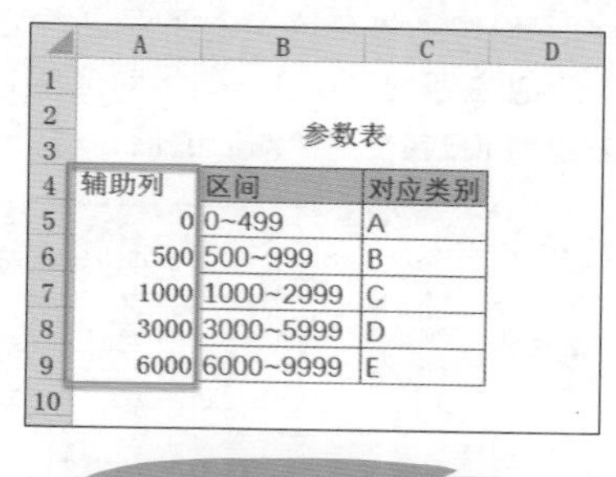

参数表

辅助列	区间	对应类别
0	0~499	A
500	500~999	B
1000	1000~2999	C
3000	3000~5999	D
6000	6000~9999	E

图9-9　插入“辅助列”

如图9-10和图9-11所示，我直接在单元格里输入=VLOOKUP(F2,$A$4:$C$9,3,1)，最后一个参数是1，表示近似匹配，然后按Enter键，结果瞬间就出现了。而且我们经过对比，左右两列的结果是完全相同的。显然我使用VLOOKUP函数比使用IF函数要方便、快捷得多。

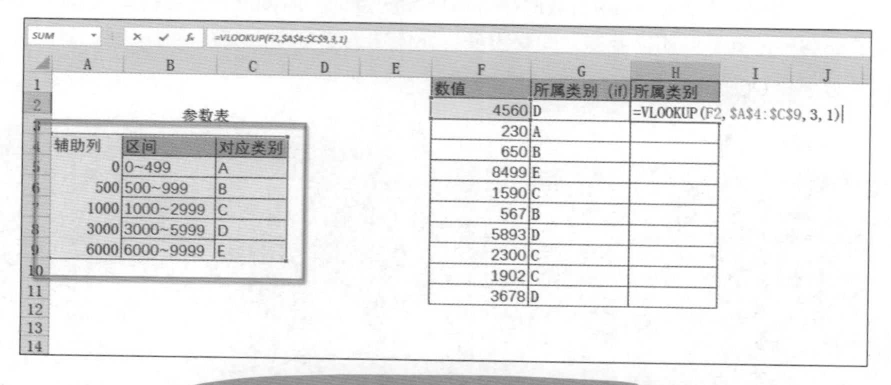

=VLOOKUP(F2,$A$4:$C$9,3,1)

参数表

辅助列	区间	对应类别
0	0~499	A
500	500~999	B
1000	1000~2999	C
3000	3000~5999	D
6000	6000~9999	E

数值	所属类别（if）	所属类别
4560	D	=VLOOKUP(F2, $A$4: $C$9, 3, 1)
230	A	
650	B	
8499	E	
1590	C	
567	B	
5893	D	
2300	C	
1902	C	
3678	D	

图9-10　使用VLOOKUP函数近似匹配进行区间的判定

数值	所属类别（if）	所属类别
4560	D	D
230	A	A
650	B	B
8499	E	E
1590	C	C
567	B	B
5893	D	D
2300	C	C
1902	C	C
3678	D	D

图9-11　使用VLOOKUP和使用IF的匹配结果相同

凯旋：太神奇了，为什么VLOOKUP函数可以完成IF函数的工作呢？

张老师：如图9-12所示，你看，在这里，我们拿第1个数字打比方，根据VLOOKUP函数近似匹配的原理，4560在“辅助列”里面是没有的，那它肯定去找比4560要小，但是跟4560最近的那个值，是谁呢？显然是3000。所以查询的结果就是D。同样地，我们再看第2个230，如果我们在查找230的时候根据近似匹配的原理，Excel肯定在“参数表”中查找比230小但是跟230最接近的那个值所对应的结果，显然在“参数表”中比230小的就是0，所以对应类别A。

所以我们可以总结一下，当VLOOKUP函数在这个例子里进行近似匹配的时候，这个“辅助列”的0是指的所有<500的数据都会自动地去匹配到0这一列所对应的值，也就是A。同样的道理，所有“<1000”的又“>500”的，都会去看到500这一列所对应的值，也就是B。

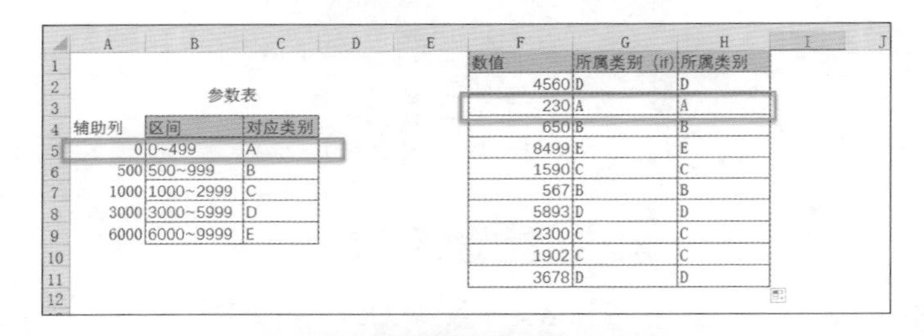

参数表

辅助列	区间	对应类别
0	0~499	A
500	500~999	B
1000	1000~2999	C
3000	3000~5999	D
6000	6000~9999	E

数值	所属类别（if）	所属类别
4560	D	D
230	A	A
650	B	B
8499	E	E
1590	C	C
567	B	B
5893	D	D
2300	C	C
1902	C	C
3678	D	D

图9-12　VLOOKUP函数工作的原理

以此类推，这样我们用VLOOKUP函数进行近似匹配的查询，瞬间就比IF函数要快很多，而且它不受到嵌套次数的限制，也就是说如果我的区间有更多，我依然也是这个函数。

凯旋：哇，VLOOKUP的功能也太强大了吧？

本课小结：

本节课主要讲了两个方面的内容：

第一，VLOOKUP函数近似匹配的原则。

第二，如何使用VLOOKUP函数的近似匹配一步搞定区间判断，秒杀IF函数。

这节课的练习是，将考试分数对应的级别填写在“成绩表”中。作业练习就在案例文件中。

第10课 谁说VLOOKUP只能进行1对1的查找

凯旋，上一节课我们学习了VLOOKUP函数的近似匹配，你觉得好用吗？

很好用啊，我的效率又提高了好多呢。但是在用VLOOKUP函数进行查询的时候，我发现有时候我需要对多个条件进行匹配查询，而VLOOKUP却做不到，那么多的数据摆在面前，真的好头疼。

谁告诉你VLOOKUP不能做多条件查询？

难道说……？

没错，VLOOKUP不仅可以做1对1查询，还可以做多条件查询！

赶紧教教我吧！

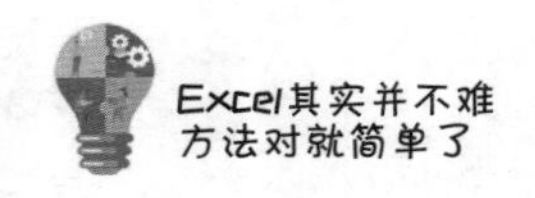

10.1 如何使用VLOOKUP进行多对1查询

举个例子，如图10-1~图10-3所示，你看这张表，在这个工作簿里面有一月数据、二月数据两张工作表，这两张表的数据是不一样的，但是，它的表格结构是一样的，同样的店，同样的产品，只是价格和级别不同。第3张表是汇总表，现在我们需要把前两个月的数据分别填到"汇总表"里来，要如何操作呢？

	A	B	C	D	E
1	店铺名	产品	销售额	级别	
2	大林店	纯牛奶	93	B	
3	大林店	奶茶	48	A	
4	大林店	奶片	37	A	
5	大林店	乳酸饮料	165	C	
6	大林店	酸牛奶	78	A	
7	东单店	纯牛奶	53	A	
8	东单店	奶茶	246	C	
9	东单店	奶片	66	A	
10	东单店	乳酸饮料	20	A	
11	东单店	酸牛奶	233	C	
12	古尖店	纯牛奶	48	A	
13	古尖店	奶茶	136	B	
14	古尖店	奶片	105	B	
15	古尖店	乳酸饮料	142	B	
16	古尖店	酸牛奶	165	C	

一月数据 | 二月数据 | 汇总表

图10-1　一月数据

	A	B	C	D	E
1	店铺名	产品	价格	级别	
2	大林店	纯牛奶	28	A	
3	大林店	奶茶	23	A	
4	大林店	奶片	33	A	
5	大林店	乳酸饮料	182	C	
6	大林店	酸牛奶	224	C	
7	东单店	纯牛奶	183	C	
8	东单店	奶茶	195	C	
9	东单店	奶片	83	B	
10	东单店	乳酸饮料	232	C	
11	东单店	酸牛奶	279	D	
12	古尖店	纯牛奶	131	B	
13	古尖店	奶茶	91	B	
14	古尖店	奶片	249	C	
15	古尖店	乳酸饮料	171	C	
16	古尖店	酸牛奶	83	B	

一月数据 二月数据 汇总表

图10-2 二月数据

	纯牛奶	乳酸饮料	酸牛奶	奶茶	奶片
大林店					
金井店					
和平路店					
新阳路店					
解放路店					
延安路店					
四桥店					
古尖店					
东单店					

图10-3 汇总表

显然，这就是一组数据的查询，如图10-4所示，先把1月的数据填写到“汇总表”里，在“汇总表”里如果以“大林店”作为关键字来查询的话，你会发现“大林店”在“一月数据”表里面出现了很多次，这就不是1对1的查找。如果将查询条件换成产品名称呢？假设我要查找的是“纯牛奶”，我们也会发现“纯牛奶”也出现了多次，也就是说在当前这个案例里面并没有某一项信息是唯一的。

凯旋：这就是用VLOOKUP函数的时候，我碰到的问题啊。连唯一项匹配都没有，我们还怎么做查询啊？

张老师：这里有一个非常简单的思路，在任何一个Excel数据表里面，每一列数据里有很多重复的内容是很正常的，但是，你发现没有，每一行的信息都是唯一的，也就是说“大林店”和“纯牛奶”在它们各自所在的列里有重复是很正常的，但是“大林店”的“纯牛奶”这样的数据仅仅存在一个。因此，可以插入一个“辅助列”作为VLOOKUP函数的查询内容。具体操作：先在“销售额”的左边插入一列，选中C列，右击选择“插入”选项，这就是我们要的“辅助列”，如图10-5所示。

	A	B	C	D
1	店铺名	产品	销售额	级别
2	大林店	纯牛奶	93	B
3	大林店	奶茶	48	A
4	大林店	奶片	37	A
5	大林店	乳酸饮料	165	C
6	大林店	酸牛奶	78	A
7	东单店	纯牛奶	53	A
8	东单店	奶茶	246	C
9	东单店	奶片	66	A
10	东单店	乳酸饮料	20	A
11	东单店	酸牛奶	233	C
12	古尖店	纯牛奶	48	A
13	古尖店	奶茶	136	B
14	古尖店	奶片	105	B
15	古尖店	乳酸饮料	142	B
16	古尖店	酸牛奶	165	C

图10-4 “纯牛奶”在不同商店都出现

	A	B	C	D	E
1	店铺名	产品	销		
2	大林店	纯牛奶			
3	大林店	奶茶			
4	大林店	奶片			
5	大林店	乳酸饮料			
6	大林店	酸牛奶			
7	东单店	纯牛奶			
8	东单店	奶茶			
9	东单店	奶片			
10	东单店	乳酸饮料			
11	东单店	酸牛奶	233	C	
12	古尖店	纯牛奶	48	A	
13	古尖店	奶茶	136	B	
14	古尖店	奶片	105	B	
15	古尖店	乳酸饮料	142	B	
16	古尖店	酸牛奶	165	C	

图10-5 插入“辅助列”

那么这个“辅助列”的内容是什么呢？既然“大林店”的“纯牛奶”是不重复的信息，我们就用&符号把这两列的内容合并起来，直接在单元格里输入=然后单击“大林店”也就是A2单元格，输入&符号，再单击B2也就是“纯牛奶”单元格，最后按Enter键，此时C列单元格在表格数据里面就是唯一的了，如图10-6和图10-7所示。

	A	B	C	D	E
1	店铺名	产品	辅助列	销售额	级别
2	大林店	纯牛奶	=A2&B2	93	B
3	大林店	奶茶		48	A
4	大林店	奶片		37	A

图10-6 用&接符，连接A、B两列单元格内容

	A	B	C	D	E
1	店铺名	产品	辅助列	销售额	级别
2	大林店	纯牛奶	大林店纯牛奶	93	B
3	大林店	奶茶	大林店奶茶	48	A
4	大林店	奶片	大林店奶片	37	A
5	大林店	乳酸饮料	大林店乳酸饮料	165	C
6	大林店	酸牛奶	大林店酸牛奶	78	A
7	东单店	纯牛奶	东单店纯牛奶	53	A
8	东单店	奶茶	东单店奶茶	246	C
9	东单店	奶片	东单店奶片	66	A
10	东单店	乳酸饮料	东单店乳酸饮料	20	A
11	东单店	酸牛奶	东单店酸牛奶	233	C
12	古尖店	纯牛奶	古尖店纯牛奶	48	A
13	古尖店	奶茶	古尖店奶茶	136	B
14	古尖店	奶片	古尖店奶片	105	B
15	古尖店	乳酸饮料	古尖店乳酸饮料	142	B
16	古尖店	酸牛奶	古尖店酸牛奶	165	C

一月数据 二月数据 汇总表

图10-7 “辅助列”内容是唯一的

凯旋：哦，原来是这样操作啊，我怎么没想到。

张老师：凯旋，接下来怎么做，你应该知道了吧。

凯旋：接下来就简单了。在用VLOOKUP函数做查询的时候，首先，选择的表格区域不再是整个表，而是以“辅助列”C列为首列往后的区域，因为，“辅助列”是唯一信息不重复的列，为了省去跨表引用的麻烦，我从C1单元格开始，把后面三列都选中，然后，给选中的区域命名，单击“名称框”，输入jan，然后，按Enter键，这时我们的名称就取好了，如图10-8所示。

jan　辅助列

	A	B	C	D	E	F
1	店铺名	产品	辅助列	销售额	级别	
2	大林店	纯牛奶	大林店纯牛奶	93	B	
3	大林店	奶茶	大林店奶茶	48	A	
4	大林店	奶片	大林店奶片	37	A	
5	大林店	乳酸饮料	大林店乳酸饮料	165	C	
6	大林店	酸牛奶	大林店酸牛奶	78	A	
7	东单店	纯牛奶	东单店纯牛奶	53	A	
8	东单店	奶茶	东单店奶茶	246	C	
9	东单店	奶片	东单店奶片	66	A	
10	东单店	乳酸饮料	东单店乳酸饮料	20	A	
11	东单店	酸牛奶	东单店酸牛奶	233	C	
12	古尖店	纯牛奶	古尖店纯牛奶	48	A	
13	古尖店	奶茶	古尖店奶茶	136	B	
14	古尖店	奶片	古尖店奶片	105	B	
15	古尖店	乳酸饮料	古尖店乳酸饮料	142	B	
16	古尖店	酸牛奶	古尖店酸牛奶	165	C	

一月数据 二月数据 汇总表

图10-8 给区域命名为jan

张老师： 不错，那在“汇总表”里，我们要怎么迅速地把1月数据汇总过来呢？

凯旋： 这也不难，如图10-9所示，在E5单元格里输入=VLOOKUP(D5&E4,jan,3,0)。这4个参数分别代表的意思如下。

①lookup_value索引条件：在这里显然不是“大林店”，也不是“纯牛奶”。这里应该是“大林店纯牛奶”，就是刚才我们所选区域的首列了。

②table_array表格区域：直接输入刚才命名的区域名称jan。

③col_index_num查询结果所在的列标：那就是名称为jan的表中的第3列，输入3。

④range_lookup匹配方式：输入0表示精确匹配。很快，“大林店纯牛奶”在1月的级别就出现了。

	A	B	C	D	E	F	G	H	I
1									
2									
3									
4					纯牛奶	乳酸饮料	酸牛奶	奶茶	奶片
5				大林店	=VLOOKUP (D5&E4, jan, 3, 0)				
6				全井店					
7				和平路店					
8				新阳路店					
9				解放路店					
10				延安路店					
11				四桥店					
12				古尖店					
13				东单店					
14									

图10-9　使用VLOOKUP函数

张老师： 很好，学得很快哦。

10.2 混合引用在多条件查询中的应用

张老师： 凯旋，那我们顺着刚才的案例，接下来的数据要如何查找呢？

凯旋： 这还不简单，我只要用鼠标下拉填充就好了。咦？怎么都是#N/A，如图10-10所示，这是为什么啊？

	纯牛奶	乳酸饮料	酸牛奶	奶茶	奶片
大林店	B	#N/A	#N/A	#N/A	#N/A
金井店	#N/A	#N/A	#N/A	#N/A	#N/A
和平路店	#N/A	#N/A	#N/A	#N/A	#N/A
新阳路店	#N/A	#N/A	#N/A	#N/A	#N/A
解放路店	#N/A	#N/A	#N/A	#N/A	#N/A
延安路店	#N/A	#N/A	#N/A	#N/A	#N/A
四桥店	#N/A	#N/A	#N/A	#N/A	#N/A
古尖店	#N/A	#N/A	#N/A	#N/A	#N/A
东单店	#N/A	#N/A	#N/A	#N/A	#N/A

图10-10　填充结果显示#N/A

张老师：显然，是你输入函数时出了问题，如图10-11所示，我们双击E5单元格看一下问题出在哪儿了？后面的参数Jan、3、0没有问题，问题就出现在前面的D5&E4，这是一个相对的引用，在第一个单元格里面是D5&E4，根据相对引用的原理，相对引用是位置的引用，因此我无论选择后面的哪个单元格，都是选中单元格左边的单元格和它上边的单元格。

	纯牛奶	乳酸饮料	酸牛奶	奶茶	奶片
大林店	=VLOOKUP (D5&E4, jan, 3, 0)			#N/A	#N/A
金井店	#N/A	#N/A	#N/A	#N/A	#N/A
和平路店	#N/A	#N/A	#N/A	#N/A	#N/A
新阳路店	#N/A	#N/A	#N/A	#N/A	#N/A
解放路店	#N/A	#N/A	#N/A	#N/A	#N/A
延安路店	#N/A	#N/A	#N/A	#N/A	#N/A
四桥店	#N/A	#N/A	#N/A	#N/A	#N/A
古尖店	#N/A	#N/A	#N/A	#N/A	#N/A
东单店	#N/A	#N/A	#N/A	#N/A	#N/A

图10-11　相对引用产生的问题

如图10-12所示，当我们双击后面的某一个N/A的单元格，把鼠标定位在“金井店”和“乳酸饮料”对应的单元格里，你会发现它的连接是E6 & F5，而不是“乳酸饮料”这个表头了。

所以说，这是混合引用的应用。还记得混合引用吗？我们在第6课6.3节的时候有详细说过交叉相乘的例子，所以在这个例子里，D5这列的店铺名是要锁定列标且不锁定行号，所以，在输入VLOOKUP函数的时候，就应该输入VLOOKUP=($D5&E$4,jan,3,0)，如图10-13和图10-14所示。

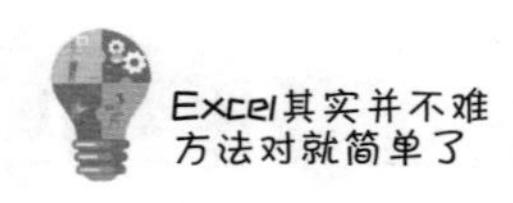

	纯牛奶	乳酸饮料	酸牛奶	奶茶	奶片
大林店	B	#N/A	#N/A	#N/A	#N/A
金井店	#N/A	=VLOOKUP(E6&F5, jan, 3, 0)			#N/A
和平路店	#N/A	#N/A	#N/A	#N/A	#N/A
新阳路店	#N/A	#N/A	#N/A	#N/A	#N/A
解放路店	#N/A	#N/A	#N/A	#N/A	#N/A
延安路店	#N/A	#N/A	#N/A	#N/A	#N/A
四桥店	#N/A	#N/A	#N/A	#N/A	#N/A
古尖店	#N/A	#N/A	#N/A	#N/A	#N/A
东单店	#N/A	#N/A	#N/A	#N/A	#N/A

图10-12　金井店&乳酸饮料

	纯牛奶	乳酸饮料	酸牛奶	奶茶	奶片
大林店	=VLOOKUP($D5&E$4, jan, 3, 0)			#N/A	#N/A
金井店	#N/A	#N/A	#N/A	#N/A	#N/A
和平路店	#N/A	#N/A	#N/A	#N/A	#N/A
新阳路店	#N/A	#N/A	#N/A	#N/A	#N/A
解放路店	#N/A	#N/A	#N/A	#N/A	#N/A
延安路店	#N/A	#N/A	#N/A	#N/A	#N/A
四桥店	#N/A	#N/A	#N/A	#N/A	#N/A
古尖店	#N/A	#N/A	#N/A	#N/A	#N/A
东单店	#N/A	#N/A	#N/A	#N/A	#N/A

图10-13　使用混合引用的VLOOKUP函数

	纯牛奶	乳酸饮料	酸牛奶	奶茶	奶片
大林店	B	C	A	A	A
金井店	B	D	C	A	C
和平路店	A	C	D	B	D
新阳路店	D	A	B	C	A
解放路店	A	D	D	B	D
延安路店	D	A	C	D	C
四桥店	D	A	B	C	B
古尖店	A	B	C	B	B
东单店	A	A	C	C	A

图10-14　使用了混合引用后的VLOOKUP函数查询结果

张老师：刚才的需求是查找每一个月的每个店对应每个产品的级别，凯旋，如果我的需求是查找每个店对应每个产品的销售额怎么办呢？

凯旋：这有什么难的，我只需把刚才的参数3改成2就好了啊。

张老师：对，当我们把参数3改成2，你就可以看到1月每个店每个产品的销售额了，如图10-15和图10-16所示。

	纯牛奶	乳酸饮料	酸牛奶	奶茶	奶片
大林店	=VLOOKUP($D5&E$4, jan, 2, 0)			#N/A	#N/A
金井店	#N/A	#N/A	#N/A	#N/A	#N/A
和平路店	#N/A	#N/A	#N/A	#N/A	#N/A
新阳路店	#N/A	#N/A	#N/A	#N/A	#N/A
解放路店	#N/A	#N/A	#N/A	#N/A	#N/A
延安路店	#N/A	#N/A	#N/A	#N/A	#N/A
四桥店	#N/A	#N/A	#N/A	#N/A	#N/A
古尖店	#N/A	#N/A	#N/A	#N/A	#N/A
东单店	#N/A	#N/A	#N/A	#N/A	#N/A

图10-15　把参数3改成2

	纯牛奶	乳酸饮料	酸牛奶	奶茶	奶片
大林店	93	165	78	48	37
金井店	129	252	249	35	179
和平路店	5	167	382	114	258
新阳路店	260	73	82	205	54
解放路店	73	358	390	113	285
延安路店	392	57	248	330	186
四桥店	360	19	95	230	139
古尖店	48	142	165	136	105
东单店	53	20	233	246	66

图10-16　改完参数结果变为销售额

10.3 VLOOKUP多对1查询带来的重要启示

张老师： 凯旋，你发现没有，在上面这个例子里面，我们做了一件什么事，“一月数据”这个原始表是一张数据表，但是，你看一下“汇总表”，这张表格是一个什么表格类型？

凯旋： 是报表啊，很明显，这个汇总表是一张二维表。这在第1课您就详细说明了，很重要，我当然记得。

张老师： 没错，也就是说我们在用VLOOKUP函数进行多条件查询的本质，实际上就是把一个数据表转化成一个报表。所以说，如果你将来在工作里面遇到了类似要把数据表转化成报表的情况，除了使用“数据透视表”功能以外，VLOOKUP函数也是一个很好的选择。“数据透视表”可以很方便地帮你把一个数据表转化为你想要的报表，前提是这个报表是数据形式的，也就是说这个报表中间一定是数字格式。如果我得到的是一个文本型的报表，该怎么做呢？比如，前面讲到案例的需求是

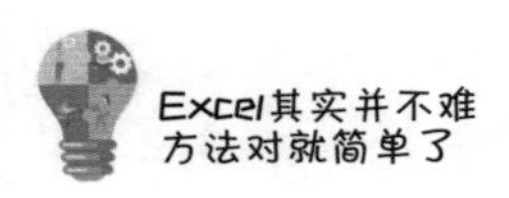

每一个店每一个产品对应的级别。这个需求“数据透视表”是做不到的。“数据透视表”工具生成的报表中数值部分是不会显示文本信息的。

凯旋：所以，“数据透视表”这个功能，主要进行的是数据型报表的创建，由于文本型报表是不需要进行计算的，只需通过查询即可完成，所以，文本型报表的创建，可以使用VLOOKUP函数。技巧就是先想办法创建一个“辅助列”，这个“辅助列”是唯一条件。

张老师：不错，有进步。有一点特别要注意的就是在输入VLOOKUP函数的时候记得混合引用，“钱”($)要给对。

本课小结：

本节课主要讲了3个方面的内容：

第一，如何使用VLOOKUP函数进行多对一的查询。

第二，混合引用在函数中的应用。

第三，VLOOKUP多对1查询带来的启示。

第11课

【进阶】切换数据源，分析结果自动更新

张老师，经理表扬我了，说我进步很大，要给我安排更重要的工作呢。

看来你这段时间真的是没白学。

我凯旋不轻易服人，但跟着张老师学到了很多，不得不服啊。

难得听你说句好话！

那是，在接下来的课程里，我还想多学点本事呢。

你这是要掏空我啊。

快说说这节课我们学什么吧？

那好，这节课我就“勉为其难”教你一个很厉害的技巧。

11.1 直接引用名称切换数据源

我们还是用上一节课的案例，里面有“一月数据”“二月数据”和“汇总表”。我们在“一月数据”表中插入了“辅助列”，把店铺名和产品名用&连接符进行了连接，然后，就把我们的1月的数据填入了“汇总表”，如图11-1所示。

	纯牛奶	乳酸饮料	酸牛奶	奶茶	奶片
大林店	93	165	78	48	37
金井店	129	252	249	35	179
和平路店	5	167	382	114	258
新阳路店	260	73	82	205	54
解放路店	73	358	390	113	285
延安路店	392	57	248	330	186
四桥店	360	19	95	230	139
古尖店	48	142	165	136	105
东单店	53	20	233	246	66

图11-1 一月的汇总表

同样，“二月数据”表我也增加了“辅助列”，接着，以“辅助列”为首列开始，把往后的这3列数据区域选中，给这个区域命名为Feb。这样在这个工作簿里，两个数据源区域都被命名了，一个叫jan，一个叫feb，如图11-2所示。

feb ▾ | feb | jan

辅助列

	A	B	C	D	E
3	店铺名	产品	辅助列	价格	级别
4	大林店	纯牛奶	大林店纯牛奶	28	A
5	大林店	奶茶	大林店奶茶	23	A
6	大林店	奶片	大林店奶片	33	A
7	大林店	乳酸饮料	大林店乳酸饮料	182	C
8	大林店	酸牛奶	大林店酸牛奶	224	C
9	东单店	纯牛奶	东单店纯牛奶	183	C
10	东单店	奶茶	东单店奶茶	195	C
11	东单店	奶片	东单店奶片	83	B
12	东单店	乳酸饮料	东单店乳酸饮料	232	C
13	东单店	酸牛奶	东单店酸牛奶	279	D
14	古尖店	纯牛奶	古尖店纯牛奶	131	B
15	古尖店	奶茶	古尖店奶茶	91	B
16	古尖店	奶片	古尖店奶片	249	C
17	古尖店	乳酸饮料	古尖店乳酸饮料	171	C
18	古尖店	酸牛奶	古尖店酸牛奶	83	B

一月数据 | 二月数据 | 汇总表

图11-2　给“二月数据”增加“辅助列”和命名

这样在后面的“汇总表”里，我只需把VLOOKUP函数中的jan替换成feb，“汇总表”中的数据就会更新为2月的数据了。倘若，这个切换能够“一键完成”，而不是手动调整，切换就变得很轻松了，如图11-3所示。

	纯牛奶	乳酸饮料	酸牛奶	奶茶	奶片
大林店	=VLOOKUP($D5&E$4, feb, 2, 0)			48	37
金井店	129	252	249	35	179
和平路店	5	167	382	114	258
新阳路店	260	73	82	205	54
解放路店	73	358	390	113	285
延安路店	392	57	248	330	186
四桥店	360	19	95	230	139
古尖店	48	142	165	136	105
东单店	53	20	233	246	66

图11-3　用feb替换jan

接下来，在“汇总表”左边也就是C10单元格的位置做一个下拉菜单，这个下拉菜单里面的内容是

jan和feb，当我选中jan，“汇总表”里的内容就是1月份的数据；当我选中feb，“汇总表”里的内容就是2月的数据，如图11-4所示。

	纯牛奶	乳酸饮料	酸牛奶	奶茶	奶片
大林店	93	165	78	48	37
金井店	129	252	249	35	179
和平路店	5	167	382	114	258
新阳路店	260	73	82	205	54
解放路店	73	358	390	113	285
延安路店	392	57	248	330	186
四桥店	360	19	95	230	139
古尖店	48	142	165	136	105
东单店	53	20	233	246	66

图11-4　在C10单元格插入下拉菜单

凯旋：这很简单啊，在刚才这个例子里面，我只需把VLOOKUP函数中的表示区域的参数用C10单元格替换就好了，而在C10单元格中，我只需输入jan或者feb这样的表示名称的字眼，然后，“汇总表”里的数据就会跟着切换了。

张老师：那你就来尝试一下。

凯旋：在C10单元格里面直接输入jan，这个单元格表示“一月数据”的区域，在写函数的时候我就可以直接把函数的第3个参数用C10单元格替代，这时的C10单元格一定要是绝对引用，如图11-5所示。

C10：jan

	纯牛奶	乳酸饮料	酸牛奶	奶茶	奶片
大林店	=VLOOKUP($D11&E$10,$C$10,2,0)				
金井店	129	252	249	35	179
和平路店	5	167	382	114	258
新阳路店	260	73	82	205	54
解放路店	73	358	390	113	285
延安路店	392	57	248	330	186
四桥店	360	19	95	230	139
古尖店	48	142	165	136	105
东单店	53	20	233	246	66

图11-5　用C10单元格替代jan

凯旋：结果怎么是#N/A，如图11-6所示，这是为什么啊？

JAN		纯牛奶	乳酸饮料	酸牛奶	奶茶	奶片
	大林店	#N/A	165	78	48	37
	金井店	129	252	249	35	179
	和平路店	5	167	382	114	258
	新阳路店	260	73	82	205	54
	解放路店	73	358	390	113	285
	延安路店	392	57	248	330	186
	四桥店	360	19	95	230	139
	古尖店	48	142	165	136	105
	东单店	53	20	233	246	66

图11-6　结果为#N/A

张老师：怎么样，行不通吧？接下来我就告诉你为什么。

11.2 学会间接引用，一招搞定数据源的转化

张老师：这也是我本节课要跟大家分享的重点——如何使用INDIRECT函数帮助我们实现数据源的转化。

凯旋：INDIRECT?

张老师：别急，还是让我们从这个例子看起。在本案例中你用C10单元格去替代jan这个区域是有问题的，因为直接输入在C10单元格里面的jan，跟我们刚才给“一月数据”区域命名的名称jan是不一样的，直接输入在C10单元格里的jan只是一个文本信息，而名称jan则表示一个区域。同样是jan但表达的意义却不同，如图11-7所示。

L16
feb
jan

	C	D	E	F
8				
9				
10	jan		纯牛奶	乳酸饮
11		大林店	#N/A	
12		金井店	129	
13		和平路店	5	
14		新阳路店	260	
15		解放路店	73	
16		延安路店	392	

图11-7　两个jan意义不一样

凯旋：这样的啊，那要怎么把这两个信息做关联呢？

张老师：让我们来看这样一个例子，如图11-8所示，假如我在C1单元格里面输入一个数字123，如果这时我在A1单元格里输入C1，你猜它会不会出现123？它当然不会出现123，它出现的只是C1这样一个文字。

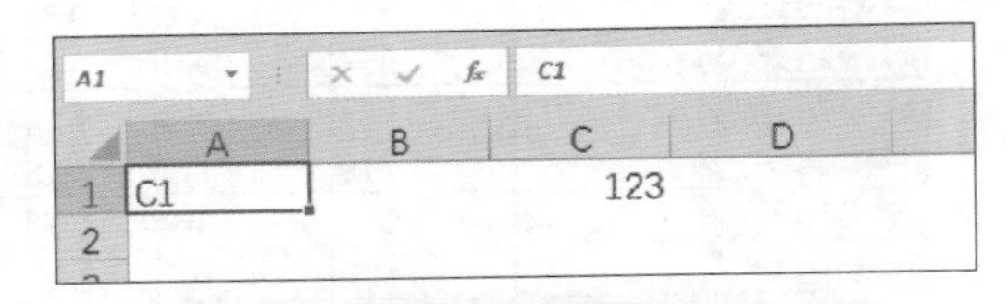

图11-8 输入C1，“结果”还是C1

如果你希望在A1单元格里面也出现数字123，你的做法应该是先输=（等号）再输入C1，才会出现123。但如果你直接写C1的话，是不会出现123的，如图11-9所示。

接下来，如果我想在B4单元格里面出现123，并且，想通过A1单元格来转换该怎么办呢？如果我在B4单元格里面输入=，再单击A1单元格，那么这看上去也是等于C1，但实际上我们看到的是C1这个文本，而不是C1单元格里的内容，也就是说，A1单元格里出现的C1这个文本和C1单元格的内容本身是不能画等号的，如图11-10所示。

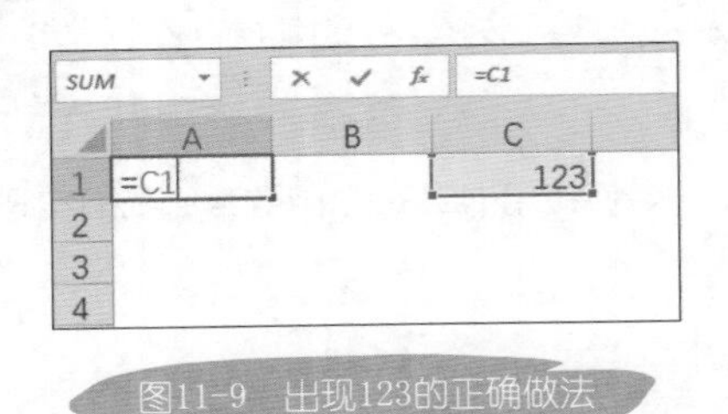

图11-9 出现123的正确做法

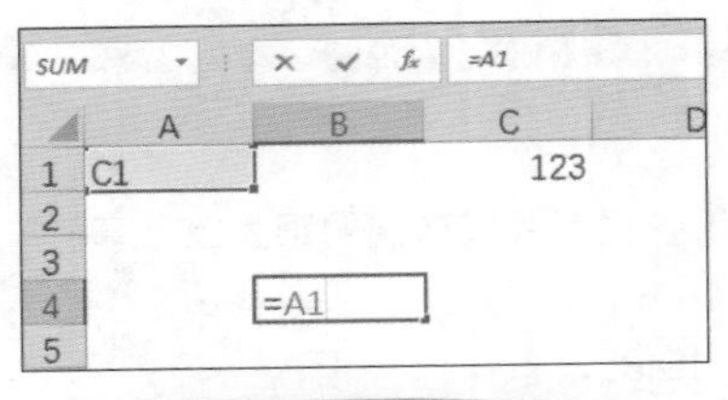

图11-10 两个C1意义不同

因此，我们直接引用是没有办法引用的，只能用间接引用。

凯旋：间接引用？难道和我们之前说到的INDIRECT函数有关？

张老师：对的，在英文里，“直接”这个单词是不是叫direct呀，那么“间接”这个单词是哪个呢？

凯旋：这太明显了，肯定是INDIRECT。

张老师：没错，它就叫INDIRECT，所以这个函数的名字就叫INDIRECT。好，当我输完=INDIRECT(A1)这个函数的参数只有一个，就是你想要引用的单元格坐标，此时，我就用鼠标单击A1单元格，然后再输入右括号，这时我们再按Enter键，马上你就能看到在B4单元格里面居然出现了123，如图11-11和图11-12所示。

因为INDIRECT函数表示间接引用，也就是说它把A1单元格里面这个C1作为文本提取出来，作为“名称”来使用了。所以，我们就可以看到123了。

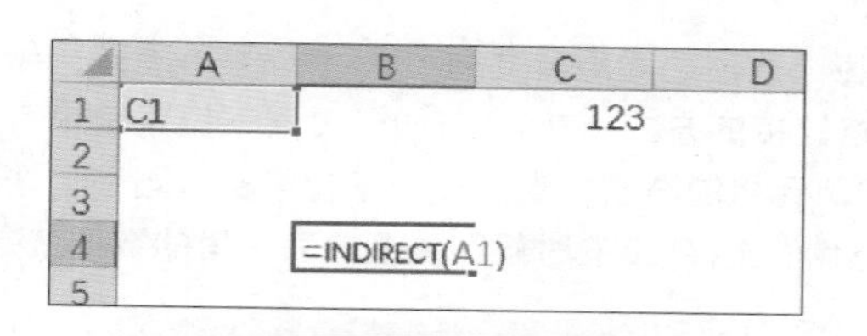

	A	B	C	D
1	C1		123	
2				
3				
4		=INDIRECT(A1)		
5				

图11-11 INDIRECT函数的使用

	A	B	C
1	C1		123
2			
3			
4		123	
5			

图11-12 使用INDIRECT函数可以得出123

凯旋：原来这就是间接引用，那么，放到刚才说的例子里来，要怎么操作呢？

张老师：很简单，只需在VLOOKUP函数中间把表示C10单元格的这个参数用INDIRECT($C$10)来表示，也就是把INDIRECT函数嵌套在VLOOKUP函数中间，用它来表示区域的参数，马上，你就会发现结果出现了，如图11-13和图11-14所示。

JAN		纯牛奶	乳酸饮料	酸牛奶	奶茶	奶片
	大林店	=VLOOKUP($D11&E$10,INDIRECT($C$10),2,0)				
	金井店	VLOOKUP(lookup_value, table_array, col_index_num, [range_lookup])				
	和平路店	#N/A	#N/A	#N/A	#N/A	#N/A
	新阳路店	#N/A	#N/A	#N/A	#N/A	#N/A
	解放路店	#N/A	#N/A	#N/A	#N/A	#N/A
	延安路店	#N/A	#N/A	#N/A	#N/A	#N/A
	四桥店	#N/A	#N/A	#N/A	#N/A	#N/A
	古尖店	#N/A	#N/A	#N/A	#N/A	#N/A
	东单店	#N/A	#N/A	#N/A	#N/A	#N/A

图11-13 把INDIRECT函数嵌套在VLOOKUP函数中间

JAN		纯牛奶	乳酸饮料	酸牛奶	奶茶	奶片
	大林店	93	165	78	48	37
	金井店	129	252	249	35	179
	和平路店	5	167	382	114	258
	新阳路店	260	73	82	205	54
	解放路店	73	358	390	113	285
	延安路店	392	57	248	330	186
	四桥店	360	19	95	230	139
	古尖店	48	142	165	136	105
	东单店	53	20	233	246	66

图11-14 嵌套INDIRECT函数后得出结果

凯旋：我知道了，此时，通过INDIRECT函数，C10单元格里的内容已经变成了一个名称，而不是简单的文本信息。也就是说，如果我把C10单元格替换成feb，那么整个“汇总表”的结果就是2月的数据了。

11.3 怎么做动态数据分析

张老师：知道了间接引用后，接下来，我就使用“数据验证”功能，把C10单元格做成下拉菜单的状态。

凯旋：这个我来！如图11-15和图11-16所示，单击“数据”选项卡“数据工具”组中的“数据验证”按钮，在弹出的对话框中选择“设置”选项卡内的“允许”里面的“序列”，下方的“来源”如果只有两个的话可以直接输入jan,feb，每个选项之间用英文的“,”（逗号）隔开，如果你还有更多可以继续写，或者也可以使用单元格链接的方式，在7.1节如何设置下拉菜单中有详细的步骤。最后，单击“确定”按钮。这时C10单元格的右边出现了一个下拉箭头，当我们选择jan的时候，“汇总表”里的数据就是1月的；当我们选择feb的时候，“汇总表”里的数据就是2月的。

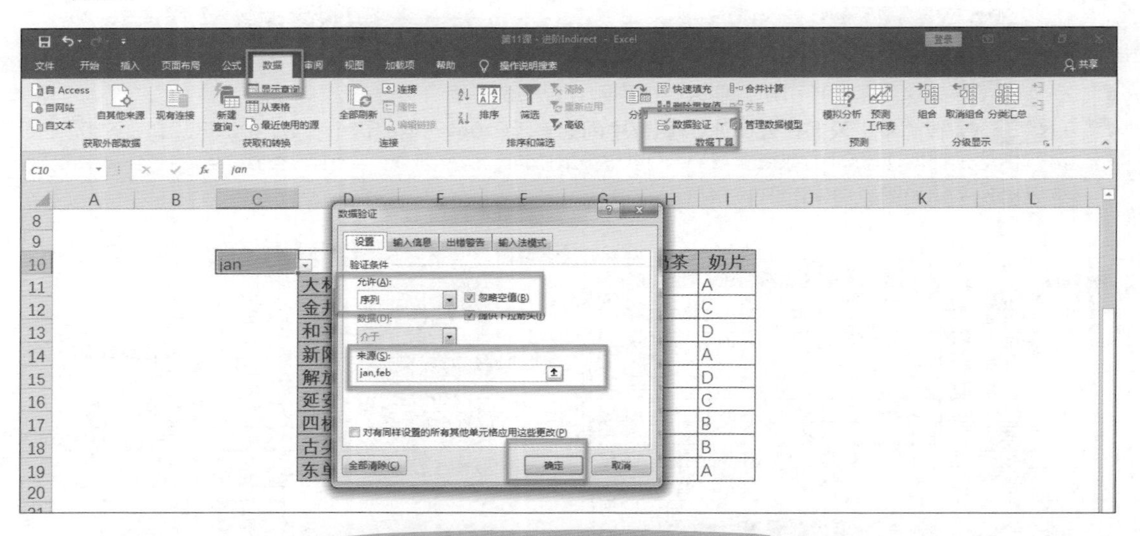

图11-15　用“数据验证”（数据有效性）创建下拉菜单

feb

jan
feb

	纯牛奶	乳酸饮料	酸牛奶	奶茶	奶片
大林店	A	C	C	A	A
金井店	C	B	A	A	B
和平路店	D	C	D	B	C
新阳路店	A	A	B	A	A
解放路店	A	D	C	B	B
延安路店	A	C	C	D	C
四桥店	C	C	A	C	C
古尖店	B	C	B	B	C
东单店	C	C	D	C	B

图11-16　1、2月数据可以随时切换

张老师： 没错。这时你甚至可以做这样的操作，如果我把VLOOKUP函数中间表示要查找级别的列改成销售额，也就是说把表格里面查找列的编码由3改为2，这时，你就会看到“汇总表”的内容就由表示产品级别的文本信息变成了数字，如图11-17所示。

feb	纯牛奶	乳酸饮料	酸牛奶	奶茶	奶片
大林店	=VLOOKUP($D11&E$10,INDIRECT($C$10),2,0)				
金井店	C VLOOKUP(lookup_value, table_array, **col_index_num**, [range_lookup])				
和平路店	D	C	D	B	C
新阳路店	A	A	B	A	A
解放路店	A	D	C	B	B
延安路店	A	C	C	D	C
四桥店	C	C	A	C	C
古尖店	B	C	B	B	C
东单店	C	C	D	C	B

图11-17　更改查找区域对应的列标

要想创建图表很简单，还记得怎么创建图吗？我在第1课的时候有跟大家简单介绍过，后面我也会详细介绍，在这里我们先选中整个“汇总表”，单击“插入”选项卡“图表”组中的“柱形图”按钮，图表出现了，此时，如果我单击C10单元格，进行月份的切换，你就会发现这个图也在“变”，一个动态的图表制作完成了，如图11-18~图11-20所示。

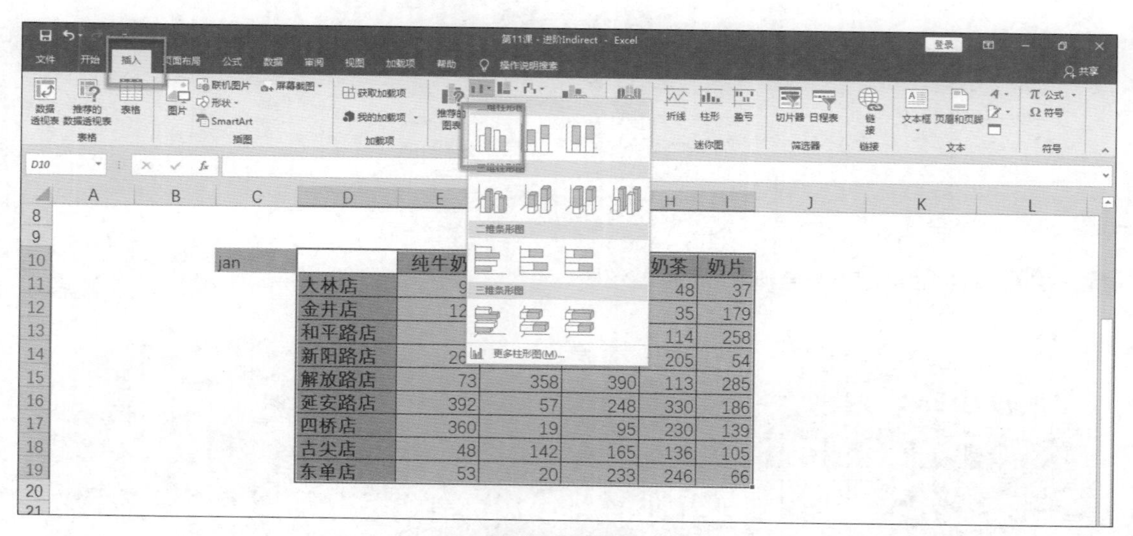

图11-18　插入柱形图

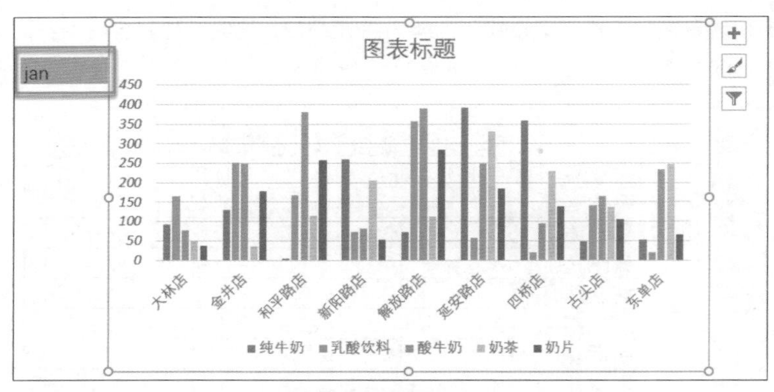

图11-19　1月的柱形图

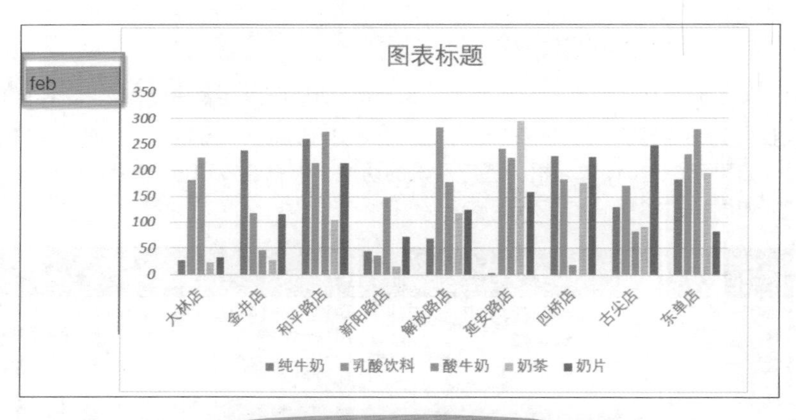

图11-20　切换数据源图形也随着更新

凯旋：这也太酷了，张老师果然厉害！

本课小结：

本节课在VLOOKUP函数的基础上，详细介绍了INDIRECT函数的使用方法。INDIRECT函数可以帮助我们进行“名称”的引用和转换。INDIRECT函数和VLOOKUP函数结合使用，能够让VLOOKUP函数中表示数据源的参数变得灵活，进而让报表中显示的结果能够自由地转换。

第12课

COUNT系列函数的用法

张老师，张老师，我可找到您了！（气喘吁吁）

凯旋，你这着急忙慌的，怎么啦？

我又遇到难题了，想了半天也没想出来，所以，赶紧来找您求救！

什么难题？

12.1 详解COUNT“家族”，帮你理清五大函数的特点

如图12-1和图12-2所示，张老师你看这张表，A列是编号，B列是省份，C列是省份对应的区或者是城市。现在我的上级经理要我给省份加编号，按说这也没什么难的，但他提出了一个“奇葩”的要求，他要求对省份或直辖市进行筛选的时候，无论筛选到哪一个省或直辖市，结果中的对应编号都得从1开始，也就是说这个编号不是简单的1、2、3、4、5、6…

	A	B	C
1	NO	省份	城市/区
2	1	上海市	静安
3	2	湖南省	长沙
4	3	江苏省	苏州
5	4	江苏省	镇江
6	5	北京市	顺义
7	6	湖南省	株洲
8	7	山东省	济南
9	8	上海市	长宁
10	9	上海市	黄浦
11	10	上海市	浦东
12	11	湖南省	岳阳
13	12	北京市	西城
14	13	江苏省	扬州

图12-1 表格状态

图12-2　直接筛选“北京市”，但A列出现的编号并不连续

张老师：这个要求乍一听好像挺难实现，但其实我只用一招，就可以轻松解决。

凯旋：什么招数？快点教教我吧。

张老师：这要从另一个函数开始讲起了。凯旋，我问你，Excel中有一个计数函数，你知道叫什么吗？

凯旋：地球人都知道，叫COUNT。

张老师：没错，今天我就从COUNT函数的特点讲起。如图12-3和图12-4所示，这里有一个小的区域，你看，当我在表格里输入=COUNT以后，你就会发现COUNT家族一共有5个函数。第1个叫COUNT，第2个叫COUNTA，第3个叫COUNTBLANK，第4个叫COUNTIF，第5个叫COUNTIFS。最常见的就是COUNT，它后面的解释说“计算区域中包含数字的单元格的个数”，也就是说COUNT函数可以统计选择的区域内所有数字单元格的个数。

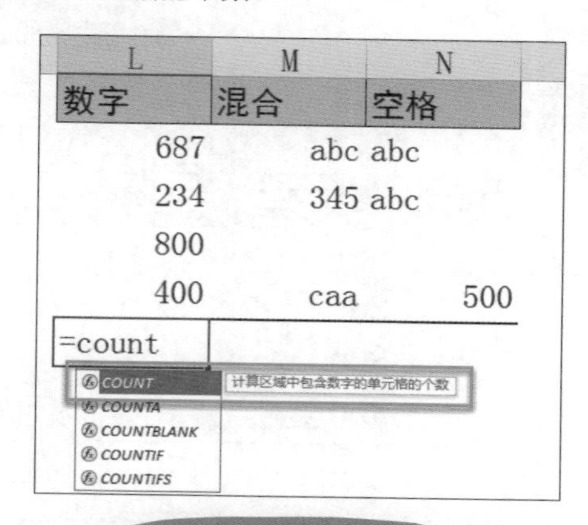

图12-3　COUNT函数的定义

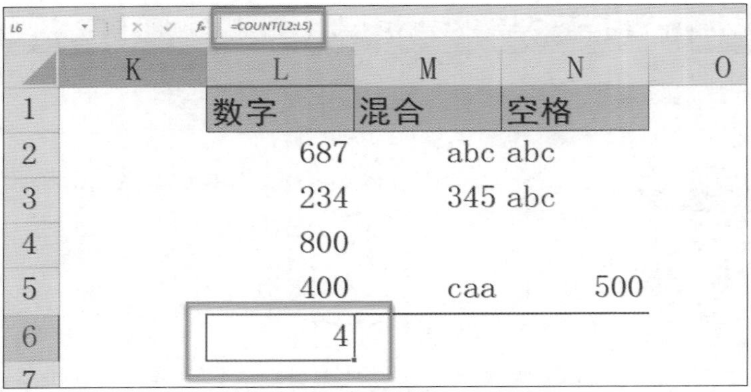

L6
=COUNT(L2:L5)
K L M N O
1 数字 混合 空格
2 687 abc abc
3 234 345 abc
4 800
5 400 caa 500
6 4
7

图12-4 COUNT函数的运用

如图12-5和图12-6所示，我们来看第2个函数，当输入=COUNTA以后，旁边的解释是“计算区域中非空单元格的个数”，也就是说COUNT函数是只能统计单元格内的数字格式单元格的个数，而COUNTA能够统计所有非空单元格的个数。输入=COUNTA(M2:M5)，得出结果3。所以COUNTA只是不统计空单元格的个数而已，对单元格格式没有要求。

L M N
数字 混合 空格
687 abc abc
234 345 abc
800
400 caa 500
4 =COUNTIF
COUNTA 计算区域中非空单元格的个数

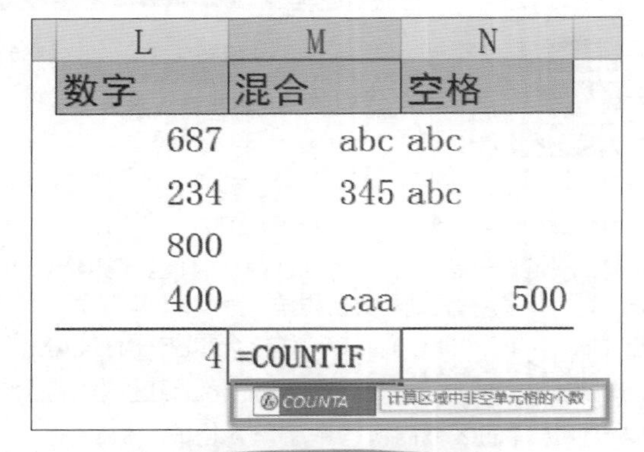

图12-5 COUNTA的含义

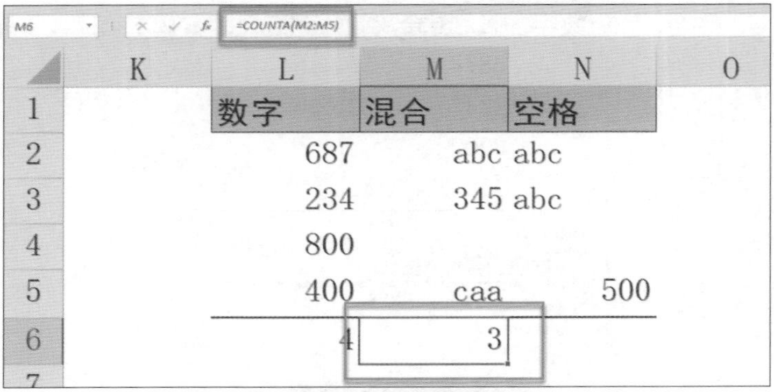

M6
=COUNTA(M2:M5)
K L M N O
1 数字 混合 空格
2 687 abc abc
3 234 345 abc
4 800
5 400 caa 500
6 4 3
7

图12-6 COUNTA函数的运用

凯旋：这里我有一点不明白，为什么非得是A呢？

张老师：非常简单，因为是ALL啊。凯旋，COUNTA是统计“非空单元格”的函数，那你刚刚有没有看到，还有一个函数叫COUNTBLANK，你知道BLANK是什么意思吗？

凯旋：BLANK是空白的意思，也就是说COUNTBLANK函数表示计算某个区域中空单元格的个数。如图12-7和图12-8所示，我在这里输入=COUNTBLANK(N2:N5)就把区域里面包含空单元格的个数统计出来了。

L
M
N
O
P
数字
混合
空格
687
abc abc
234
345 abc
800
400
caa
500
4
3
=COUNTBLANK
COUNTBLANK
计算某个区域中空单元格的数目

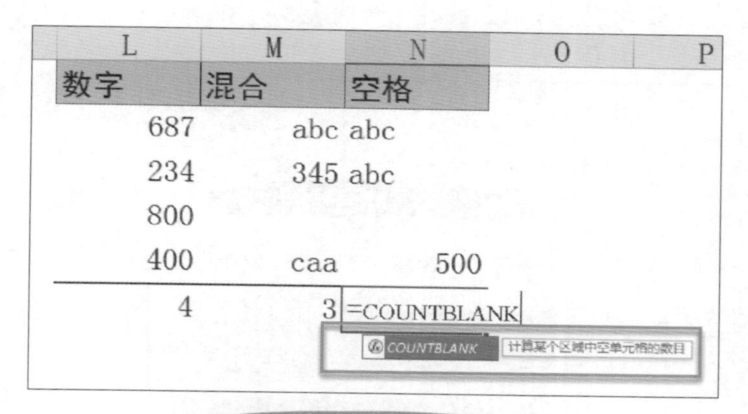

图12-7　COUNTBLANK函数的含义

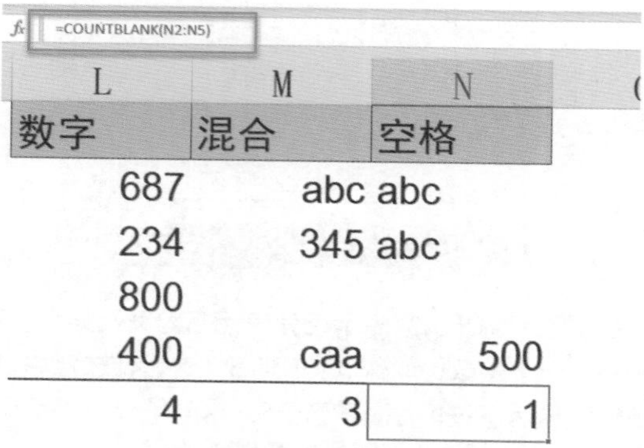

=COUNTBLANK(N2:N5)
L
M
N
数字
混合
空格
687
abc abc
234
345 abc
800
400
caa
500
4
3
1

图12-8　COUNTBLANK函数的运用

张老师：嗯，解释得很对。那再来看一下，我们在COUNT家族中是不是经常听说一个函数——COUNTIF，意思是计算某个区域中满足给定条件的单元格的数目。很简单，我再拿刚才这个例子来打比方，如图12-9和图12-10所示，比如说，我想统计N2~N5这个区域里面包含abc单元格的个数怎么做呢？那就是输入=COUNTIF(N2:N5,"abc")，按Enter键，即可看到统计的次数是2次。

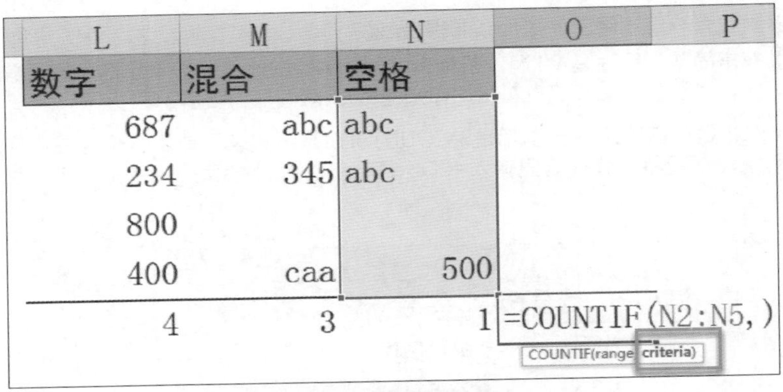

L	M	N	O	P
数字	混合	空格		
687	abc	abc		
234	345	abc		
800				
400	caa	500		
4	3	1	=COUNTIF(N2:N5,)	
			COUNTIF(range, criteria)	

图12-9 COUNTIF函数的参数

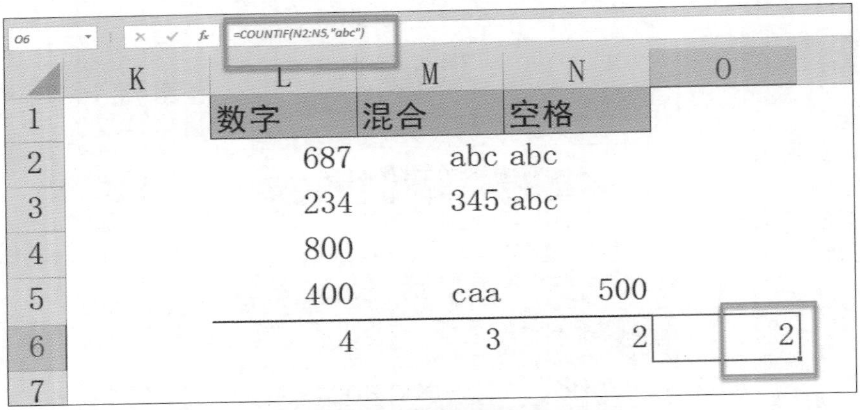

O6 =COUNTIF(N2:N5,"abc")

	K	L	M	N	O
1		数字	混合	空格	
2		687	abc	abc	
3		234	345	abc	
4		800			
5		400	caa	500	
6		4	3	2	2
7					

图12-10 COUNTIF函数的运用

凯旋：我懂了，也就是说COUNTIF函数表示统计单元格内满足某个特定条件的单元格的次数。

张老师：凯旋，最后还有一个函数，叫作COUNTIFS，这是什么意思呀？

凯旋：这和上一个函数很像，不过IF后面多了个S。这是统计一组给定条件所指单元格的格数，简单地说，CONUTIF是单条件统计，COUNTIFS是多条件统计。

张老师：正是如此，如果你想统计单元格里面abc和500的个数，就可以使用COUNTIFS函数了。

举个例子，要统计表格中CDROM产品并且产地在US的次数，COUNTIFS函数就派上用场了，这个函数用起来很简单，输入=COUNTIFS(A1:A500,"CDROM",B1:B500,"US")，这就是多条件的计数了，如图12-11和图12-12所示。

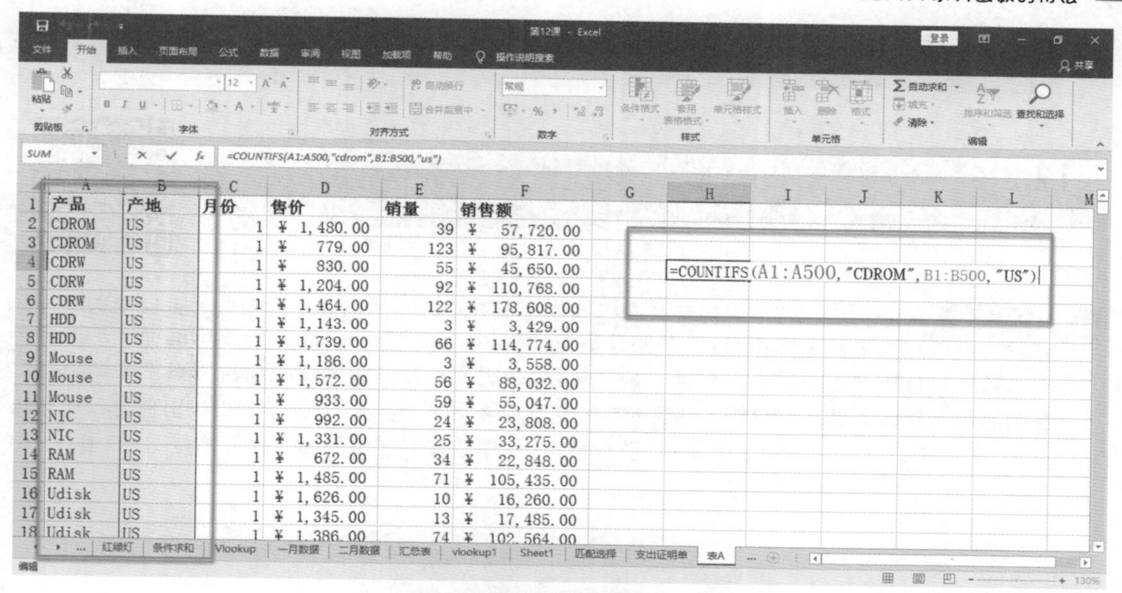

图12-11 COUNTIFS函数的运用

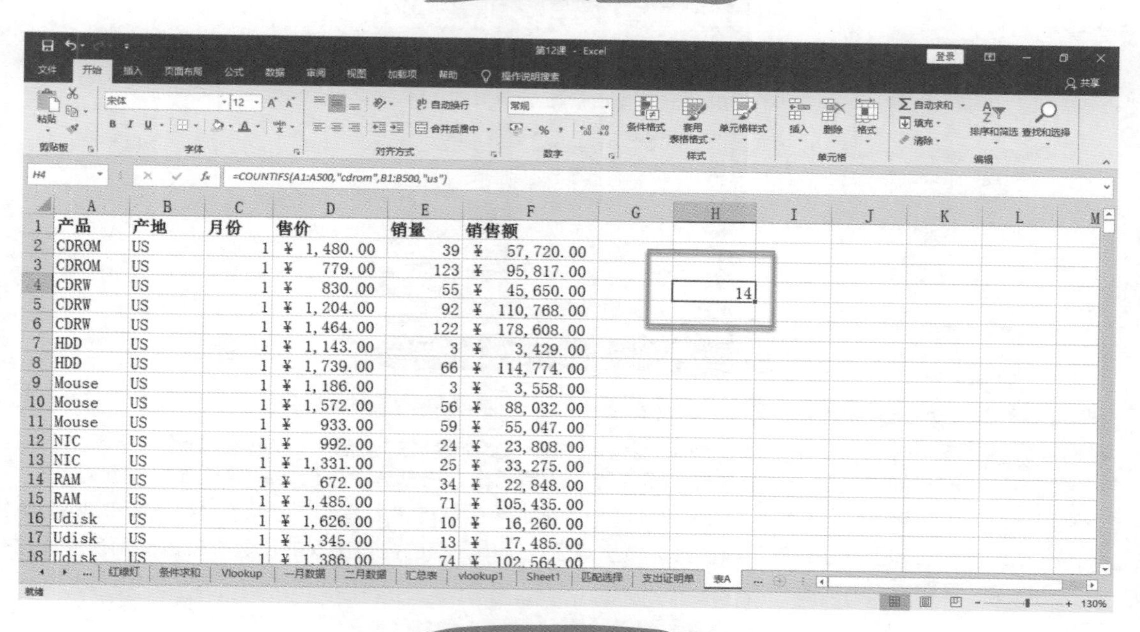

图12-12 统计出结果为14

凯旋：好用是好用，可还是没解决我最开始的问题啊。

张老师：马上就到你的问题了。

12.2 无论筛选什么省份，编号都从1开始

张老师：讲完了COUNT系列函数，我们回到本课开头你提的问题，你希望“无论筛选到什么省份，希望它左边的编号都是从1开始往下编码的”，对吧？我先用一个简单的操作来说明一下，如果我直接“手动输入”的话，那么第1个“上海市”左边的编号是1，第1个“湖南省”左边的编号应该也是1，第1个“江苏省”左边也必然是1，当“江苏省”第2次出现时，就意味着第2个“江苏省”左边的编号是2，那么第2个“湖南省”左边的编号也应该是2，如图12-13所示。

	A	B	C
1	NO	省份	城市/区
2	1	上海市	静安
3	1	湖南省	长沙
4	1	江苏省	苏州
5	2	江苏省	镇江
6	1	北京市	顺义
7	2	湖南省	株洲
8	1	山东省	济南
9	2	上海市	长宁
10	3	上海市	黄浦
11	4	上海市	浦东
12		湖南省	岳阳
13		北京市	西城
14		江苏省	扬州
15		北京市	东城
16		浙江省	台州

图12-13 “手动”给各省各市编号

凯旋：对对对，就要这个样子，可我总不能一个个地手动输入吧？

张老师：别着急，听我慢慢讲给你，逻辑非常简单。如图12-14所示，我们拿第2个“上海市”打比方吧，B2单元格是第一个上海市，那么到了B9单元格，它左边的单元格A9应该显示的编码是2，对不对？这实际上就是在统计选中的B2~B9单元格这个区域内“上海市”出现的次数，简单地说，A列上的编码实际上就是统计不断扩大区域里最后一个单元格的内容出现的次数，就该使用条件计数函数了，是哪一个函数呢？

	A	B	C
1	NO	省份	城市/区
2	1	上海市	静安
3		湖南省	长沙
4		江苏省	苏州
5		江苏省	镇江
6		北京市	顺义
7		湖南省	株洲
8		山东省	济南
9	2	上海市	长宁
10		上海市	黄浦
11		上海市	浦东

图12-14 以“上海市”为例

凯旋：我知道，统计一个单元格内容在这个区域里出现的次数就用前面讲的COUNTIF函数。

张老师：没错，所以这个编号可以这么写，这是一个很有趣的COUNTIF函数的应用。先在A9单元格里面写=COUNTIF(B2:B9,B9)，再按Enter键，马上数字2就出现了，如图12-15所示。

A9 =COUNTIF(B2:B9,B9)

	A	B	C
1	NO	省份	城市/区
2		上海市	静安
3		湖南省	长沙
4		江苏省	苏州
5		江苏省	镇江
6		北京市	顺义
7		湖南省	株洲
8		山东省	济南
9	2	上海市	长宁
10		上海市	黄浦
11		上海市	浦东
12		湖南省	岳阳
13		北京市	西城
14		江苏省	扬州
15		北京市	东城
16		浙江省	台州

图12-15 COUNTIF函数的运用

也就是说，如果我再往下拉，出现的第3个“上海市”前面应该是3，第4个“上海市”前面就是4，对不对？我们往下拉，你有没有发现出现的第3个“上海市”前面还是2（如图12-16所示），这是为什么呢？

	A	B	C
1	NO	省份	城市/区
2		上海市	静安
3		湖南省	长沙
4		江苏省	苏州
5		江苏省	镇江
6		北京市	顺义
7		湖南省	株洲
8		山东省	济南
9	2	上海市	长宁
10	2	上海市	黄浦
11	3	上海市	浦东
12		[illegible]南省	岳阳
13		北京市	西城
14		江苏省	扬州

图12-16　第3个“上海市”前面还是2

我们双击A10单元格来看一下，如图12-17所示，这时你会发现当我双击A10以后，整个区域从B3开始了，这时候往下拉，区域也在往下移动，这是什么问题，凯旋你还记得吗？

	A	B	C	D
1	NO	省份	城市/区	
2		上海市	静安	
3		湖南省	长沙	
4		江苏省	苏州	
5		江苏省	镇江	
6		北京市	顺义	
7		湖南省	株洲	
8		山东省	济南	
9	2	上海市	长宁	
10	=COUNTIF(B3:B10,B10)			
11	3	上海市	浦东	
12		湖南省	岳阳	
13		北京市	西城	
14		江苏省	扬州	
15		北京市	东城	

图12-17　没有锁定区域

凯旋：当然记得，这是因为没有锁定（绝对引用），但是，这里并不是要锁定整个区域，而只是把区域的“起点”锁定。

张老师：很好，在这里，只锁定这个区域里表示起点的单元格B2，那么就输入=COUNTIF($B$2:B9,B9)，这个函数表示在计算以B2为起点，不断扩大区域内的，最后一个单元格的内容，在这个区域里的次数，如图12-18和图12-19所示。

	A	B	C
6		北京市	顺义
7		湖南省	株洲
8		山东省	济南
9	=COUNTIF($B$2:B9,B9)		长宁
10	2	上海市	黄浦
11	3	上海市	浦东
12		湖南省	岳阳

图12-18　锁定B2

	A	B	C
7		湖南省	株洲
8		山东省	济南
9	2	上海市	长宁
10	3	上海市	黄浦
11	4	上海市	浦东
12	3	湖南省	岳阳
13	2	北京市	西城
14	3	江苏省	扬州
15	3	北京市	东城
16		浙江省	台州
17		湖南省	常德
18		上海市	普陀
19		湖南省	张家界
20		上海市	徐汇
21		北京市	昌平
22		浙江省	金华

图12-19　向下填充

好了，如果这个听明白的话，我们回到前面，该怎么写这个函数呢？直接输入=COUNTIF($B$2:B2,B2)，这样1就出现了，接下来直接向下填充就好了。这样，能够快速把一组每个省份都以新编号的形式做出来，如图12-20和图12-21所示。

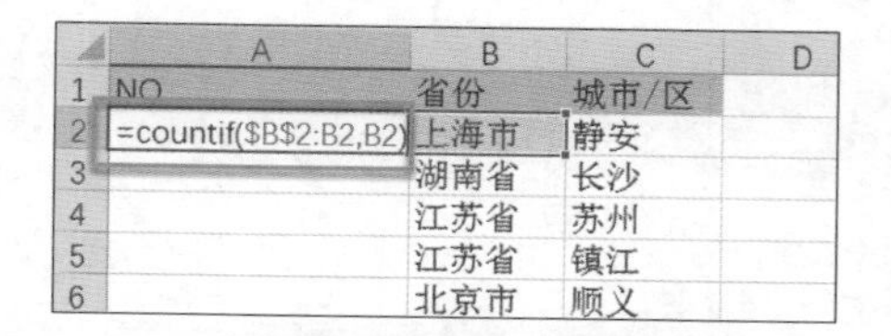

	A	B	C	D
1	NO	省份	城市/区	
2	=countif($B$2:B2,B2)	上海市	静安	
3		湖南省	长沙	
4		江苏省	苏州	
5		江苏省	镇江	
6		北京市	顺义	

图12-20　锁定B2区域

	A	B	C	D
1	NO	省份	城市/区	
2	1	上海市	静安	
3	1	湖南省	长沙	
4	1	江苏省	苏州	
5	2	江苏省	镇江	
6	1	北京市	顺义	
7	2	湖南省	株洲	
8	1	山东省	济南	
9	2	上海市	长宁	
10	3	上海市	黄浦	
11	4	上海市	浦东	
12	3	湖南省	岳阳	
13	2	北京市	西城	
14	3	江苏省	扬州	
15	3	北京市	东城	
16	1	浙江省	台州	

图12-21　填充后所有各省的城市按顺序编号

张老师：凯旋，接下来验证一下，能否得到我们想要的效果。单击“数据”选项卡“排序和筛选”组中的“筛选”按钮，此时我筛选的省份为“湖南省”，你会发现左边的编号是从1~6；选择“山东省”，编号依然是1~6，所以，用COUNTIF函数，就能够实现一个“不重复编号”的设定。筛选完成后，只要把筛选出来的结果直接复制粘贴到对应的区域里就好了，如图12-22~图12-24所示。

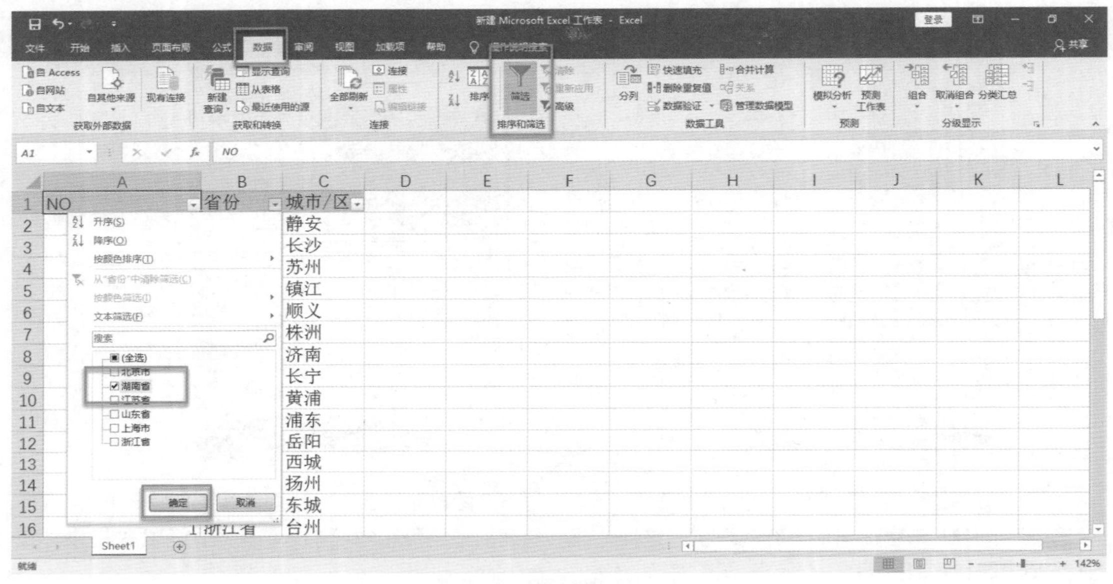

图12-22 筛选省份

	A	B	C
1	NO	省份	城市/区
3	1	湖南省	长沙
7	2	湖南省	株洲
12	3	湖南省	岳阳
17	4	湖南省	常德
19	5	湖南省	张家界
32	6	湖南省	湘潭

图12-23 “湖南省”编号按顺序排列

	A	B	C
1	NO	省份	城市/区
8	1	山东省	济南
24	2	山东省	烟台
25	3	山东省	青岛
27	4	山东省	日照
36	5	山东省	潍坊
37	6	山东省	威海

图12-24 “山东省”编号按顺序排列

凯旋：这一招也太酷了，没想到COUNTIF函数还能这么用。

本节课主要讲了两个方面的内容：

第一，介绍了COUNT家族五大函数的特点。

第二，教给大家无论筛选哪个省份，编号都从1开始的技巧。

第13课

复杂条件的查询VLOOKUP照样能胜任

张老师，还是上次省份对应城市的表格，这次又有新情况出现了，我搞不定。

哦，什么情况？

现在经理需要看到的表格是，省份单独成一列，每个省份的城市都放在其右边一行里，让人一目了然，如图13-1所示。

这不难啊，我来教教你。

上海市	静安	长宁	黄浦	浦东	普陀	徐汇
湖南省	长沙	株洲	岳阳	常德	张家界	湘潭
江苏省	苏州	镇江	扬州	无锡	常州	#N/A
北京市	顺义	西城	东城	昌平	海淀	朝阳
山东省	济南	烟台	青岛	日照	潍坊	#N/A
浙江省	台州	金华	杭州	绍兴	义乌	温州

图13-1　城市汇总表

13.1 没有“唯一”索引条件，就创建“唯一”项

张老师： 在上一课里面我们已经给每一个省份做了各自不重复的编号，接下来要做的是把省份或者直辖市列出来，然后把每个省份或直辖市对应的城市或者区写在它的后面。凯旋，你之前是如何操作的？

凯旋： 将省份进行筛选，然后把筛选出来的结果复制，然后用“选择性粘贴-转置”的方式，粘贴到目标位置。但这样的操作太麻烦了，我可不想这么做。

张老师： 不知道你有没有发现，我们左边的表是“数据表”状态，而需要我们完成的表格则是一个“报表”状态，在这个报表中，标题列是每一个省份或直辖市的名称，右边要写每一个省份或直辖市对应的城市，我们输入1、2、3、4、5、6作为这个报表的行标题，如图13-2所示。

	A	B	C
2	1	上海市	静安
3	1	湖南省	长沙
4	1	江苏省	苏州
5	2	江苏省	镇江
6	1	北京市	顺义
7	2	湖南省	株洲
8	1	山东省	济南
9	2	上海市	长宁
10	3	上海市	黄浦
11	4	上海市	浦东
12	3	湖南省	岳阳
13	2	北京市	西城
14	3	江苏省	扬州
15	3	北京市	东城
16	1	浙江省	台州
17	4	湖南省	常德
18	5	上海市	普陀

	1	2	3	4	5	6
上海市						
湖南省						
江苏省						
北京市						
山东省						
浙江省						

图13-2 给城市汇总

凯旋： 这也就是说，我们要做的事情就是把一张“数据表”转换成一张“报表”。

张老师： 孺子可教也，没错，这是我在课程刚开始的时候说的，我们在使用Excel进行数据分析的时候，大部分的操作本质上都是把“数据表”转换成“报表”。

凯旋： 那到底应该怎么做呢？

张老师： 如图13-3所示，不知道你有没有想起来我们在10.1节如何使用VLOOKUP函数进行多对1查询时所讲的“大林店和对应的不同奶制品”的这样一个表格呢？我们当时是把两个表格用了“&”（文本连接符）的方式增加了“辅助列”，凯旋，还有印象吗？

	1	2	3	4	5	6
上海市						
湖南省						
江苏省						
北京市						
山东省						
浙江省						

	纯牛奶	乳酸饮料	酸牛奶	奶茶	奶片
大林店	B	C	A	A	A
金井店	B	D	C	A	C
和平路店	A	C	D	B	D
新阳路店	D	A	B	C	A
解放路店	A	D	D	B	D
延安路店	D	A	C	D	C
四桥店	D	A	B	C	B
古尖店	A	B	C	B	B
东单店	A	A	C	C	A

图13-3　设计好表格

凯旋：我知道了，就是说现在这个例子，我们可以使用相同的方法来操作，如图13-4所示，在上一节课中给了每个省份不重复的编号。虽然，这个表格里面编号列有重复的数字，省份列也有重复信息，但是，如果把“上海市”跟1连接，也就是“上海市1”则是唯一的信息，同理，“湖南省1”也只有一条记录。根据前面第10课10.1节所讲的VLOOKUP函数的多条件查询，就可以解决我的问题了。

No	省份	城市/区
1	上海市	静安
1	湖南省	长沙
1	江苏省	苏州
2	江苏省	镇江
1	北京市	顺义
2	湖南省	株洲
1	山东省	济南
2	上海市	长宁
3	上海市	黄浦
4	上海市	浦东

图13-4　前一节进行编号后的表格状态

张老师：好，那你来操作一下。

凯旋：先插入一列，这列作为“辅助列”，在这个“辅助列”里面输入=C2&B2，这样就把城市名称和编号连接在一起了，那么，现在的A列（辅助列）就是唯一项了，不存在重复信息，接下来我们再用VLOOKUP函数进行查询的时候，就是以A列为首列，查询的区域是从A~D这个区域。那么，根据前面学习的内容，我先把区域选中，并命名为DATA，接下来我要找的结果就是DATA这个区域里第4列的结果了，如图13-5和图13-6所示。

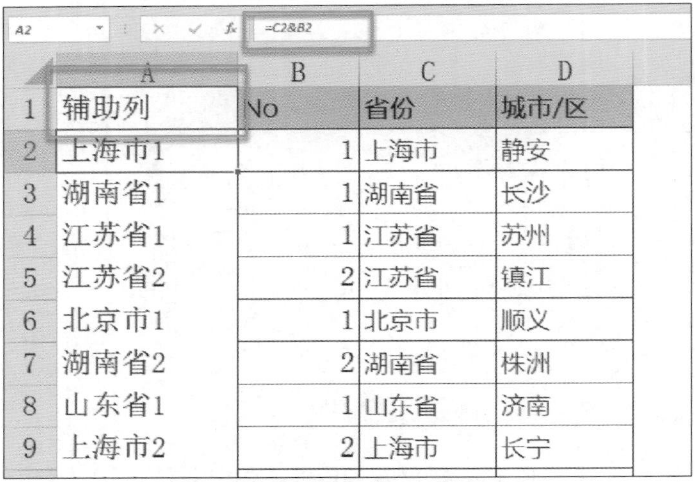

A2 =C2&B2

	A	B	C	D
1	辅助列	No	省份	城市/区
2	上海市1	1	上海市	静安
3	湖南省1	1	湖南省	长沙
4	江苏省1	1	江苏省	苏州
5	江苏省2	2	江苏省	镇江
6	北京市1	1	北京市	顺义
7	湖南省2	2	湖南省	株洲
8	山东省1	1	山东省	济南
9	上海市2	2	上海市	长宁

图13-5　插入“辅助列”连接C2和B2

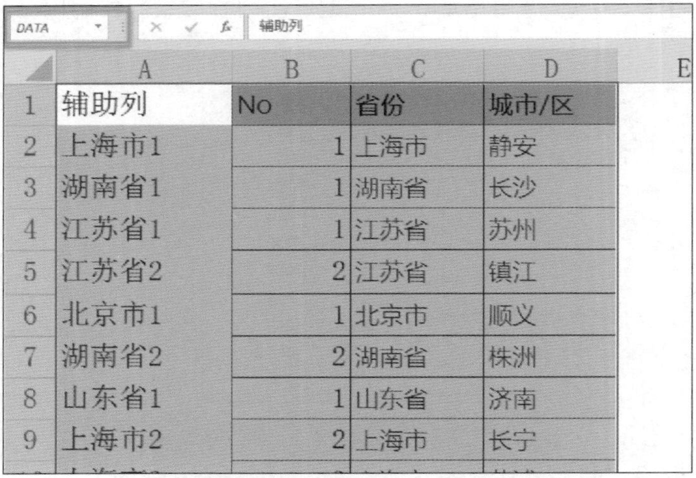

DATA 辅助列

	A	B	C	D	E
1	辅助列	No	省份	城市/区	
2	上海市1	1	上海市	静安	
3	湖南省1	1	湖南省	长沙	
4	江苏省1	1	江苏省	苏州	
5	江苏省2	2	江苏省	镇江	
6	北京市1	1	北京市	顺义	
7	湖南省2	2	湖南省	株洲	
8	山东省1	1	山东省	济南	
9	上海市2	2	上海市	长宁	

图13-6　给区域命名为DATA

张老师：没错，你做的很对。接下来呢？

凯旋：接下来换到左边的报表里来，我们就这样输入=VLOOKUP($H11&I$10,DATA,4,0)需要注意的是，在做这个连接的时候，由于是报表的计算，$H11单元格要锁定列标字母，而上面的行标题要锁定行号数字I$10。这样结果就都出现了，如图13-7所示。

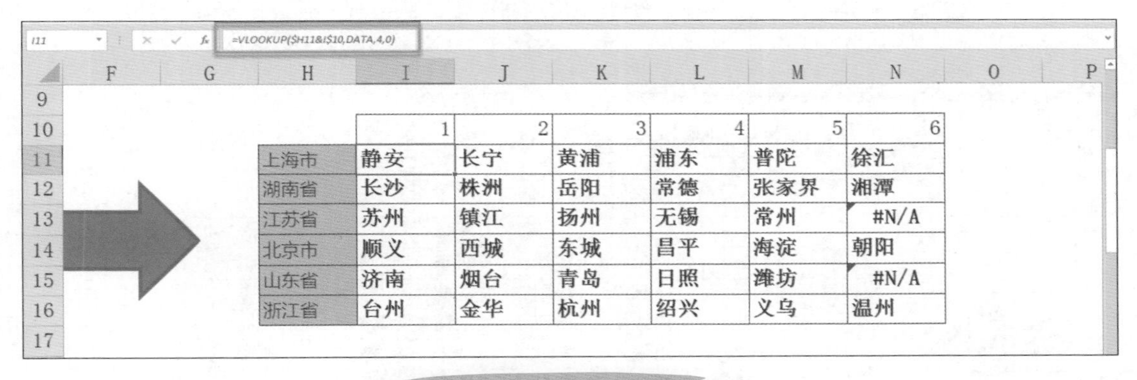

	1	2	3	4	5	6
上海市	静安	长宁	黄浦	浦东	普陀	徐汇
湖南省	长沙	株洲	岳阳	常德	张家界	湘潭
江苏省	苏州	镇江	扬州	无锡	常州	#N/A
北京市	顺义	西城	东城	昌平	海淀	朝阳
山东省	济南	烟台	青岛	日照	潍坊	#N/A
浙江省	台州	金华	杭州	绍兴	义乌	温州

图13-7 使用VLOOKUP函数生成报表

13.2 如何隐藏#N/A，让表格看着更舒服

张老师：凯旋，当你继续往右拉（填充）时，出现了结果是#N/A的单元格，那是因为已经没有数据了，如图13-8所示。这里我有个问题，如果在一个表格里面存在了#N/A和非#N/A混合的情况，但我不想看到#N/A，这时该怎么办呢？

	1	2	3	4	5	6
上海市	静安	长宁	黄浦	浦东	普陀	徐汇
湖南省	长沙	株洲	岳阳	常德	张家界	湘潭
江苏省	苏州	镇江	扬州	无锡	常州	#N/A
北京市	顺义	西城	东城	昌平	海淀	朝阳
山东省	济南	烟台	青岛	日照	潍坊	#N/A
浙江省	台州	金华	杭州	绍兴	义乌	温州

图13-8 没有对应数据会出现#N/A

凯旋：这我还真不知道，您快告诉我该如何隐藏这些#N/A吧。

张老师：其实也不难，我们需要使用另一个函数，这个函数的名字叫IFNA，我直接在VLOOKUP函数前面输入=IFNA(VLOOKUP($H11&I$10,DATA,4,0)," ")，这个函数表示如果单元格的内容是#N/A的话，那么我们可以显示什么呢？在IFNA函数中，第一个参数表示判定条件，此时我们的判定条件就是VLOOKUP函数了。倘若结果真的是#N/A的话，我们可以直接输入“”，表示显示为空，此时我们再填充，你就会发现，刚才显示#N/A的单元格，现在显示的内容就为空了，如图13-9所示。

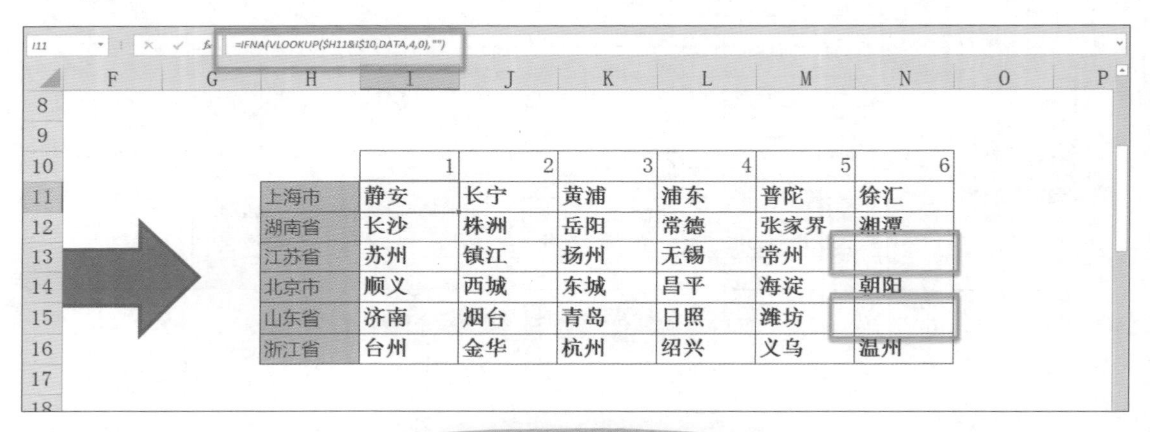

图13-9 使用IFNA函数隐藏#N/A

凯旋：这样看着就舒服多了。

13.3 如何快速删除重复项

凯旋：张老师，我还有个问题，您是怎样快速对省份信息删除重复项的？

张老师：这个操作很简单，如图13-10和图13-11所示，我们只要选中数据表中表示省份信息的C列，然后复制粘贴到Q列上来，接着，选中Q列，单击“数据”选项卡“数据工具”组中的“删除重复值”按钮，在弹出的“删除重复值”对话框中单击“确定”按钮，这样我们就可以把重复的信息删除了。是不是很简单呢？

所以，现在大家就了解了，无论是多条件的查询还是单条件的查询，都可以用VLOOKUP函数来完成；如果是多条件的查询，我们可以配合COUNTIF函数和“&”（文本连接符）来帮助我们完成。

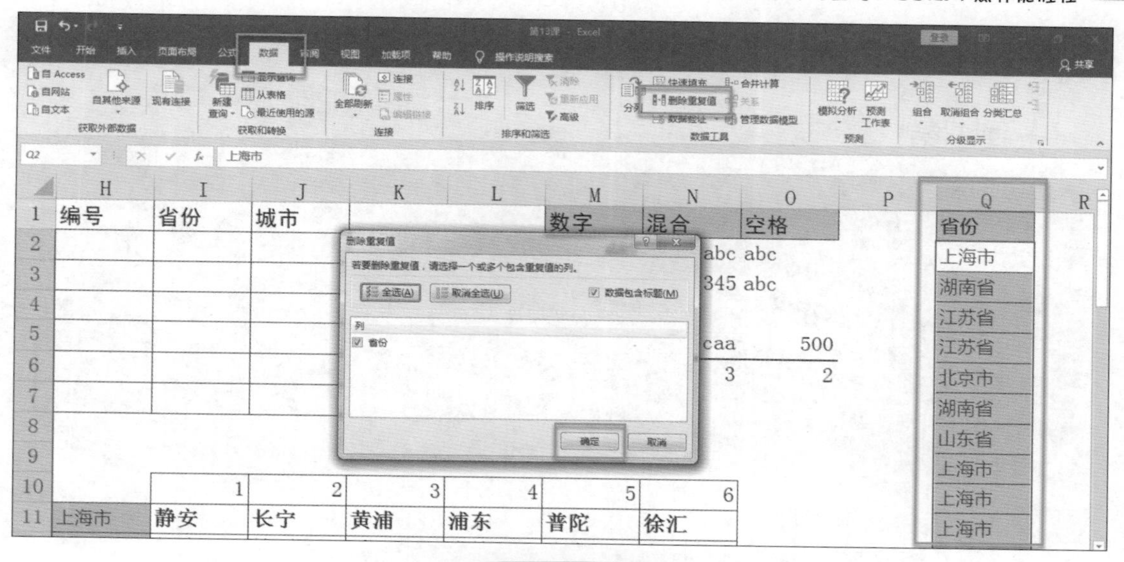

图13-10　删除重复值

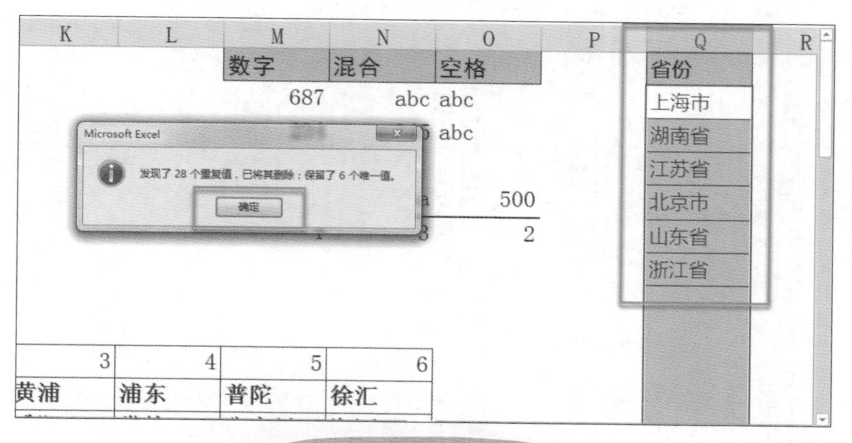

图13-11　成功删除重复信息

凯旋：现在我都了解了，函数的活学活用才是最重要。

本课小结：

本节课主要讲了在没有“唯一”匹配项的情况下，如何进行“查询”和“比对”。主要包括以下3个方面的内容：

第一，用&创建一个“唯一”索引项。

第二，用IFNA函数隐藏结果为#N/A的单元格。

第三，如何快速删除重复项。

相信学过这一课后，再使用VLOOKUP函数进行查询，就会轻松、快捷多了。

第14课

【进阶】创建联动的下拉列表

昨天把表格做好之后，经理看了很满意，还当场表扬我了呢。

哈哈，原来如此，那我先恭喜你了。

只是如果想在表格中创建能够联动的下拉列表，我还是做不出来。

你想达到什么效果呢？

就拿上一节课的表格为例，我想做一个二级联动的下拉列表。在第1级下拉列表中选择省份，在联动的第2级下拉列表中选择具体的城市，其中各城市必须是左边选定省份对应的城市。例如，如果我选了“湖南省”，那么“湖南省”后面单元格的下拉列表里出现的只能是“湖南省”对应的城市。

我明白了，这也很简单！

哈哈，我就知道张老师肯定会，请赐教！

好吧，看在你这么好学的份上，我就再教你几招。

14.1 创建前后联动的下拉列表

先来看一个例子，这里有一个数据表，标题行就是“省份”和“城市”，如图14-1所示。

图14-1 匹配选择的表格

凯旋：等等，这是要做什么啊？

张老师：别急嘛。还记得之前提到的“数据验证”功能吗？你提出的要求都跟“数据验证”功能有关。如要制作下拉列表，首先要有一个数据源。这里的数据源就是上一节课生成的表格中的“省份”这一列。首先在上一节课生成的表格中选中“省份”下面的区域，将其命名为SF。具体操作方法是：选中区域，单击名称框，输入SF，然后按Enter键，名称就取好了，如图14-2所示。

SF	上海市	
	H	I	J

	H	I	J
10		1	
11	上海市	静安	长宁
12	湖南省	长沙	株洲
13	江苏省	苏州	镇江
14	北京市	顺义	西城
15	山东省	济南	烟台
16	浙江省	台州	金华

图14-2　将“省份”下面的区域命名为SF

凯旋：这我还记得，关键是接下来怎么做呢？

张老师：回到当前要操作的表格，选中“省份”区域，单击“数据”选项卡“数据工具”组中的“数据验证”按钮，弹出“数据验证”对话框，在“允许”下拉列表框中选择“序列”，在下方“来源”参数框中输入=SF，然后单击“确定”按钮，如图14-3所示。这时，在“省份”列的单元格右侧出现了下拉按钮，单击下拉按钮，就可以看到每个省份的信息就出现在下拉列表中了，如图14-4所示。

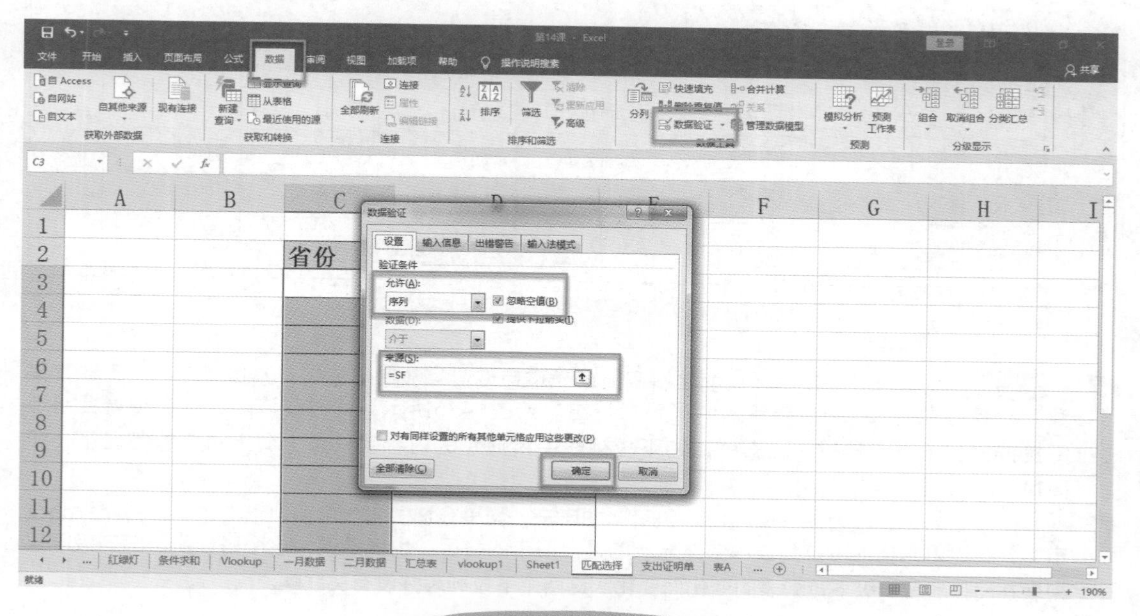

图14-3　设置下拉列表

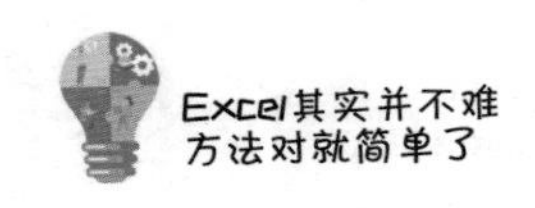

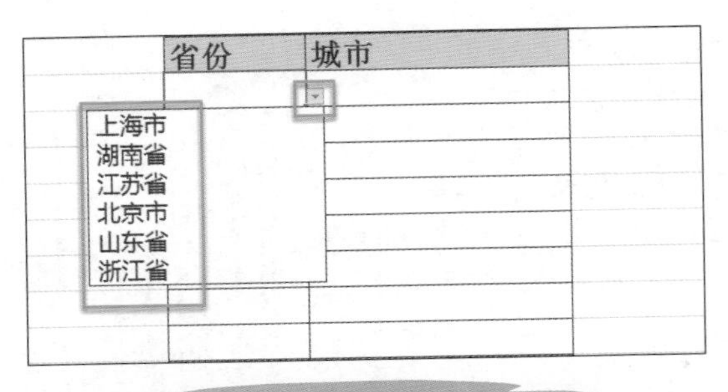

图14-4　下拉列表中出现省份

如果在“省份”下拉列表中选择“上海市”，那么在“上海市”右边单元格出现的下拉列表中只能看到报表中“上海市”所对应的区，对吧？按照刚才的逻辑，最简单的方法就是把“上海市”后面的各区选中，然后为它命名。叫什么名字比较好？

凯旋：这简单，就叫SH吧，如图14-5所示。

SH　=IFNA(VLOOKUP($H11&I$10,data,4,0),"")

	H	I	J	K	L	M	N
10		1	2	3	4	5	6
11	上海市	静安	长宁	黄浦	浦东	普陀	徐汇
12	湖南省	长沙	株洲	岳阳	常德	张家界	湘潭
13	江苏省	苏州	镇江	扬州	无锡	常州	
14	北京市	顺义	西城	东城	昌平	海淀	朝阳
15	山东省	济南	烟台	青岛	日照	潍坊	
16	浙江省	台州	金华	杭州	绍兴	义乌	温州

图14-5　将上海市的区域命名为SH

张老师：我看可以。接着我只要在右侧的单元格里设置“数据验证”，选择“序列”，在“来源”参数框中输入=SH，再单击“确定”按钮。如图14-6所示。此时在该单元格右侧就会出现下拉按钮。单击下拉按钮，在弹出的下拉列表中所显示的内容就只是上海市对应的各区了，如图14-7所示。

凯旋：张老师，我发现一个问题。如图14-8所示，如果我把“省份”由“上海市”改成了“北京市”，右边单元格的下拉列表中依然显示的是上海市的各区。也就是说，这个时候所谓的二级下拉列表并没有随着一级下拉列表的变化而变化，这两个下拉列表并没有关联啊。

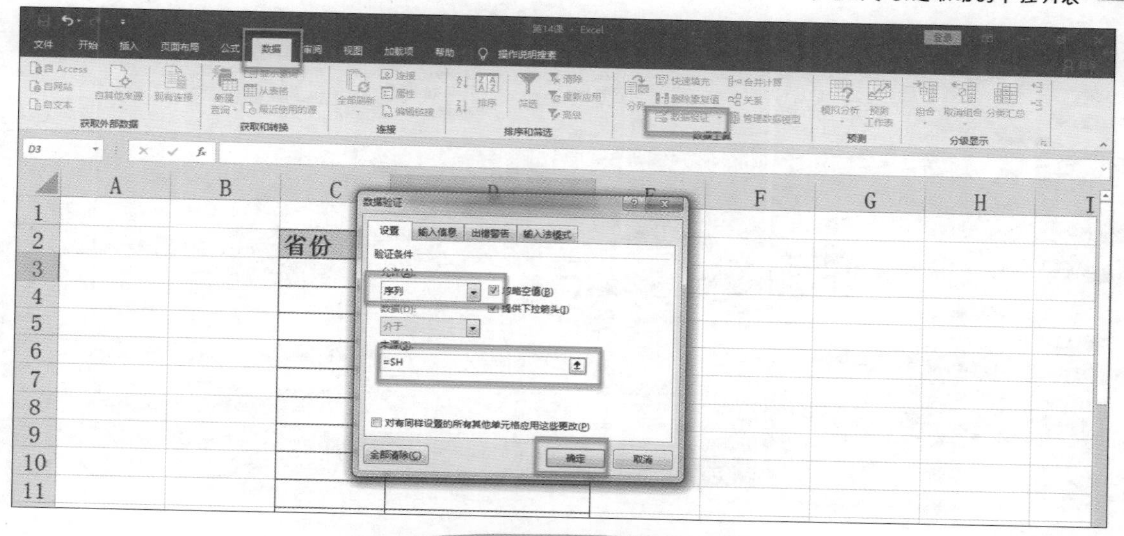

图14-6　给上海市创建下拉列表

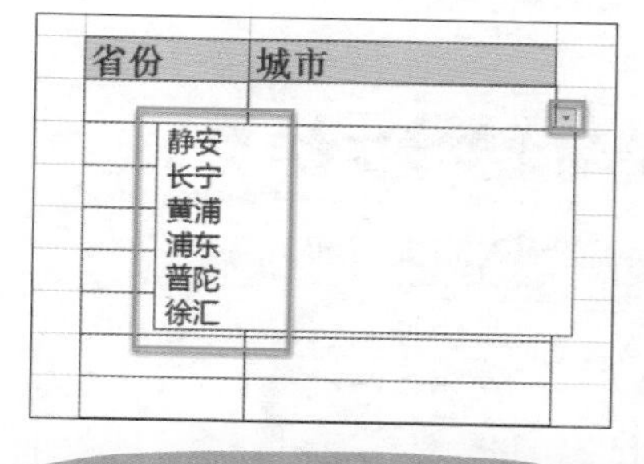

图14-7　下拉列表中出现上海市各区

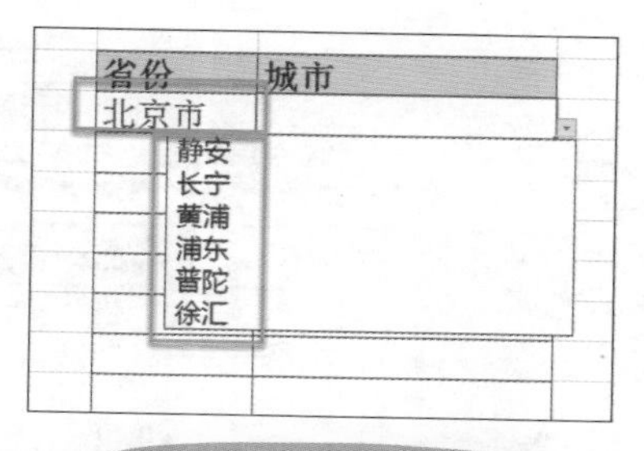

图14-8　省份与城市不匹配

张老师：嗯，没错。接下来我们要做的，就是要把这两个下拉列表关联起来。首先把刚才的“数据验证”删除。具体操作方法是：先选中刚才设定的“数据验证”区域，单击“数据”选项卡“数据工具”组中的“数据验证”按钮，在弹出的“数据验证”对话框中单击左下角的“全部清除”按钮，然后单击“确定”按钮，即可将其全部删除，如图14-9所示。

在这里将“上海市”后面的各区也就是刚才被我们命名为SH的单元格区域的名称改为“上海市”，如图14-10所示。

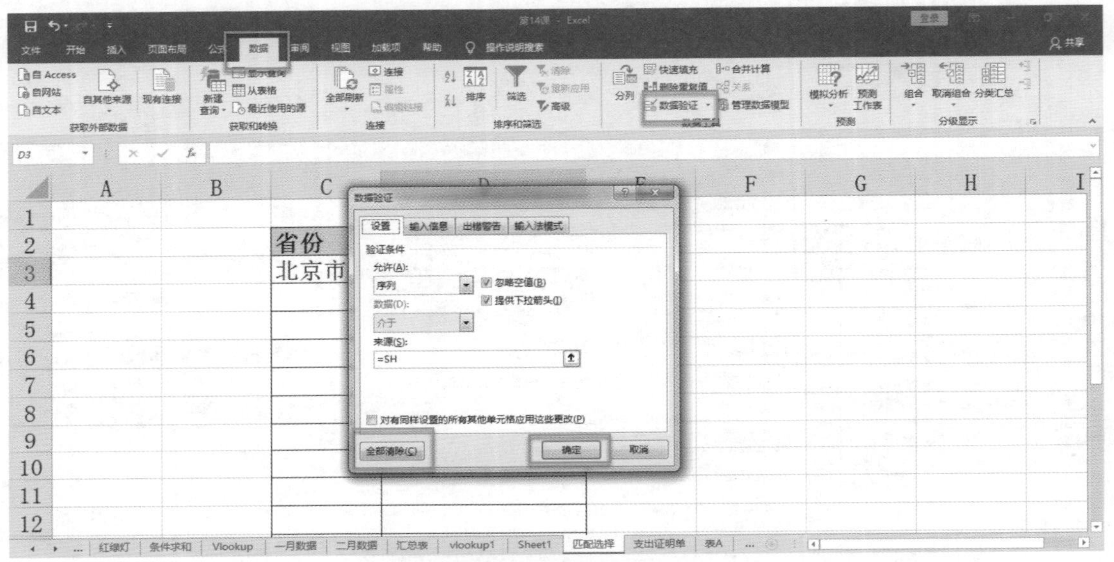

图14-9 删除“数据验证”

上海市 =IFNA(VLOOKUP($H11&I$10,data,4,0),"")

	H	I	J	K	L	M	N
10		1	2	3	4	5	6
11	上海市	静安	长宁	黄浦	浦东	普陀	徐汇
12	湖南省	长沙	株洲	岳阳	常德	张家界	湘潭
13	江苏省	苏州	镇江	扬州	无锡	常州	
14	北京市	顺义	西城	东城	昌平	海淀	朝阳
15	山东省	济南	烟台	青岛	日照	潍坊	
16	浙江省	台州	金华	杭州	绍兴	义乌	温州

图14-10 将区域改名为“上海市”

张老师：还记得如何删除“名称”吗？

凯旋：当然记得！删除“名称”是这样操作的，单击“公式”选项卡“定义的名称”组中的“名称管理器”按钮，在弹出的“名称管理器”对话框中选中SH，然后单击上方的“删除”按钮，即可将其删除，如图14-11所示。接下来我把“上海市”后面的单元格区域选中，将其命名为“上海市”。

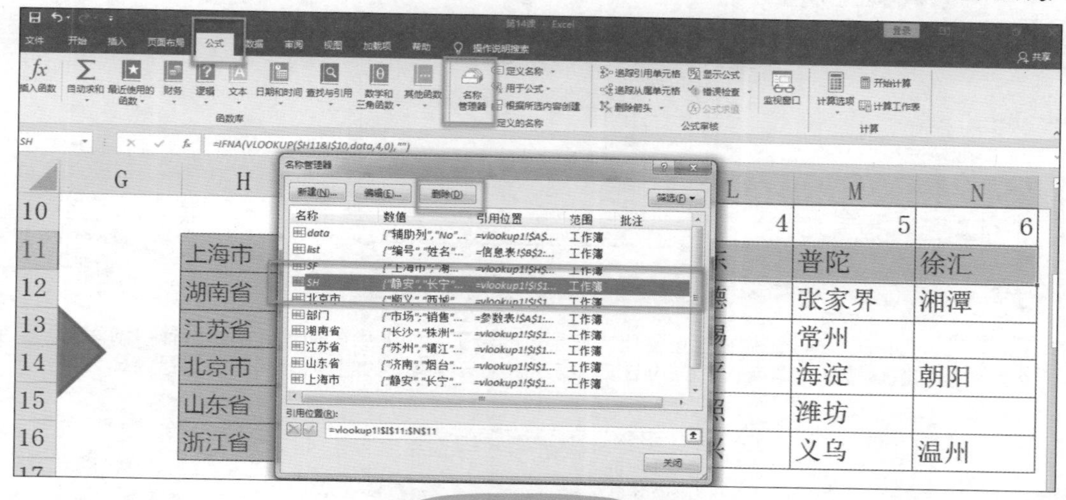

图14-11 删除“名称”

凯旋：可是，接下来该怎么进行关联呢？

张老师：回到要设置关联下拉列表的表格中来。在“省份”下拉列表中选择“上海市”，然后选中其右侧的“城市”单元格，进行“数据验证”的设置。

单击“数据”选项卡“数据工具”组中的“数据验证”按钮，在弹出的“数据验证”对话框中选择“设置”选项卡，在“允许”下拉列表框中选择“序列”，在“来源”参数框中输入=INDIRECT(C3)（C3就是左边表示省份信息的单元格坐标）。还记不记得在前几节课中提到的一个函数——INDIRECT函数呢？当要把单元格的内容转换成名称的时候，应当使用INDIRECT函数。这就意味着把C3单元格里的内容转换成名称来使用。最后，单击“确定”按钮，如图14-12所示。此时就会发现上海市对应的各区就出现了，如图14-13所示。

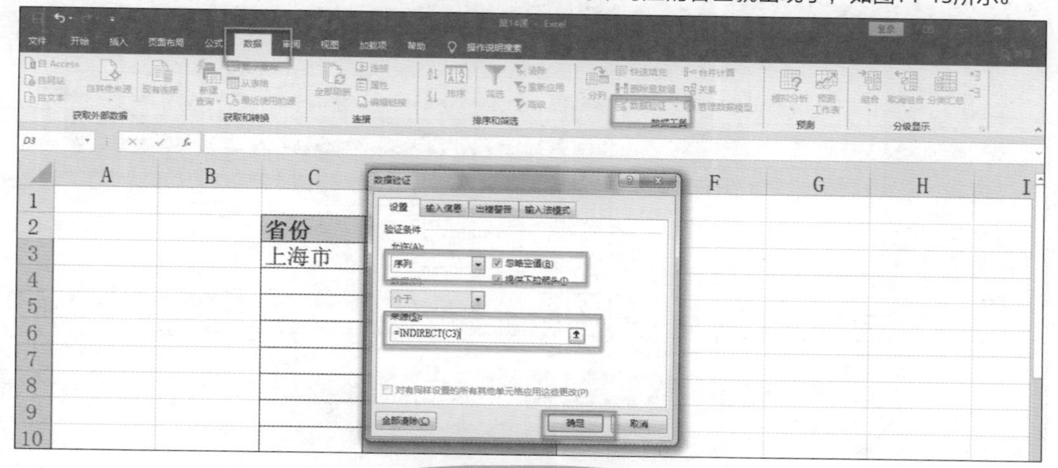

图14-12 使用INDIRECT函数

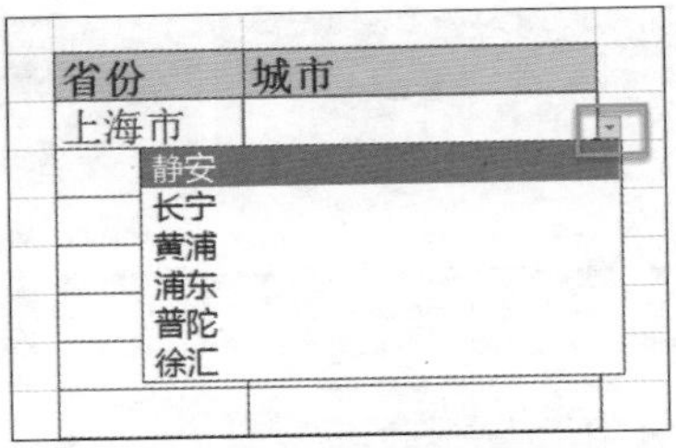

省份	城市
上海市	

静安
长宁
黄浦
浦东
普陀
徐汇

图14-13 “上海市”下拉列表中出现上海市各区

凯旋：INDIRECT函数还能在这里使用，真是太神奇了。如果我在C4单元格里选择“湖南省”，那么所对应的区域就是“湖南省”的城市了。咦？怎么不行啊，如图14-14所示。这是为什么呢？

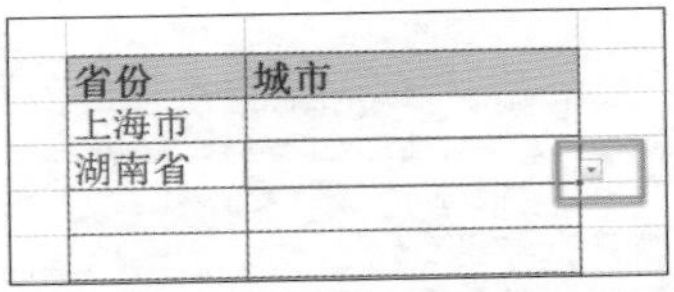

省份	城市
上海市	
湖南省	

图14-14 “湖南省”下拉列表中没有湖南省的城市

张老师：当然没有内容，因为我们并没有给数据源中的“湖南省”后面的单元格区域命名啊。此时要做的第2个操作就是，在数据源中将“湖南省”后面的城市选中，然后单击名称框，输入“湖南省”，然后按Enter键，如图14-15所示。现在，在“湖南省”下拉列表中湖南省的城市就出现了，如图14-16所示。

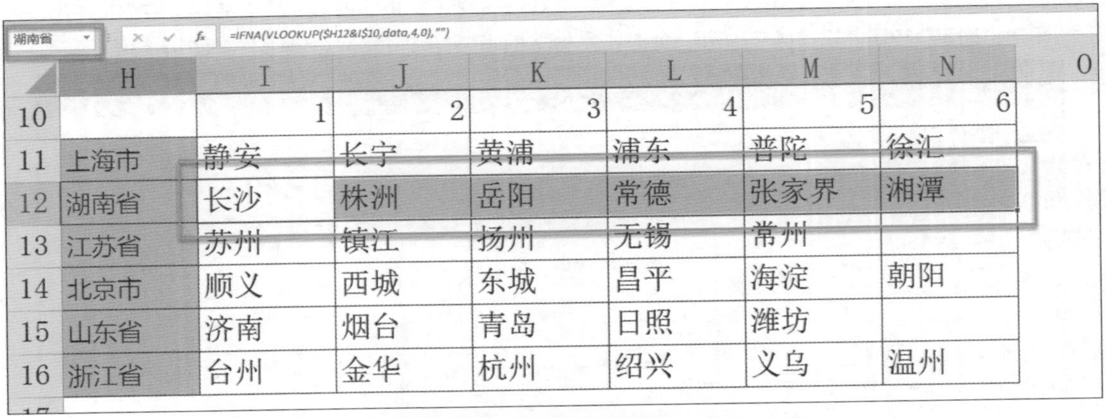

湖南省　=IFNA(VLOOKUP($H12&I$10,data,4,0),"")

	H	I	J	K	L	M	N
10		1	2	3	4	5	6
11	上海市	静安	长宁	黄浦	浦东	普陀	徐汇
12	湖南省	长沙	株洲	岳阳	常德	张家界	湘潭
13	江苏省	苏州	镇江	扬州	无锡	常州	
14	北京市	顺义	西城	东城	昌平	海淀	朝阳
15	山东省	济南	烟台	青岛	日照	潍坊	
16	浙江省	台州	金华	杭州	绍兴	义乌	温州

图14-15 给“湖南省”后面的单元格区域命名

凯旋：我发现这样操作有点麻烦。接下来我要对每个省份后面的城市区域进行“命名”，如果这样操作，工作量之大可想而知。这个例子里只有6个省份还好，如果将来出现了30个省份要命名，那该怎么办啊？

张老师：没关系，凯旋，接下来我就教你一种迅速命名的方法。

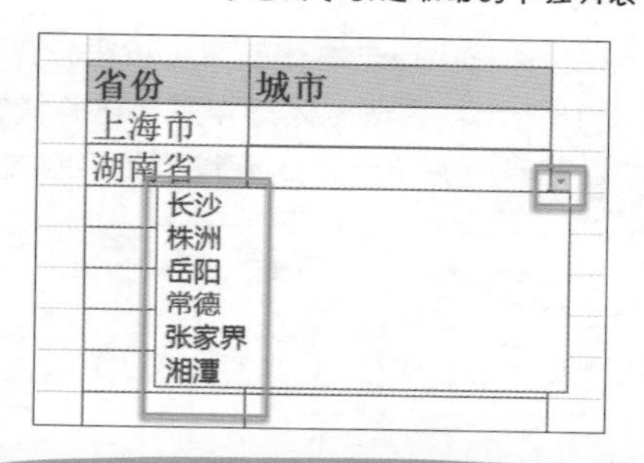

图14-16 “湖南省”下拉列表中出现湖南省的城市

14.2 批量创建名称只需2秒

张老师：我说的这种方法，只需单击几下鼠标，就可以把每一行的名称设定为该行第一个单元格的内容。

凯旋：这么酷，快教教我！

张老师：如图14-17所示，直接在数据源表中把整个数据源区域选中（注意，要保证所选区域的首列就是名称所在的列），然后单击“公式”选项卡“定义的名称”组中的“根据所选内容创建”按钮，在弹出的对话框中勾选“最左列”复选框（表示每一行的名称就是该行最左列单元格里的内容），取消勾选“首行”复选框，最后单击“确定”按钮。

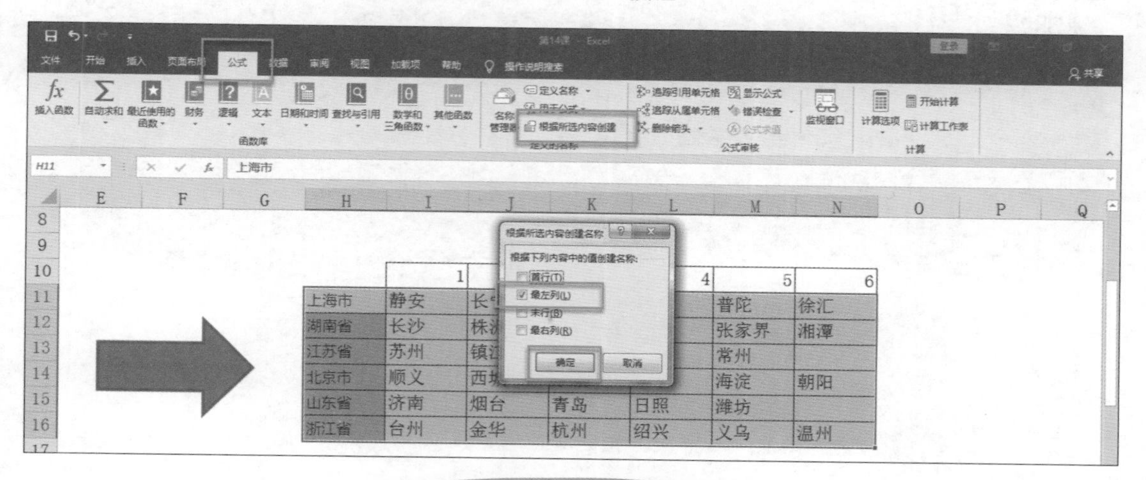

图14-17 把名称创建于最左列

在名称框中单击右侧的下拉按钮，在弹出的下拉列表中可以看到每个省份的名称已经出现了，如图14-18所示。完成上述操作后，再来看看后面的关联二级下拉列表。我在C5单元格的下拉列表中选择“江苏省”，由于“江苏省”名称刚才已经生成了，所以后面的城市也就跟着出现了，如图14-19所示。

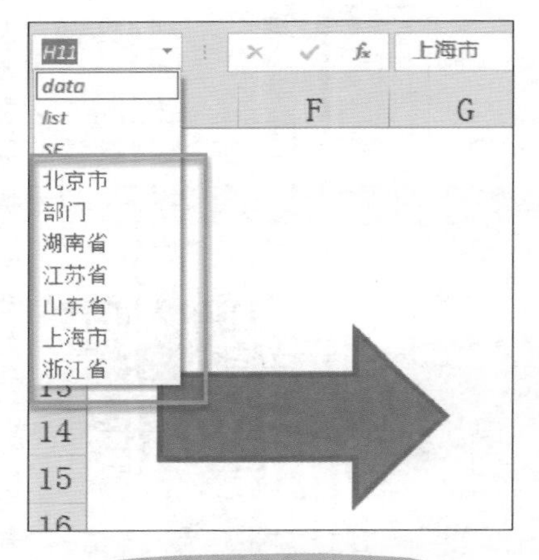

图14-18　其他省份自动取名

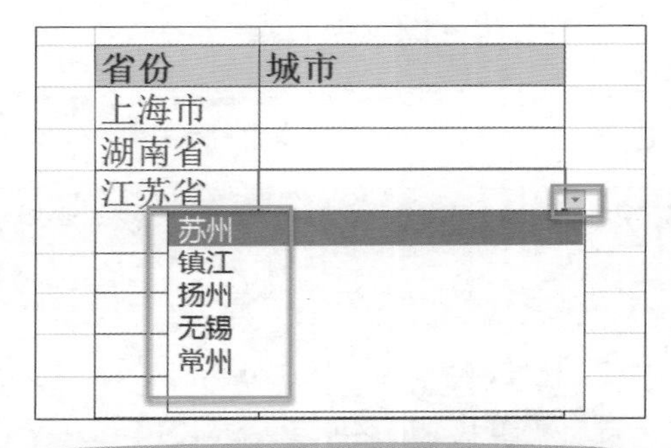

图14-19　“江苏省”下拉列表中自动出现江苏省的城市

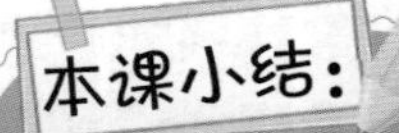
凯旋：张老师，我要赶紧去操练了。相信我一定能做出令人羡慕的联动下拉列表。

本课小结：

本节课主要讲了两个方面的内容：

第一，如何创建二级下拉列表，并且自动匹配上级下拉列表的内容。

第二，如何快速创建名称。

PART

第4部分

比“筛选”更好用的是“高级筛选”，高手必备

关于“筛选”那些不能不说的事

张老师，今天我在销售总监给我的表格中想筛选出9月A产品和10月B产品的销售情况，遇到了问题。本来我觉得挺简单的，不就是用“筛选”功能吗？结果没想到出现了很多没用的数据，我花了半个小时还没弄好，真是气死我了！

一看就知道你不会用“筛选”。

“筛选”这么简单的功能，还能玩出花儿来吗？

你可别小瞧“筛选”功能，用得好的人个个都是高手。

真的假的？张老师，请赐教吧！

好，那我就给你讲讲。

15.1 “自动筛选”的常见误区

张老师：凯旋，我先问你个问题，你觉得什么样的表格才是标准的数据表呢？

凯旋：“标准的”数据表？数据表还有“非标准”的吗？

张老师：当然了。一个表格要是“标准的”数据表的话，需要满足以下4个条件。

第一，单表头。

第二，格式是文本格式。

第三，表头单元格的内容要是不同的分类，也就是说Excel表格中每一列的信息都要是不同的分类信息。

第四，能出现合并单元格。

满足这些条件，那么这个表格就能算得上是一个数据表了。

凯旋：就一个数据表，还有这么多名堂！

张老师：哈哈，没想到吧。我们来看这个例子。这是一个数码产品的销售数据表，凯旋，你来看一下它是不是一个标准数据表，如图15-1所示。

	A	B	C	D	E	F
1	产品	产地	月份	售价	销量	销售额
2	CDROM	US	1	¥ 1,480.00	39	¥ 57,720.00
3	CDROM	US	1	¥ 779.00	123	¥ 95,817.00
4	CDRW	US	1	¥ 830.00	55	¥ 45,650.00
5	CDRW	US	1	¥ 1,204.00	92	¥ 110,768.00
6	CDRW	US	1	¥ 1,464.00	122	¥ 178,608.00
7	HDD	US	1	¥ 1,143.00	3	¥ 3,429.00
8	HDD	US	1	¥ 1,739.00	66	¥ 114,774.00
9	Mouse	US	1	¥ 1,186.00	3	¥ 3,558.00
10	Mouse	US	1	¥ 1,572.00	56	¥ 88,032.00
11	Mouse	US	1	¥ 933.00	59	¥ 55,047.00
12	NIC	US	1	¥ 992.00	24	¥ 23,808.00
13	NIC	US	1	¥ 1,331.00	25	¥ 33,275.00
14	RAM	US	1	¥ 672.00	34	¥ 22,848.00
15	RAM	US	1	¥ 1,485.00	71	¥ 105,435.00
16	Udisk	US	1	¥ 1,626.00	10	¥ 16,260.00
17	Udisk	US	1	¥ 1,345.00	13	¥ 17,485.00
18	Udisk	US	1	¥ 1,386.00	74	¥ 102,564.00

图15-1 数码产品的数据表

凯旋：那好，就用您说的几个条件来看一下，如图15-2所示。第一，它是一个单表头；第二，它的表头是文本格式；第三，它的表头类别是不同的，比如，产品和产地、月份和售价、销量和

销售额，它们之间都是不同的类别，而且表格里也没有合并单元格，所以，我认为这个表格就是一个数据表了。

	A	B	C	D	E	F
1	产品	产地	月份	售价	销量	销售额
2	CDROM	US	1	¥ 1,480.00	39	¥ 57,720.00
3	CDROM	US	1	¥ 779.00	123	¥ 95,817.00
4	CDRW	US	1	¥ 830.00	55	¥ 45,650.00
5	CDRW	US	1	¥ 1,204.00	92	¥ 110,768.00
6	CDRW	US	1	¥ 1,464.00	122	¥ 178,608.00
7	HDD	US	1	¥ 1,143.00	3	¥ 3,429.00
8	HDD	US	1	¥ 1,739.00	66	¥ 114,774.00
9	Mouse	US	1	¥ 1,186.00	3	¥ 3,558.00
10	Mouse	US	1	¥ 1,572.00	56	¥ 88,032.00
11	Mouse	US	1	¥ 933.00	59	¥ 55,047.00
12	NIC	US	1	¥ 992.00	24	¥ 23,808.00
13	NIC	US	1	¥ 1,331.00	25	¥ 33,275.00
14	RAM	US	1	¥ 672.00	34	¥ 22,848.00
15	RAM	US	1	¥ 1,485.00	71	¥ 105,435.00
16	Udisk	US	1	¥ 1,626.00	10	¥ 16,260.00
17	Udisk	US	1	¥ 1,345.00	13	¥ 17,485.00
18	Udisk	US	1	¥ 1,386.00	74	¥ 102,564.00

图15-2 数据表

凯旋：没错，那接下来我这里有3个条件要您进行筛选，先单击“数据”选项卡“排序和筛选”组中的“自动筛选”按钮，我发现很多人在使用“筛选”功能的时候，是先选中整个表，然后再单击“筛选”命令，这样的操作虽然没有问题，但是，我不知道您有没有发现，后面很多列虽然没有数据，但还是出现了筛选的箭头，如图15-3所示。

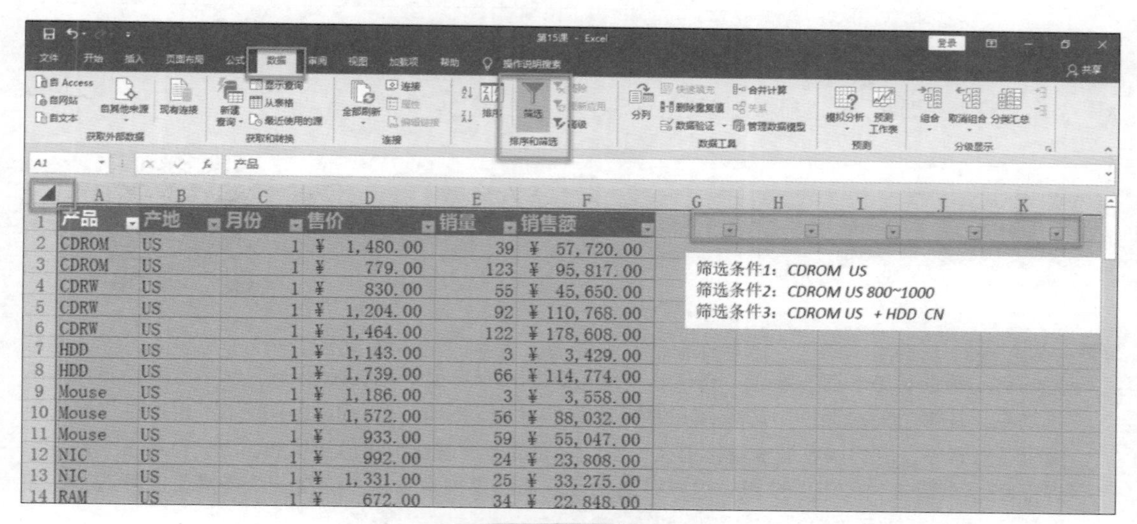

图15-3 选中整个表格进行筛选

凯旋：这个问题我也经常碰到啊，那到底什么才是正确的“筛选”做法呢？

张老师：其实，非常的简单，如图15-4所示，我们只要把鼠标定位在数据表中，也就是随便选中数据表中的某一个单元格，然后单击“数据”选项卡“排序和筛选”组中的“筛选”按钮，筛选箭头出现了，重点是只会出现在你定位的数据表中啦！接下来所要讲的“分类汇总”“数据透视表”，还有“排序”这样的功能，都不需要选中整个表，只需把单元格定位在数据表中，就可以实现自动选择数据源区域的功能了。

	A	B	C	D	E	F
1	产品	产地	月份	售价	销量	销售额
2	CDROM	US	1	¥ 1,480.00	39	¥ 57,720.00
3	CDROM	US	1	¥ 779.00	123	¥ 95,817.00
4	CDRW	US	1	¥ 830.00	55	¥ 45,650.00
5	CDRW	US	1	¥ 1,204.00	92	¥ 110,768.00
6	CDRW	US	1	¥ 1,464.00	122	¥ 178,608.00
7	HDD	US	1	¥ 1,143.00	3	¥ 3,429.00
8	HDD	US	1	¥ 1,739.00	66	¥ 114,774.00
9	Mouse	US	1	¥ 1,186.00	3	¥ 3,558.00
10	Mouse	US	1	¥ 1,572.00	56	¥ 88,032.00
11	Mouse	US	1	¥ 933.00	59	¥ 55,047.00
12	NIC	US	1	¥ 992.00	24	¥ 23,808.00
13	NIC	US	1	¥ 1,331.00	25	¥ 33,275.00
14	RAM	US	1	¥ 672.00	34	¥ 22,848.00

筛选条件1：CDROM US
筛选条件2：CDROM US 800~1000
筛选条件3：CDROM US + HDD CN

图15-4 选择数据表内任意单元格进行筛选

凯旋：原来如此，我以前怎么没注意到呢。

15.2 “自动筛选”的常见操作及技巧

张老师：当选中“筛选”以后你很快就会发现，表头的右下角会出现一个下拉箭头，这就是常见的自动筛选状态。首先看看“条件1：要筛选CDROM产品产地在美国US”，单击产品右边的下拉箭头，在弹出的对话框中选择CDROM，此时你会发现Office2010以上的版本不仅提供了多选还提供了搜索栏，这样如果搜索量特别大，也可以通过搜索来找到我们要找的信息，然后在“产地”选择US，再单击“确定”按钮，这样很快就可以把结果搜索出来，这是一个最常见的筛选了，如图15-5~图15-7所示。

图15-5　筛选“产品”

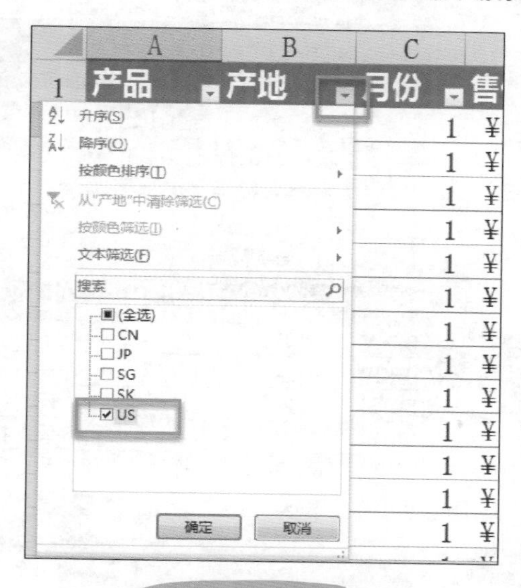

图15-6　筛选“产地”

	A	B	C	D	E	F	G	H	I
1	产品	产地	月份	售价	销量	销售额			
2	CDROM	US	1	¥ 1,480.00	39	¥ 57,720.00			
3	CDROM	US	1	¥ 779.00	123	¥ 95,817.00	筛选条件1：CDROM US		
86	CDROM	US	2	¥ 1,715.00	113	¥ 193,795.00			
87	CDROM	US	2	¥ 989.00	139	¥ 137,471.00			
169	CDROM	US	3	¥ 1,756.00	48	¥ 84,288.00			
170	CDROM	US	3	¥ 852.00	133	¥ 113,316.00			
252	CDROM	US	4	¥ 1,115.00	9	¥ 10,035.00			
253	CDROM	US	4	¥ 565.00	37	¥ 20,905.00			
254	CDROM	US	4	¥ 1,642.00	83	¥ 136,286.00			
335	CDROM	US	5	¥ 784.00	76	¥ 59,584.00			
336	CDROM	US	5	¥ 1,576.00	80	¥ 126,080.00			
337	CDROM	US	5	¥ 1,719.00	134	¥ 230,346.00			
418	CDROM	US	6	¥ 365.00	53	¥ 19,345.00			

图15-7　条件1都被筛选出来了

凯旋，我问你，如果筛选做完了，我想还原该怎么办呢？

凯旋：这个我知道。最简单的办法就是再次单击“筛选”按钮，当然这里还有一个方法可以用，你单击“数据”选项卡，在“筛选”的右上角还有一个按钮叫“清除”，单击“清除”按钮同样可以把表格还原到最初的状态，如图15-8所示。

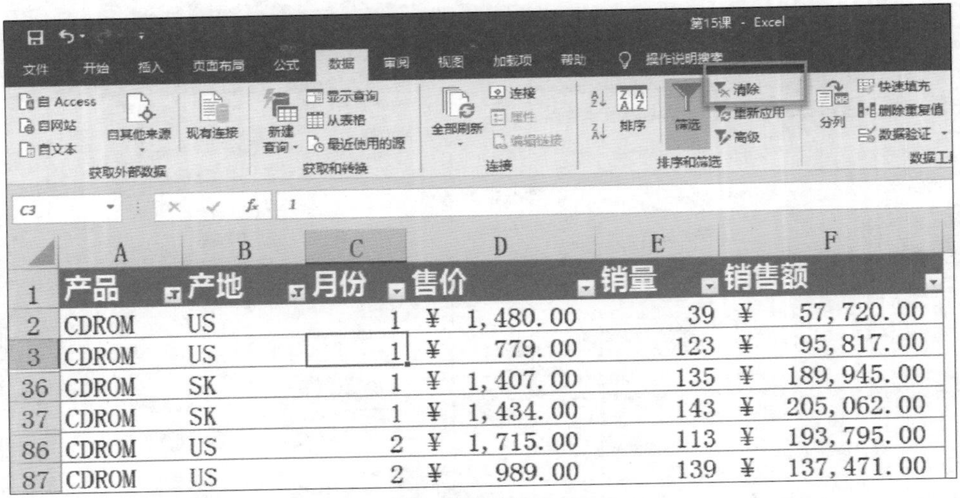

图15-8　清除筛选的按钮

张老师：没错。接下来我们来看第2个筛选条件："CDROM产地是美国，价格是800~1000"，这里唯一增加的条件是一个数据区间，这也是"自动筛选"可以帮我们做到的。

首先，在"产品"里选择CDROM；其次，在"产地"中选择US，然后单击"售价"右下角的下拉箭头，选择"数据筛选"命令，在弹出的"数字筛选"选项中选择"介于"，此时你会看到在弹出的"自定义自动筛选方式"对话框里面自动帮我们输出了"大于或等于"和"小于或等于"，800~1000就是"与"的关系。我们只需在"大于或等于"后面的栏里输入800，在"小于或等于"后面的栏里输入1000；最后，单击右下角的"确定"按钮。此时，CDROM品产地US，售价是800~1000的数据就被我们筛选出来了，如图15-9~图15-11所示。

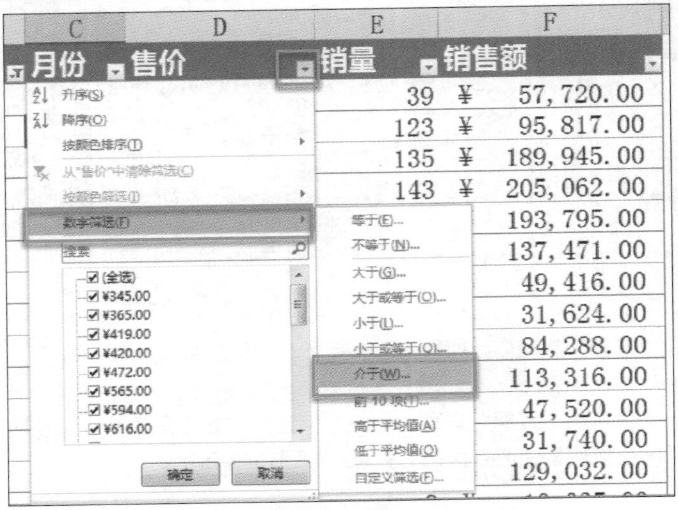

图15-9　筛选"售价"

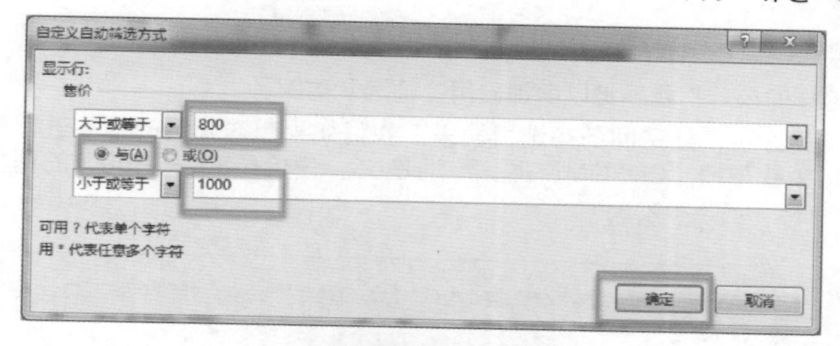

图15-10　自定义筛选售价

	A	B	C	D	E	F
1	产品	产地	月份	售价	销量	销售额
87	CDROM	US	2	¥ 989.00	139	¥ 137,471.00
170	CDROM	US	3	¥ 852.00	133	¥ 113,316.00
419	CDROM	US	6	¥ 805.00	58	¥ 46,690.00
501						

图15-11　条件2被筛选出来的结果

我再问你一个问题，筛选出来的结果是否可以直接复制粘贴到新的表格呢？

凯旋：当然可以。您看，当我把数据选中，直接右击“复制”。然后在后面新建的表格中粘贴出来，数据是完全可以被粘贴出来的，如图15-12所示。但是，有时复制粘贴的时候会把隐藏的数据都粘贴出来了，这就很烦人了。

产品	产地	月份	售价	销量	销售额
CDROM	US	2	¥ 989.00	139	¥ 137,471.00
CDROM	US	3	¥ 852.00	133	¥ 113,316.00
CDROM	US	6	¥ 805.00	58	¥ 46,690.00

图15-12　复制后出现的隐藏数据

张老师：这里告诉你一个特别好的识别方法，当你做完一个操作以后，如果你发现行号变色了，这就意味着你这个数据是可以直接复制粘贴的；如果行号或者列标没有变色，我们去选择区域时就意味着也会把隐藏的数据都粘贴出来，如图15-13所示。

	A	B	C	D	E	F
1	产品	产地	月份	售价	销量	销售额
87	CDROM	US	2	¥ 989.00	139	¥ 137,471.00
170	CDROM	US	3	¥ 852.00	133	¥ 113,316.00
419	CDROM	US	6	¥ 805.00	58	¥ 46,690.00
501						

图15-13　行号变色可以直接复制粘贴

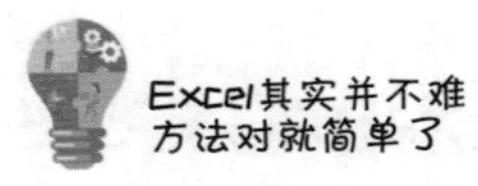

如何复制可以看到的单元格呢？这个在后面的课中会讲到，这个功能叫作定位。

凯旋： 还有这样的技巧！我感觉以前都白用“筛选”功能了。

张老师： 哈哈，好了，还是回到筛选里面来，我们如果想对筛选的结果进行计算该怎么做呢？在当前这个表格中我想把“CDROM产品，产地是US，售价是800~1000”的销量和计算出来，如图15-14所示。凯旋，你会怎么做？

	A	B	C	D	E	F
1	产品	产地	月份	售价	销量	销售额
87	CDROM	US	2	¥ 989.00	139	¥ 137,471.00
170	CDROM	US	3	¥ 852.00	133	¥ 113,316.00
419	CDROM	US	6	¥ 805.00	58	¥ 46,690.00
501						

图15-14　筛选结果

凯旋： 这不是很简单嘛。直接在“销量”后面输入=SUM，然后进行求和，如图15-15所示。

E501　=SUM(E87:E419)

	A	B	C	D	E	F
1	产品	产地	月份	售价	销量	销售额
87	CDROM	US	2	¥ 989.00	139	¥ 137,471.00
170	CDROM	US	3	¥ 852.00	133	¥ 113,316.00
419	CDROM	US	6	¥ 805.00	58	¥ 46,690.00
501					25132	
502						

图15-15　用SUM函数求和

张老师： 但是，你有没有发现，这时候的求和结果，是把隐藏的数据也计算进去了，而我们只想计算可以看到数据的结果，如图15-16所示。

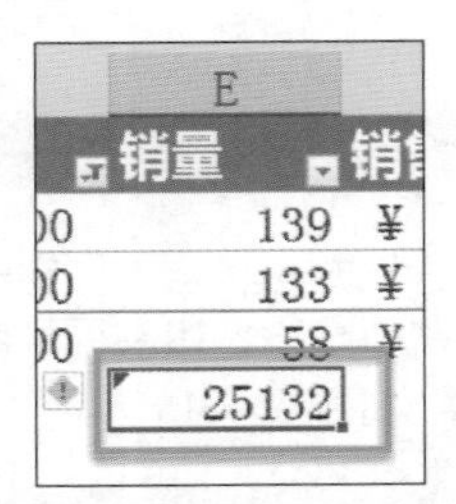

图15-16　求和的结果包括了隐藏数据

凯旋： 啊！那到底应该怎么做啊？

张老师： 如图15-17所示，此时，可以单击“公式”选项卡“函数库”组中的“Σ自动求和”按钮。注意到了吗？此时，出现的并不是SUM函数，而是SUBTOTAL函数。这个函数里有两个参数，第

1个是9，第2个是E2：E500，SUBTOTAL函数在筛选的时候表示“对可见的单元格进行计算”，那么这个9代表什么呢？

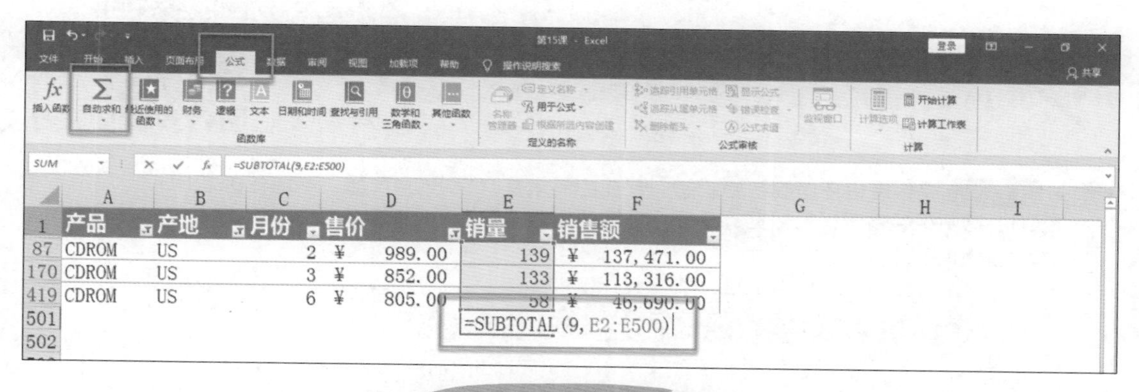

图15-17 使用自动求和

只需把9这个参数删除，然后你就会看到参数信息会显示在函数的下方了。9表示SUM，也就是说如果此时我输入9就表示我对可以看到的单元格进行求和计算。如果输入1，那就是对可以看到的单元格进行AVERAGE（平均）的计算，如图15-18和图15-19所示。

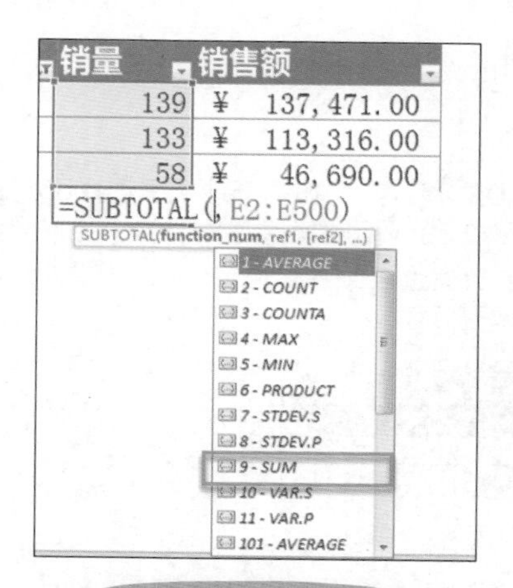

图15-18 9表示SUM的含义

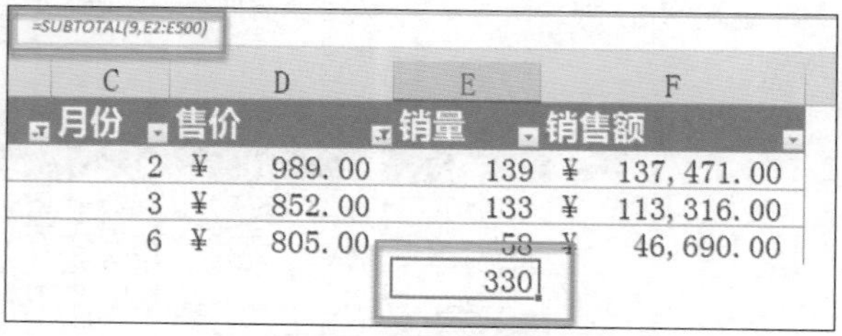

=SUBTOTAL(9,E2:E500)

月份	售价	销量	销售额
2	¥ 989.00	139	¥ 137,471.00
3	¥ 852.00	133	¥ 113,316.00
6	¥ 805.00	58	¥ 46,690.00
		330	

图15-19 求和结果是正确的

凯旋：原来是这样！可是感觉您讲的这些都不能解决我开头的问题啊。

张老师：别急，接下来就讲到你的问题了。

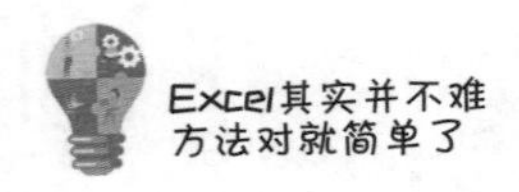

15.3 如何做文本信息的多条件筛选

张老师：先将表格还原到初始状态。现在的需求是“CDROM产品，产地在US和HDD产品，产地在CN”这两组条件的销售数据。凯旋，你能使用自动筛选来完成吗？这就类似你刚才问我的问题，如图15-20所示。

	A	B	C	D	E	F
1	产品	产地	月份	售价	销量	销售额
2	CDROM	US	1	¥ 1,480.00	39	¥ 57,720.00
3	CDROM	US	1	¥ 779.00	123	¥ 95,817.00
4	CDRW	US	1	¥ 830.00	55	¥ 45,650.00
5	CDRW	US	1	¥ 1,204.00	92	¥ 110,768.00
6	CDRW	US	1	¥ 1,464.00	122	¥ 178,608.00
7	HDD	US	1	¥ 1,143.00	3	¥ 3,429.00
8	HDD	US	1	¥ 1,739.00	66	¥ 114,774.00
9	Mouse	US	1	¥ 1,186.00	3	¥ 3,558.00
10	Mouse	US	1	¥ 1,572.00	56	¥ 88,032.00
11	Mouse	US	1	¥ 933.00	59	¥ 55,047.00
12	NIC	US	1	¥ 992.00	24	¥ 23,808.00
13	NIC	US	1	¥ 1,331.00	25	¥ 33,275.00

筛选条件1：CDROM US
筛选条件2：CDROM US 800~1000
筛选条件3：CDROM US + HDD CN

图15-20 多条件筛选

凯旋：我是这样操作的，首先，我在“产品”里面选择CDROM；其次在“产地”里选择US；最后，我在“产品”里面选择HDD，在“产地”里面再选择CN的话，问题就来了，因为，我只想看到“CDROM产地是US”，可是我会发现“CDROM”在CN的数据也被一并筛选了出来，如图15-21所示。

	A	B	C	D	E	F
1	产品	产地	月份	售价	销量	销售额
2	CDROM	US	1	¥ 1,480.00	39	¥ 57,720.00
3	CDROM	US	1	¥ 779.00	123	¥ 95,817.00
7	HDD	US	1	¥ 1,143.00	3	¥ 3,429.00
8	HDD	US	1	¥ 1,739.00	66	¥ 114,774.00
69	CDROM	CN	1	¥ 1,109.00	17	¥ 18,853.00
70	CDROM	CN	1	¥ 1,278.00	83	¥ 106,074.00
71	CDROM	CN	1	¥ 902.00	128	¥ 115,456.00
74	HDD	CN	1	¥ 1,665.00	61	¥ 101,565.00
75	HDD	CN	1	¥ 1,517.00	89	¥ 135,013.00
76	HDD	CN	1	¥ 1,769.00	112	¥ 198,128.00
86	CDROM	US	2	¥ 1,715.00	113	¥ 193,795.00
87	CDROM	US	2	¥ 989.00	139	¥ 137,471.00

图15-21 CDROM 在CN的数据也被一并筛选了出来

张老师：很显然，你这样的自动筛选是无法实现你的需求的。

凯旋：我还有一种办法！我可以筛选2次，第1次先筛选CDROM+US，然后把筛选出来的结果复制到一个新的表格里面去，接着再进行第2次筛选HDD+CN，把结果继续复制粘贴到刚才的表格里去，如图15-22和图15-23所示。

C	D	E	F	G	H
产品	产地	月份	售价	销量	销售额
CDROM	US	1	¥ 1,480.00	39	¥ 57,720.00
CDROM	US	1	¥ 779.00	123	¥ 95,817.00
CDROM	US	2	¥ 1,715.00	113	¥ 193,795.00
CDROM	US	2	¥ 989.00	139	¥ 137,471.00
CDROM	US	3	¥ 1,756.00	48	¥ 84,288.00
CDROM	US	3	¥ 852.00	133	¥ 113,316.00
CDROM	US	4	¥ 1,115.00	9	¥ 10,035.00
CDROM	US	4	¥ 565.00	37	¥ 20,905.00
CDROM	US	4	¥ 1,642.00	83	¥ 136,286.00
CDROM	US	5	¥ 784.00	76	¥ 59,584.00
CDROM	US	5	¥ 1,576.00	80	¥ 126,080.00
CDROM	US	5	¥ 1,719.00	134	¥ 230,346.00
CDROM	US	6	¥ 365.00	53	¥ 19,345.00
CDROM	US	6	¥ 805.00	58	¥ 46,690.00

图15-22 筛选CDROM+US

HDD	CN	1	¥ 1,665.00	61	¥ 101,565.00
HDD	CN	1	¥ 1,517.00	89	¥ 135,013.00
HDD	CN	1	¥ 1,769.00	112	¥ 198,128.00
HDD	CN	2	¥ 1,056.00	41	¥ 43,296.00
HDD	CN	2	¥ 811.00	59	¥ 47,849.00
HDD	CN	3	¥ 1,467.00	85	¥ 124,695.00
HDD	CN	3	¥ 1,694.00	126	¥ 213,444.00
HDD	CN	4	¥ 331.00	6	¥ 1,986.00
HDD	CN	4	¥ 879.00	132	¥ 116,028.00
HDD	CN	5	¥ 381.00	33	¥ 12,573.00
HDD	CN	5	¥ 824.00	83	¥ 68,392.00
HDD	CN	6	¥ 495.00	22	¥ 10,890.00
HDD	CN	6	¥ 1,096.00	46	¥ 50,416.00
HDD	CN	6	¥ 1,275.00	96	¥ 122,400.00

图15-23 筛选HDD+CN（这一张图你截取结果的样子，两个条件的在一起的，CDROM+US 和 HDD+CN，不要再单独来一张 HDD+CD，没意义了）

张老师：但是这样的操作太麻烦了，如果我们的筛选条件更多，那么就意味着要进行的是多次筛选，而且很可能要建多张表格才能达到我们想要的结果。

凯旋：那您快说，怎样才能一次就能把这样的结果筛选出来呢？

张老师：如果你的筛选条件全部是文本信息的话，是可以一次搞定的，我们只需在原始数据表格后面插入一个“辅助列”，把你所需要筛选的信息用&进行合并。

所以具体的操作是，插入列，然后在新的一列中输入=A2&B2，表示把“产地”和“产品”单元格进行连接。产生的新列就是“产品”和“产地”连接的状态，再填充。这时，我想我不用说你都会做了吧。在“辅助列”中选择CDROMUS和HDDCN两个数据，然后单击“确定”按钮，这样弹出的结果就是我们刚才的需求了，如图15-24和图15-25所示。

C2 =A2&B2

	A	B	C	D	E	F	G
1	产品	产地	辅助列	月份	售价	销量	销售额
2	CDROM	US	CDROMUS	1	¥ 1,480.00	39	¥ 57,720.00
3	CDROM	US	CDROMUS	1	¥ 779.00	123	¥ 95,817.00
4	CDRW	US	CDRWUS	1	¥ 830.00	55	¥ 45,650.00
5	CDRW	US	CDRWUS	1	¥ 1,204.00	92	¥ 110,768.00
6	CDRW	US	CDRWUS	1	¥ 1,464.00	122	¥ 178,608.00
7	HDD	US	HDDUS	1	¥ 1,143.00	3	¥ 3,429.00
8	HDD	US	HDDUS	1	¥ 1,739.00	66	¥ 114,774.00
9	Mouse	US	MouseUS	1	¥ 1,186.00	3	¥ 3,558.00
10	Mouse	US	MouseUS	1	¥ 1,572.00	56	¥ 88,032.00
11	Mouse	US	MouseUS	1	¥ 933.00	59	¥ 55,047.00
12	NIC	US	NICUS	1	¥ 992.00	24	¥ 23,808.00
13	NIC	US	NICUS	1	¥ 1,331.00	25	¥ 33,275.00
14	RAM	US	RAMUS	1	¥ 672.00	34	¥ 22,848.00
15	RAM	US	RAMUS	1	¥ 1,485.00	71	¥ 105,435.00
16	Udisk	US	UdiskUS	1	¥ 1,626.00	10	¥ 16,260.00
17	Udisk	US	UdiskUS	1	¥ 1,345.00	13	¥ 17,485.00
18	Udisk	US	UdiskUS	1	¥ 1,386.00	74	¥ 102,564.00

图15-24　添加“辅助列”

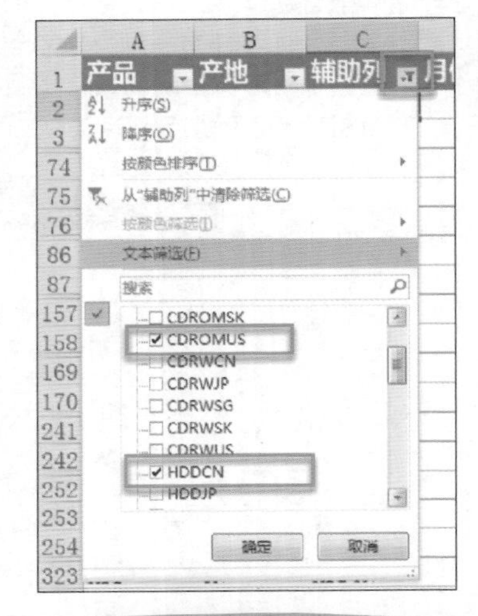

图15-25　从“辅助列”中进行筛选

凯旋：等等，您也说了刚刚讲的是文本信息的筛选，那如果是数据呢，这时候怎么办？

张老师：的确，使用&，它能够解决的仅仅是文本信息的多条件筛选，如果条件更为复杂，尤其是还涉及数据，那么用&也无济于事，因为&只会将内容转换成文本，那如果还有数据怎么办？这种情况下就只能用其他方式了。至于是什么方式，我们下一节课再说。

本课小结：

本节课主要讲了3个方面的内容：

第一，筛选的常见误区。

第二，自动筛选的常见操作及技巧。

第三，如何进行文本信息的多条件筛选。

第16课 高级筛选“高级”在哪儿

凯旋，学完上节课，是不是对筛选有了全新的认识？

您还说呢，讲到一半就跑了，害得我只能自己摸索着进行数据的多条件筛选。

那你后来自己解决问题了？

做是做了，但还是用的之前的老办法，效率很低呀！

没事，今天我就教你怎么做！

16.1 了解“条件区域”，也就懂得高级筛选

我们接着来看上节课的案例，需求是“CDROM产品，产地US，售价是800~1000和1200~1500之间的数据”，通过上一节课的学习我们知道，当条件变得比较复杂的时候，我们可以使用&的方式来进行单元格的连接创造出一个新的条件。但在这个需求里，我们有一个数据区间，如果依然是用&连接符，新增出来的辅助列是文本格式的，并不能够做数据区间的查询，如图16-1所示。

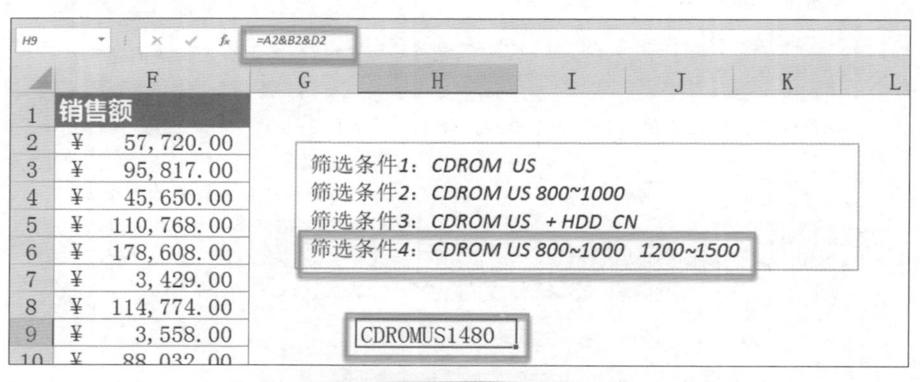

图16-1 AND函数创造新条件

因此，当我们的需求中涉及数据和数据区间查找的时候，用&就无法实现。因为&只能帮助我们实现文本信息的查找。

凯旋：是啊，那该怎么办呢？

张老师：单击“数据”选项卡“排序和筛选”组中“高级”按钮，如图16-2所示。当把鼠标放在“高级”按钮上时，对于“高级”的解释就是用于使用复杂条件进行筛选的选项。

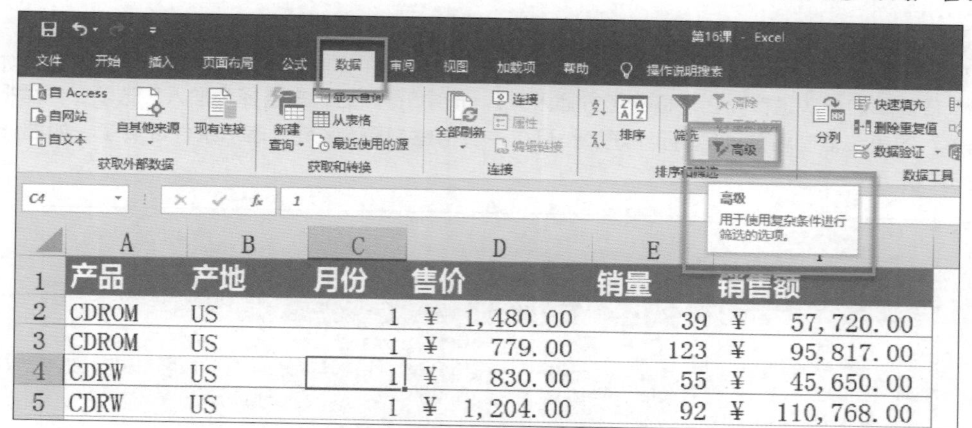

图16-2　高级筛选的含义

所以，当自动筛选没有办法帮我们找出结果，就要用高级筛选了。

凯旋：原来是用高级筛选，不过具体该怎么操作呢？

张老师：如图16-3所示，把鼠标定位在数据表中，然后单击“高级”按钮，在弹出的“高级筛选”对话框中你可以看到实际上“高级筛选”只需我们做两件事情。

第一，选择“列表区域”，由于我的单元格定位在数据表中，列表已经自动帮我们选择好了。第二，选择“条件区域”。

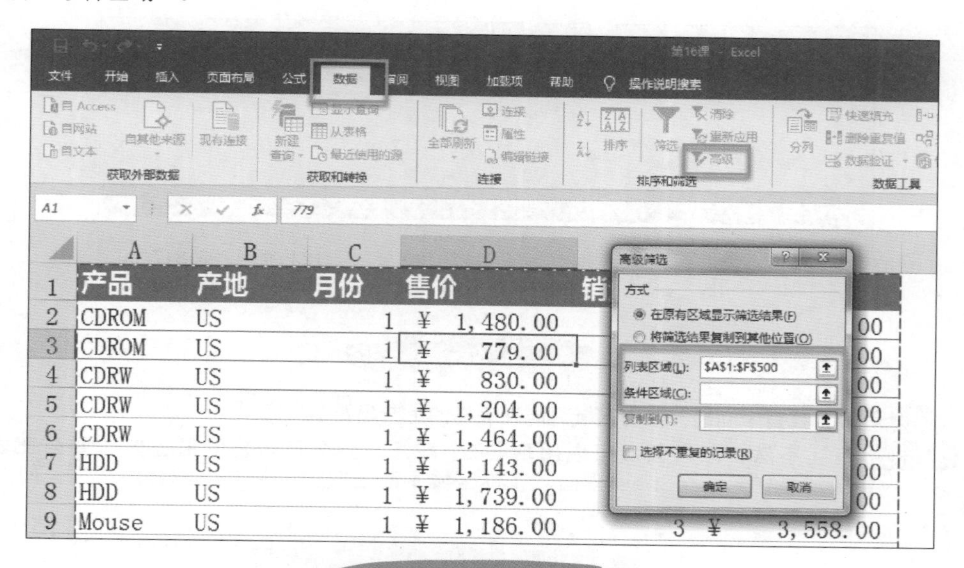

图16-3　高级筛选的内容

凯旋：条件区域？这是什么？

张老师：这就是很多人不了解高级筛选的原因，不知道什么是条件区域。这个条件区域该如何做呢？最简单的方法是首先在表格的上方插入5行。选中5行然后右击选择“插入”选项，然后把“数据表”的表头复制粘贴到第1行。好了，现在，表格中A1~F5区域就表示条件区域了，如图16-4和图16-5所示。

	A	B	C	D		E		F
1	产品	产地	月份	售价		销量		销售额
2			1	¥	1,480.00	39	¥	57,720.00
3			1	¥	779.00	123	¥	95,817.00
4			1	¥	830.00	55	¥	45,650.00
5			1	¥	1,204.00	92	¥	110,768.00
6			1	¥	1,464.00	122	¥	178,608.00
7			1	¥	1,143.00	3	¥	3,429.00
8			1	¥	1,739.00	66	¥	114,774.00
9			1	¥	1,186.00	3	¥	3,558.00
10			1	¥	1,572.00	56	¥	88,032.00
11	Mouse	US	1	¥	933.00	59	¥	55,047.00
12	NIC	US	1	¥	992.00	24	¥	23,808.00

剪切(T)
复制(C)
粘贴选项:
选择性粘贴(S)...
插入(I)
删除(D)
清除内容(N)
设置单元格格式(F)...
行高(R)...
隐藏(H)
取消隐藏(U)

图16-4 插入5行

	A	B	C	D		E		F
1	产品	产地	月份	售价		销量		销售额
2								
3								
4								
5								
6	产品	产地	月份	售价		销量		销售额
7	CDROM	US	1	¥	1,480.00	39	¥	57,720.00
8	CDROM	US	1	¥	779.00	123	¥	95,817.00
9	CDRW	US	1	¥	830.00	55	¥	45,650.00

图16-5 复制表头

凯旋：等等，我有个问题，条件区域只能在表格的上方吗？

张老师：其实不然，条件区域可以出现在3个地方，要么在表格的最上方，要么在表格的最下方，要么就是在另一个Sheet里面。条件区域不能在数据表的左边或者是右边，如图16-6所示。

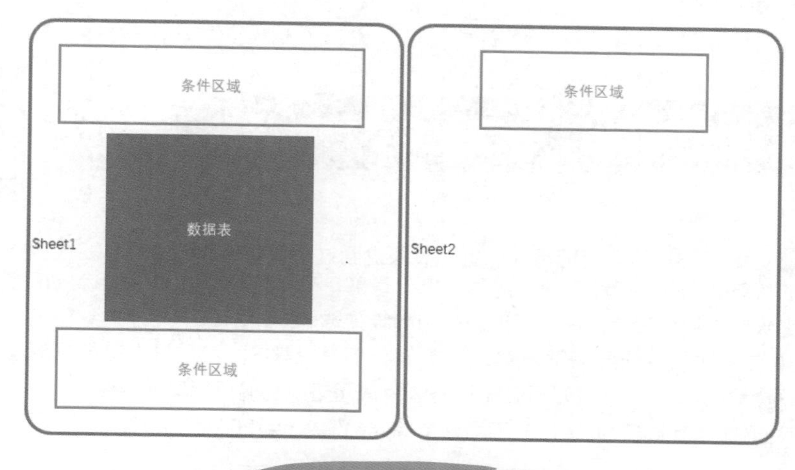

图16-6　条件区域示意图

凯旋：好奇怪啊，我不懂，这是为什么？

张老师：如果将条件区域放在数据表的左边或者右边，筛选的时候那些不满足条件的数据就会被隐藏，可能就把条件区域也给隐藏了，但是条件区域是不能够被隐藏的，条件区域只能在我刚才说的那3个位置。

在这节课里，为了让大家理解起来更加方便，我就把条件区域放在最上方。

凯旋：那么，条件区域有什么特点呢？

张老师：第一，条件区域的表头单元格里的内容一定要和数据表的一样，但是顺序和位置你是可以调整的，比如，可以把“月份”放在第1列，把“产品”放在最后一列，这些都是可以的。

第二，你还记不记得我们上一节课讲到筛选时数据区间的时候有两个关系“与”和“或”。在条件区域中如何体现“与”和“或”呢？

如果我们把条件写在一行上，也就是横向上，是“与”的关系，是“并且”的关系。

如果把条件写在一列上，也就是纵向上，就是“或者”的关系。

补充一下，空单元格表示“任何值”，如图16-7所示。

	A	B	C	D	E	F
1	产品	产地	月份	售价	销量	销售额
2						
3						
4						
5						
6	产品	产地	月份	售价	销量	销售额
7	CDROM	US	1	¥ 1,480.00	39	¥ 57,720.00
8	CDROM	US	1	¥ 779.00	123	¥ 95,817.00
9	CDRW	US	1	¥ 830.00	55	¥ 45,650.00
10	CDRW	US	1	¥ 1,204.00	92	¥ 110,768.00
11	CDRW	US	1	¥ 1,464.00	122	¥ 178,608.00
12	HDD	US	1	¥ 1,143.00	3	¥ 3,429.00

图16-7　条件区域的特点

凯旋：这下我懂了，可是您还没说应该怎么应用呢？

张老师：接下来我们就讲到了。

16.2 学会高级筛选，一次搞定多条件筛选

张老师： 如图16-8所示，还记得我们上一节课讲到过一个条件叫CDROM吗？讲到过一个需求那就是我们要去筛选CDROM 产品产地是美国，售价是800~1000的数据，既然用自动筛选可以筛选出来结果，用高级筛选更加没有问题了，那我就用高级筛选来操作吧。

首先我只需在条件区域的产品下方输入CDROM，产地是US，对月份没有要求就空着表示“任何值”，接下来“售价800~1000”该如何做呢？在这个单元格中我们只能输入>=800，那么<=1000该怎么办呢？凯旋，我问你，我们能不能直接在下面这个单元格输入<=1000呢？

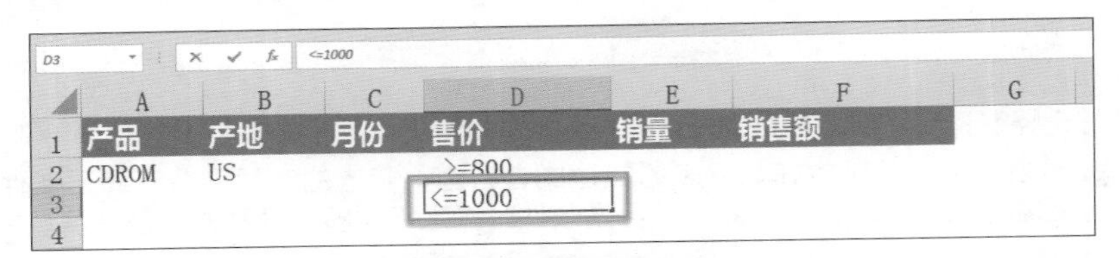

D3 <=1000

	A	B	C	D	E	F	G
1	产品	产地	月份	售价	销量	销售额	
2	CDROM	US		>=800			
3				<=1000			
4							

图16-8 高级筛选的例子

凯旋： 当然，不可以，因为很明显，纵向上表示“或”的关系，如果这样输入就表示“>=800或者<=1000”了，那跟没有选择区间是一样的。不过这样一来的话，该如何来体现800~1000区间呢？

张老师： 这里告诉你一个方法，我只需将条件区域中“售价”这个表头复制，然后粘贴到条件区域表头的最后，然后在这个“售价”下方输入<=1000。凯旋，你还记得吗？刚才我提到过在条件区域中间如果数据写在横向上就表示“并且”的关系，这样就可以表示“800<=售价<=1000了”，如图16-9所示。

	A	B	C	D	E	F	G
1	产品	产地	月份	售价	销量	销售额	售价
2	CDROM	US		>=800			<=1000
3							

图16-9 将“售价”复制到后面

凯旋： 原来是这样！条件区域写好以后，接下来要如何操作？

张老师： 非常的简单，如图16-10所示，我们把鼠标定位在数据表中，单击“数据”选项卡“排序和筛选”组中“高级”按钮，在“高级筛选”对话框中，“列表区域”中数据表会被自动选中，我们只需把鼠标单击到“条件区域”的框里来，然后直接选中上面的“条件区域”。注意了，此时的“条件区域”我们只能选两行，一定要表头和下面一行选中就好了，不能选择多余的空行。

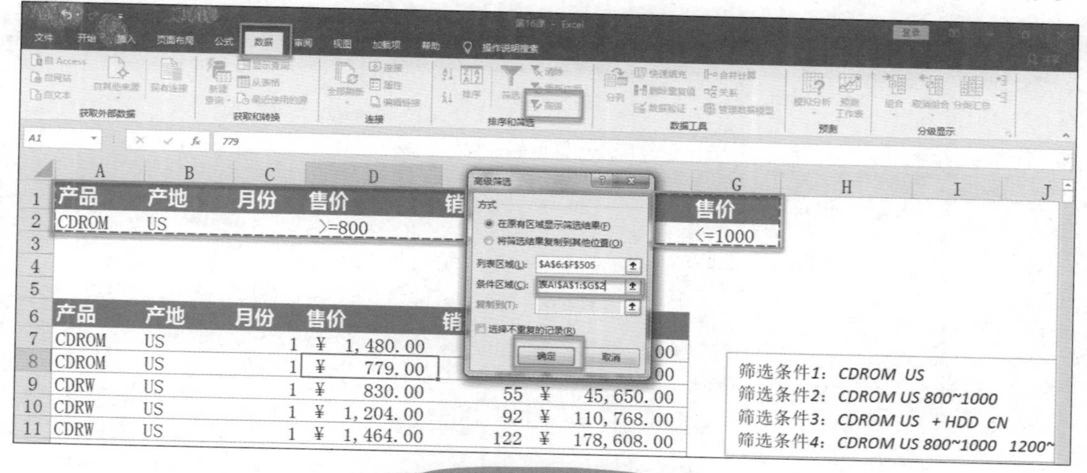

图16-10　进行高级筛选

凯旋：等等，为什么不把整个“条件区域”选中啊？

张老师：你可以看一下，如果我把整个“条件区域”都选中，再单击“确定”按钮，你会发现结果和没有筛选是一样的，猜猜看这是为什么？那是因为我们刚才有提到过，在“条件区域”里面空单元格表示任何值，而纵向又是“或者”的关系，如果我们把整个区域都选中的话，那这就表示CDROM产品或者任何产品任何月份任何售价，那当然结果和没有筛选一样了，所以，我们在选择“条件区域”的时候只能选中包含条件的行。也就是说，此时我们在选择“条件区域”的时候，只能把条件这一行选上，而空余的行就不用选了，然后再单击“确定”按钮，怎么样，结果是不是就出来了呢，这样是不是很快，如图16-11~图16-13所示。

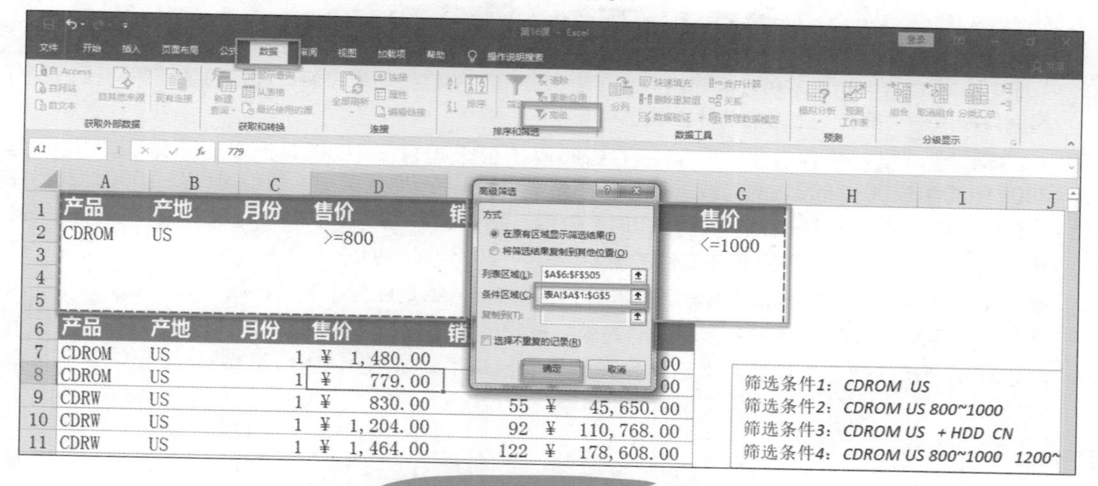

图16-11　选中全部“条件区域”

	A	B	C	D	E	F	G	H
1	产品	产地	月份	售价	销量	销售额	售价	
2	CDROM	US		>=800			<=1000	
3								
4								
5								
6	产品	产地	月份	售价	销量	销售额		
7	CDROM	US	1	¥ 1,480.00	39	¥ 57,720.00		
8	CDROM	US	1	¥ 779.00	123	¥ 95,817.00		
9	CDRW	US	1	¥ 830.00	55	¥ 45,650.00		
10	CDRW	US	1	¥ 1,204.00	92	¥ 110,768.00		
11	CDRW	US	1	¥ 1,464.00	122	¥ 178,608.00		
12	HDD	US	1	¥ 1,143.00	3	¥ 3,429.00		
13	HDD	US	1	¥ 1,739.00	66	¥ 114,774.00		
14	Mouse	US	1	¥ 1,186.00	3	¥ 3,558.00		CDROMUS1480

筛选条件1：CDROM US
筛选条件2：CDROM US 800~1000
筛选条件3：CDROM US + HDD CN
筛选条件4：CDROM US 800~1000 1200~

图16-12 筛选结果没有变化

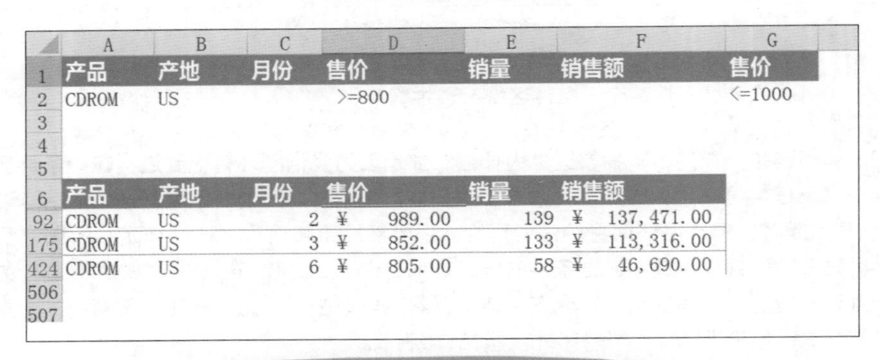

	A	B	C	D	E	F	G
1	产品	产地	月份	售价	销量	销售额	售价
2	CDROM	US		>=800			<=1000
3							
4							
5							
6	产品	产地	月份	售价	销量	销售额	
92	CDROM	US	2	¥ 989.00	139	¥ 137,471.00	
175	CDROM	US	3	¥ 852.00	133	¥ 113,316.00	
424	CDROM	US	6	¥ 805.00	58	¥ 46,690.00	
506							
507							

图16-13 “条件区域”只选中前两行，筛选成功

凯旋：确实是很快。不过我突然想到，“高级筛选”的结果呈现以后，我们想要还原的话，是不是就只能单击“筛选”上方的清除图标了？

张老师：没错。现在我们回到课程开始时候的那个需求“CDROM产品，产地US，售价是800~1000和1200~1500之间的数据”，产品是CDROM，产地是美国，售价是800~1000，我已经写好了，那么还需要有一个1200~1500怎么办呢？那么800~1000和1200~1500这两个区间的关系是“或”的关系，所以我只需在售价的第2行写>=1200，在后面的售价中写<=1500，然后在“产品”和“产地”标题下方依然填写CDROM和US。这样，就是这个“条件区域”的填写了。接下来我只需把鼠标定位在数据表中，单击“高级”按钮，然后在“条件区域”中把两行数据都选上，然后再次单击“确定”按钮。你看，现在结果就出来了，如图16-14和图16-15所示。是不是很快呢？

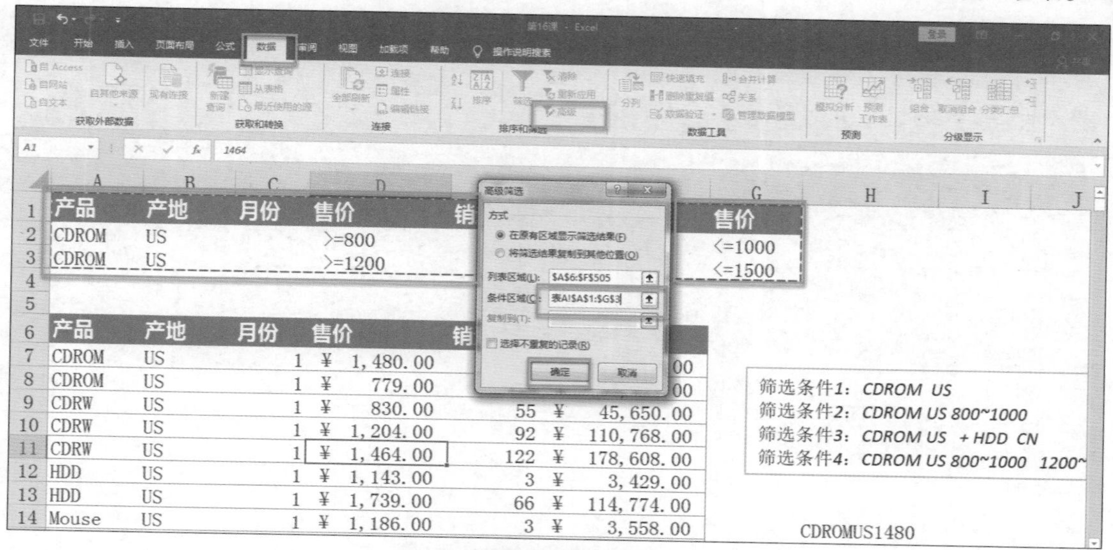

图16-14 筛选1200~1500

	A	B	C	D	E	F	G	H
1	产品	产地	月份	售价	销量	销售额	售价	
2	CDROM	US		>=800			<=1000	
3	CDROM	US		>=1200			<=1500	
4								
5								
6	产品	产地	月份	售价	销量	销售额		
7	CDROM	US	1	¥ 1,480.00	39	¥ 57,720.00		
92	CDROM	US	2	¥ 989.00	139	¥ 137,471.00		
175	CDROM	US	3	¥ 852.00	133	¥ 113,316.00		
424	CDROM	US	6	¥ 805.00	58	¥ 46,690.00		
506								
507								

图16-15 筛选出的结果

凯旋：也就是说，学会了高级筛选以后无论多复杂的数据，只要了解“条件区域”，把条件填写在“条件区域”里，一次筛选就可以把结果筛选出来了。

张老师：哈哈，你说呢？

凯旋：Amazing！我的问题终于要得到解决了！

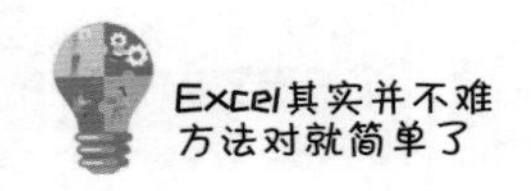

本课小结：

本节课主要讲了两个方面的内容：

第一，什么是条件区域。

第二，如何用高级筛选快速解决多条件筛选的问题。

第17课

【进阶】不用编程一样可以制作“宏”

张老师，学会高级筛选以后，我又发现一件糟心事。

什么事呢？

我发现我总是在做重复的工作，一会儿筛选这个信息，一会儿筛选那个信息，其实操作都是一样的，真是太麻烦了。

哈哈，要不要教你一种既省心又省力的方法？

还有这样的方法？张老师快教我！

今天教你如何使用“宏”。

17.1 “高级筛选”也有解决不了的事

接下来我要教你的是如何使用“录制宏”的功能，来实现一个小型的数据库查询系统的创建，听上去很复杂，其实，用鼠标就能完成全部的操作了。

真的吗？快说说具体怎么做吧。

具体可以这样来操作，现在有一个两千多行、十几列的数据表。假设我的需求是筛选某个订单号，以及该订单号在某一个订购日期区间的销售情况，这样的筛选即便是“自动筛选”也会非常的麻烦，因为我们要去查找订单号，还要去填写日期，并不是说我们能够用“自动筛选”功能筛选出来的结果就一定不需要使用“高级筛选”功能了。“高级筛选”的特点在于方便并且快捷，如图17-1所示。

	D	E	F	G	H	I	J	K	L	M	N	O	P	Q
1	货主地区	销售人	订单ID	订购日期	到货日期	发货日期	运货商_公司名称	产品名称	单价	数量	折扣	运货费	总价	
2	西南	金士鹏	11055	2018-4-28	2018-5-26	2018-5-5	统一包裹	汽水	¥4.50	15	0%	¥120.92	¥67.50	
3	西南	金士鹏	11055	2018-4-28	2018-5-26	2018-5-5	统一包裹	巧克力	¥14.00	15	0%	¥120.92	¥210.00	
4	西南	金士鹏	11055	2018-4-28	2018-5-26	2018-5-5	统一包裹	猪肉干	¥53.00	20	0%	¥120.92	¥1,060.00	
5	西南	金士鹏	11055	2018-4-28	2018-5-26	2018-5-5	统一包裹	小米	¥19.50	20	0%	¥120.92	¥390.00	
6	西南	刘英玫	10533	2017-5-12	2017-6-9	2017-5-22	急速快递	盐	¥22.00	50	5%	¥188.04	¥1,045.00	
7	西南	刘英玫	10533	2017-5-12	2017-6-9	2017-5-22	急速快递	酸奶酪	¥34.80	24	0%	¥188.04	¥835.20	
8	西南	刘英玫	10533	2017-5-12	2017-6-9	2017-5-22	急速快递	海哲皮	¥15.00	24	5%	¥188.04	¥342.00	
9	西南	刘英玫	10997	2018-4-3	2018-5-15	2018-4-13	统一包裹	白奶酪	¥32.00	50	0%	¥73.91	¥1,600.00	
10	西南	刘英玫	10997	2018-4-3	2018-5-15	2018-4-13	统一包裹	蚵	¥12.00	20	25%	¥73.91	¥180.00	
11	西南	刘英玫	10997	2018-4-3	2018-5-15	2018-4-13	统一包裹	三合一麦片	¥7.00	20	25%	¥73.91	¥105.00	
12	西南	刘英玫	10852	2018-1-26	2018-2-9	2018-1-30	急速快递	牛奶	¥19.00	15	0%	¥174.05	¥285.00	
13	西南	刘英玫	10852	2018-1-26	2018-2-9	2018-1-30	急速快递	猪肉	¥39.00	6	0%	¥174.05	¥234.00	
14	西南	刘英玫	10852	2018-1-26	2018-2-9	2018-1-30	急速快递	山渣片	¥49.30	50	0%	¥174.05	¥2,465.00	
15	西南	孙林	10794	2017-12-24	2018-1-21	2018-1-2	急速快递	沙茶	¥23.25	15	20%	¥21.49	¥279.00	
16	西南	孙林	10794	2017-12-24	2018-1-21	2018-1-2	急速快递	鸡肉	¥7.45	6	20%	¥21.49	¥35.76	
17	西南	孙林	10390	2016-12-23	2017-1-20	2016-12-26	急速快递	温馨奶酪	¥10.00	60	10%	¥126.38	¥540.00	
18	西南	孙林	10390	2016-12-23	2017-1-20	2016-12-26	急速快递	蜜桃汁	¥14.40	40	10%	¥126.38	¥518.40	
19	西南	孙林	10390	2016-12-23	2017-1-20	2016-12-26	急速快递	蚵	¥9.60	45	0%	¥126.38	¥432.00	
20	西南	孙林	10390	2016-12-23	2017-1-20	2016-12-26	急速快递	酸奶酪	¥27.80	24	10%	¥126.38	¥600.48	
21	西南	孙林	10446	2017-2-14	2017-3-14	2017-2-19	急速快递	糖果	¥7.30	12	10%	¥14.68	¥78.84	
22	西南	孙林	10446	2017-2-14	2017-3-14	2017-2-19	急速快递	汽水	¥3.60	20	10%	¥14.68	¥64.80	
23	西南	孙林	10446	2017-2-14	2017-3-14	2017-2-19	急速快递	温馨奶酪	¥10.00	3	10%	¥14.68	¥27.00	
24	西南	孙林	10446	2017-2-14	2017-3-14	2017-2-19	急速快递	三合一麦片	¥5.60	15	10%	¥14.68	¥75.60	
25	西南	王伟	10620	2017-8-5	2017-9-2	2017-8-14	联邦货运	汽水	¥4.50	5	0%	¥0.94	¥22.50	

图17-1 标准数据表

凯旋，还记得“高级筛选”如何操作吗？

凯旋： 当然记得！使用“高级筛选”的时候，要求有“条件区域”。

张老师： 对，先选中表格的前4列，然后右击选择“插入”选项，这个操作帮助我们把表格下移4行。我们需求里面只涉及“订单ID”和“订购日期”，所以，只需把“订单ID”和“订购日期”填写在第1行上，比如D1和E1单元格，条件区域就是这两行了，由于订购日期是区间，因此，“订购日期”在条件区域中要重复一次，如图17-2所示，条件区域就是从D1到F2这个区域了。现在要查询的是订单ID为10789，订购日期是2017年12月1日到2017年12月31日期间的数据，该怎么做呢？

	B	C	D	E	F	G	H	
1			订单ID	订购日期	订购日期			
2			10789	>=2017-12-1	<=2017-12-31			
3								
4								
5	货主地址	货主城市	货主地区	销售人	订单ID	订购日期	到货日期	发货
6	巫山口路 87 号	成都	西南	金士鹏	11055	2018-4-28	2018-5-26	20
7	巫山口路 87 号	成都	西南	金士鹏	11055	2018-4-28	2018-5-26	20
8	巫山口路 87 号	成都	西南	金士鹏	11055	2018-4-28	2018-5-26	20
9	巫山口路 87 号	成都	西南	金士鹏	11055	2018-4-28	2018-5-26	20
10	天府路 263 号	成都	西南	刘英玫	10533	2017-5-12	2017-6-9	201
11	天府路 263 号	成都	西南	刘英玫	10533	2017-5-12	2017-6-9	201
12	天府路 263 号	成都	西南	刘英玫	10533	2017-5-12	2017-6-9	201
13	大岗路 37 号	成都	西南	刘英玫	10997	2018-4-3	2018-5-15	201

图17-2 插入条件区域进行高级筛选

凯旋： 这个我会！接下来的操作是我们上一节课学习过的，把单元格定位在数据表中，单击“数据”选项卡“排序和筛选”组中的“高级”按钮，在“高级筛选”对话框中，在“条件区域”里面选择D1~F2这个区间，单击“确定”按钮，结果很快就筛选出来了，如图17-3和图17-4所示。

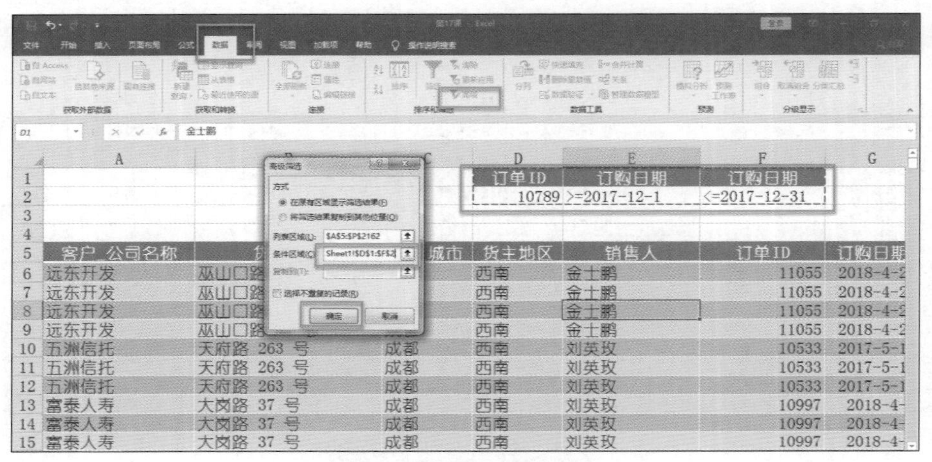

图17-3 进行高级筛选

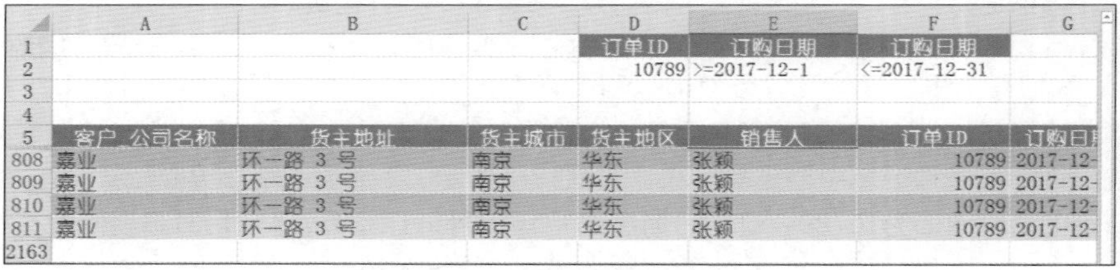

	A	B	C	D	E	F	G
1				订单ID	订购日期	订购日期	
2				10789	>=2017-12-1	<=2017-12-31	
3							
4							
5	客户_公司名称	货主地址	货主城市	货主地区	销售人	订单ID	订购日期
808	嘉业	环一路 3 号	南京	华东	张颖	10789	2017-12-
809	嘉业	环一路 3 号	南京	华东	张颖	10789	2017-12-
810	嘉业	环一路 3 号	南京	华东	张颖	10789	2017-12-
811	嘉业	环一路 3 号	南京	华东	张颖	10789	2017-12-
2163							

图17-4 筛选出的结果

张老师：但如果我还有一个条件是筛选订单ID为10657，订购日期在2017年10月1日到2017年12月31日，也就是2017年第四季度的销售情况，如图17-5所示。凯旋，我问你，做法跟上一条是不是一样的呢？

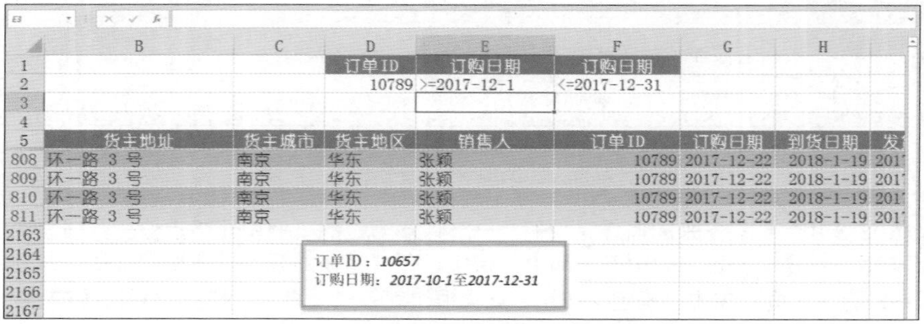

	B	C	D	E	F	G	H	
1			订单ID	订购日期	订购日期			
2			10789	>=2017-12-1	<=2017-12-31			
3								
4								
5	货主地址	货主城市	货主地区	销售人	订单ID	订购日期	到货日期	发
808	环一路 3 号	南京	华东	张颖	10789	2017-12-22	2018-1-19	201
809	环一路 3 号	南京	华东	张颖	10789	2017-12-22	2018-1-19	201
810	环一路 3 号	南京	华东	张颖	10789	2017-12-22	2018-1-19	201
811	环一路 3 号	南京	华东	张颖	10789	2017-12-22	2018-1-19	201
2163								
2164								
2165								
2166								
2167								

订单ID：*10657*
订购日期：*2017-10-1*至*2017-12-31*

图17-5 增加新的筛选条件

凯旋：这不跟我的问题是一样的嘛，接下来要做的事情只不过是把“条件区域”的内容做修改，但操作还是一样的。

张老师：没错，在你使用Excel的过程中，如果发现总是在做重复的操作，这些操作又和单元格内容没有关系的时候，我建议你把这些每次都要重复的操作“录”下来，以后“一键”完成就好了。

凯旋：录下来？这是什么？怎么操作啊？

张老师：别急，我接下来就教你。

17.2 学会“录制宏”，一键搞定重复工作

张老师：其实说起来很简单，这个操作就叫“录制宏”。那么这个“宏”在哪儿呢？单击“视图”选项卡“宏”下拉按钮，在弹出的下拉列表中选择“录制宏”选项。此时，我们只需把需要录制的操作再做一遍就好了。也就是说在当前这个案例中只需把“高级筛选”这个操作重复一次并且录下来就好了，如图17-6所示。

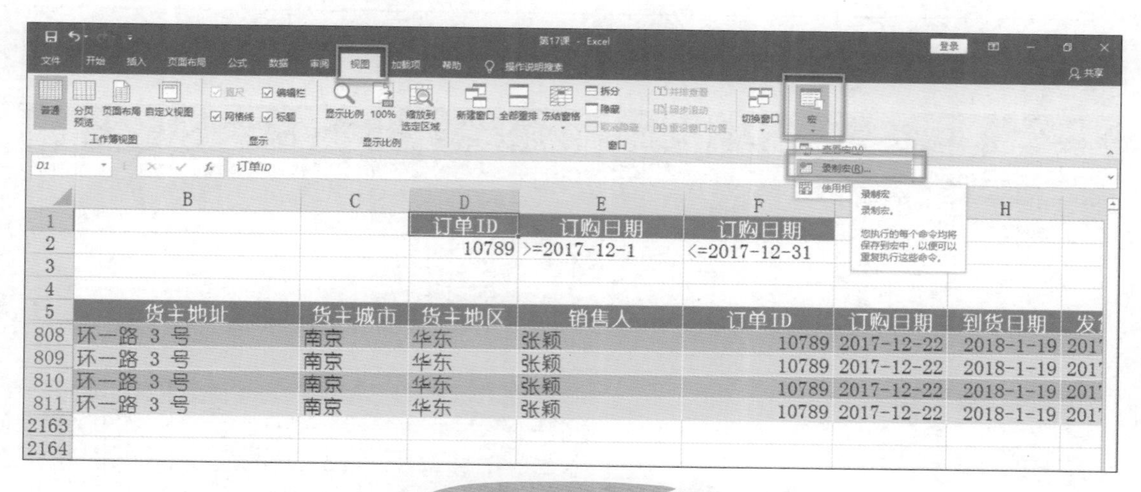

图17-6 “录制宏”功能

凯旋：等等，关键是到底怎么录啊？

张老师：这也非常的简单。首先，把数据清除到没有筛选的状态；其次，单击“视图”选项卡“宏”下拉按钮，在弹出的下拉列表中选择“录制宏”，在弹出的“录制宏”对话框中，可以给你的宏命名，这里我就用默认的“宏1”了，然后单击“确定”按钮。由于我们“录制宏”只是录制

操作，而不录制输入的内容，所以，我们只需把刚才的操作再做一遍即可。单击“数据”选项卡“排序和筛选”组中的“高级”按钮，在弹出的“高级筛选”对话框中把“条件区域”选择好，选择D1~F2这个区域，然后单击“确定”按钮。这时筛选结果已经出现了，筛选完成。这时可以直接单击“视图”选项卡“宏”下拉按钮，在弹出的下拉列表中选择“停止录制”选项，如图17-7~图17-9所示。

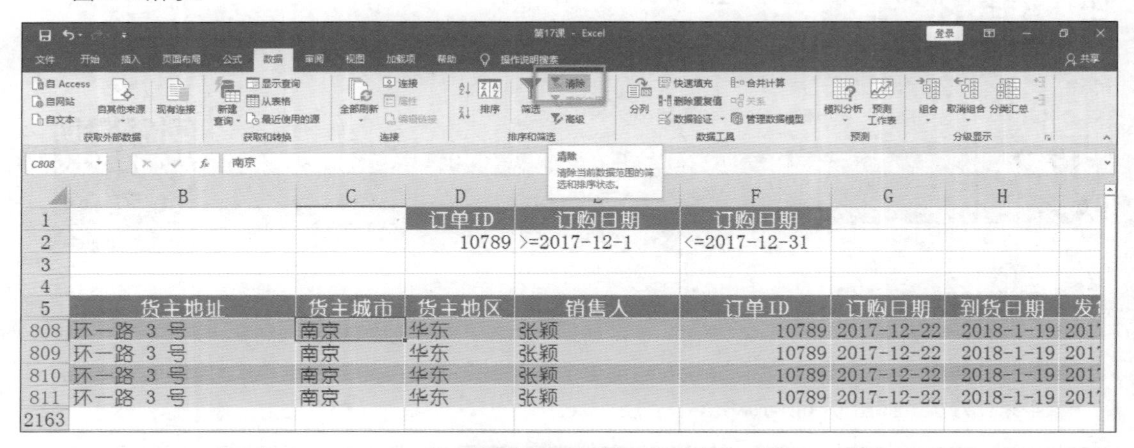

图17-7 清除高级筛选

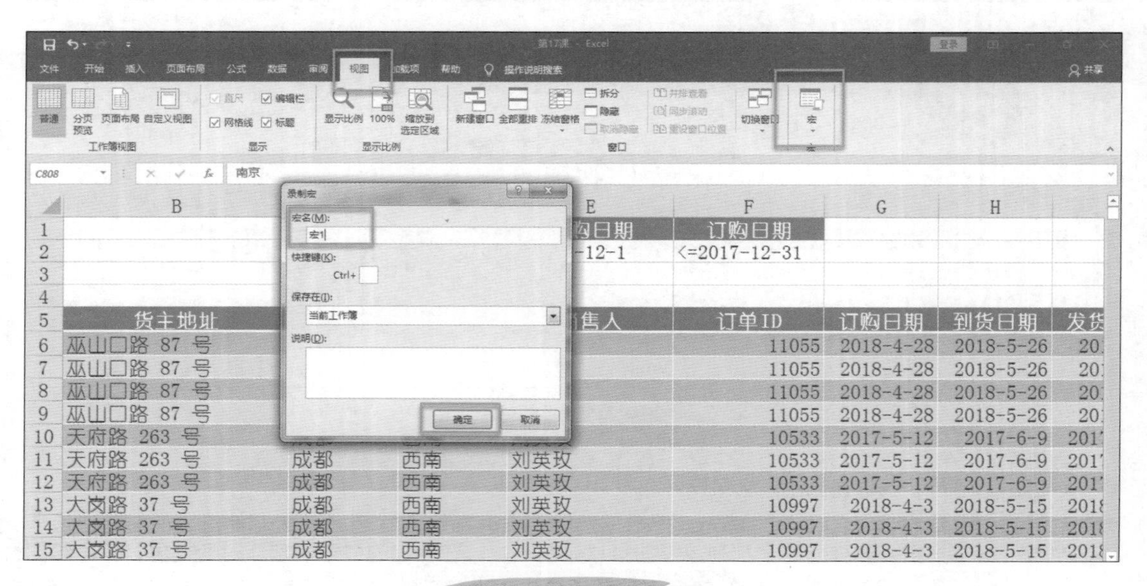

图17-8 开始录制宏

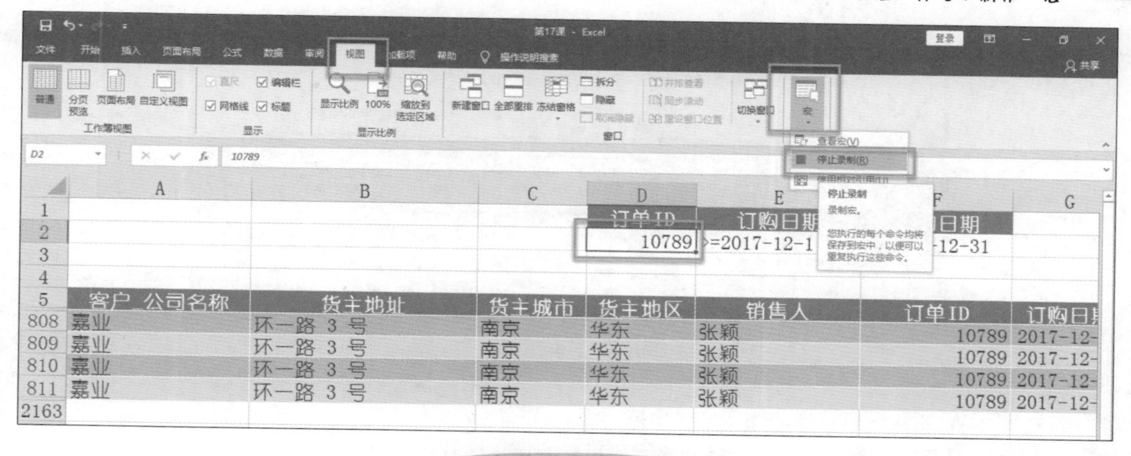

图17-9　停止录制宏

凯旋：确实是很快！可这样的操作还是要选择好几次，单击“视图”选项卡“宏”下拉按钮，在弹出的下拉列表中选择“查看宏”选项，再选择“宏1”，单击“执行”按钮，这样的操作还是有点麻烦，如图17-10所示。

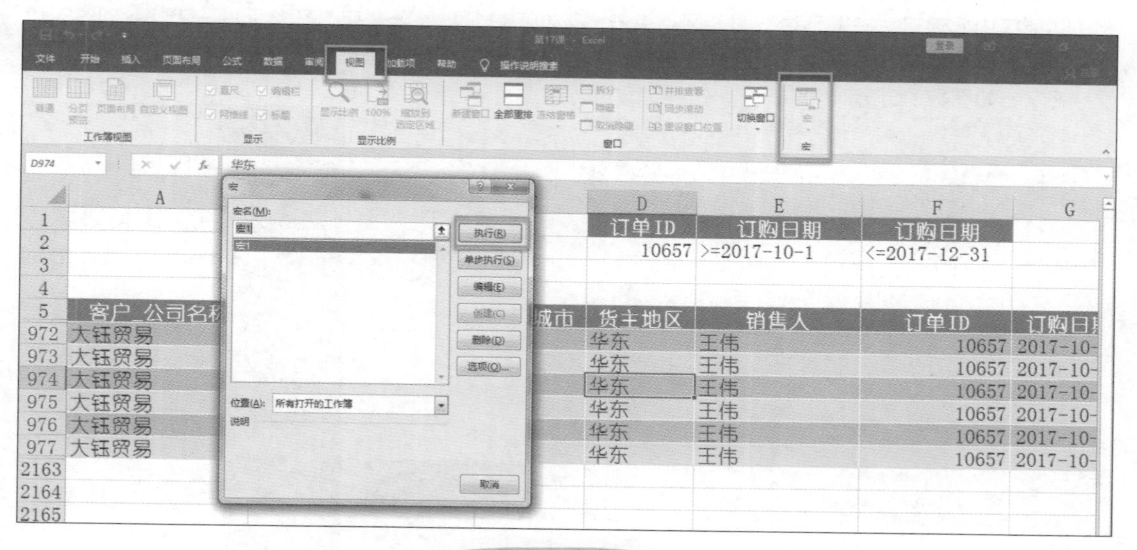

图17-10　操作比较复杂

还有没有更简单一点的操作呢？

张老师：如图17-11所示，如果我说可以在“条件区域”的右边做上一个按钮，“条件区域”填好后，单击按钮就能够实现查找，你觉得怎么样？

	D	E	F	G	H	
1	订单ID	订购日期	订购日期			
2	10657	>=2017-10-1	<=2017-12-31			
3						
4						
5	货主地区	销售人	订单ID	订购日期	到货日期	发
972	华东	王伟	10657	2017-10-15	2017-10-2	2
973	华东	王伟	10657	2017-10-15	2017-10-2	2
974	华东	王伟	10657	2017-10-15	2017-10-2	2
975	华东	王伟	10657	2017-10-15	2017-10-2	2
976	华东	王伟	10657	2017-10-15	2017-10-2	2
977	华东	王伟	10657	2017-10-15	2017-10-2	2
2163						

图17-11　一个按钮　一键查找

凯旋：What？还有这样的操作，这个按钮该怎么做呢？

张老师：其实不难，我们想把按钮拿出来首先要调用“开发工具”。

凯旋：“开发工具”如何调用呢？

张老师：如图17-12和图17-13所示，单击“文件”菜单项，在弹出的下拉列表中选择“选项”选项，在弹出的“Excel选项”对话框中，选择“自定义功能区”，在“自定义功能区”中把“开发工具”的复选框选中，如图17-14所示，然后单击“确定”按钮。这时候你会发现在Excel上方的功能区中出现了“开发工具”功能区。单击“开发工具”功能区，在“开发工具”功能区的最左边也能够看到“宏”，以及“录制宏”的按钮，也就是说下次要录制宏也可以在“开发工具”里面选择了，如图17-15所示。

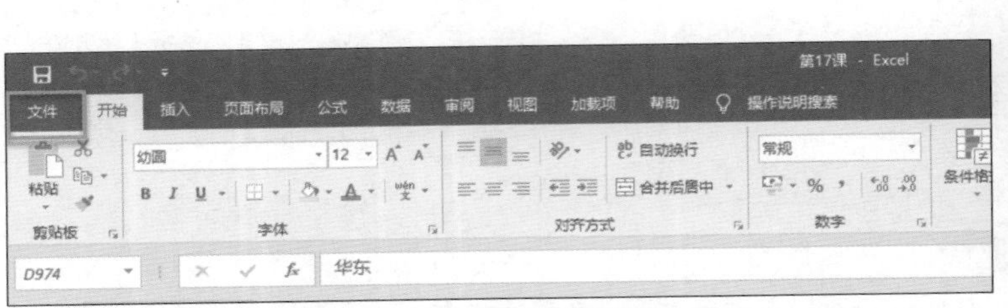

图17-12　选择“文件”功能区

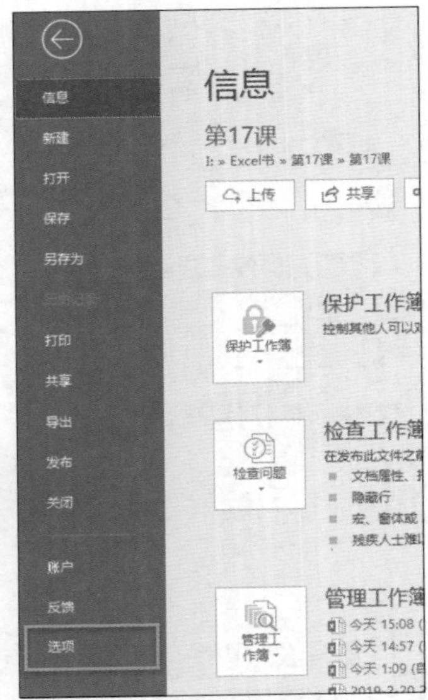

图17-13　选择“选项”选项

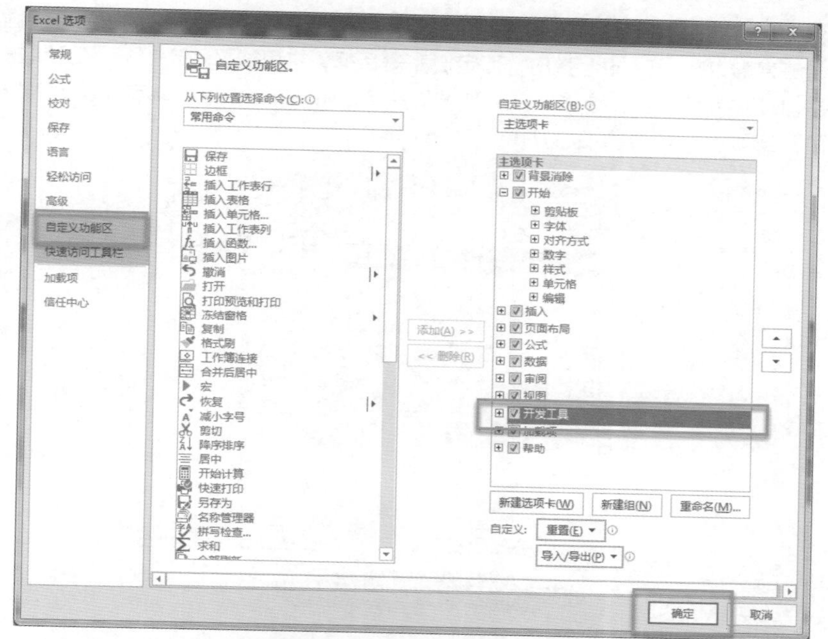

图17-14　在“自定义功能区”中选中“开发工具”复选框

图17-15　“开发工具”的“录制宏”

凯旋：张老师，“按钮”到底在哪里呢？

张老师：单击“开发工具”选项卡“插入”按钮，在弹出的下拉列表中选择“表单控件”组中的第一个图标，这就是“按钮”了，如图17-16所示。

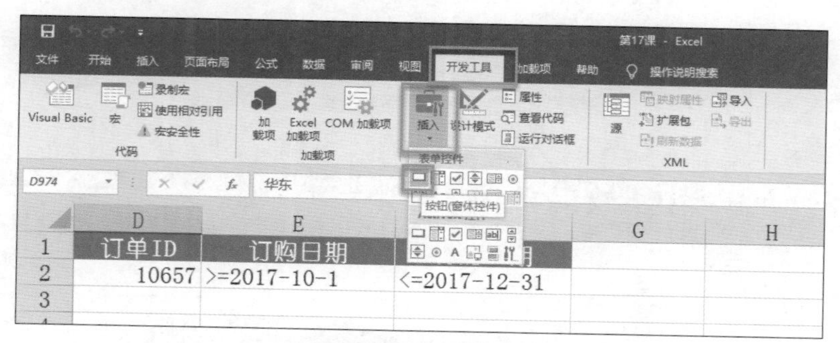

图17-16　插入按钮

选中“按钮”，直接在“条件区域”的后方用鼠标“画”出来。注意，这个按钮不要画的太大。按钮插入完成，松开鼠标以后，Excel会弹出“指定宏”对话框，这里选择“宏1”，然后单击“确定”按钮。这样，按钮出现在表格中了，给“按钮”改一个名字，如search，这样就完成了插入按钮的操作，如图17-17和图17-18所示。

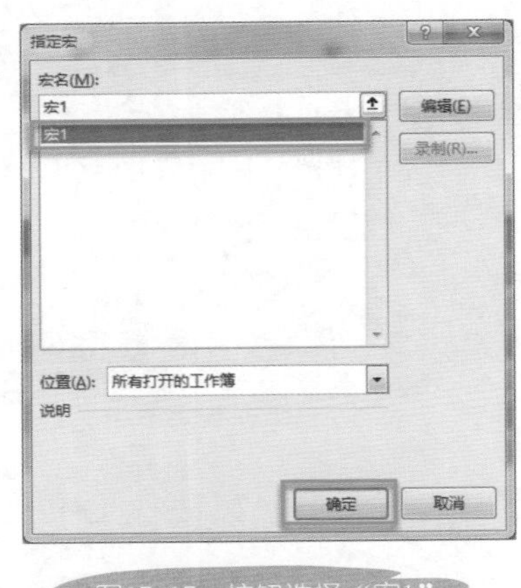

图17-17 按钮选择“宏1”

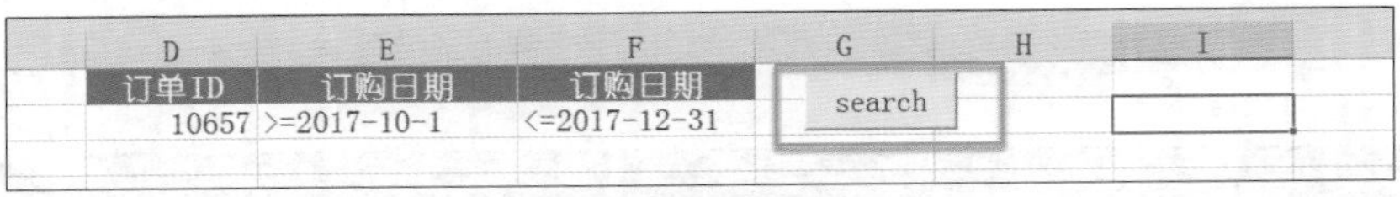

	D	E	F	G	H	I
	订单ID	订购日期	订购日期	search		
	10657	>=2017-10-1	<=2017-12-31			

图17-18 给按钮命名为search

凯旋：原来是这样！那接下来该怎么做啊？

张老师：很简单，比如，现在的需求是“查找编号：11023的数据”，很简单，只需在“订单ID”下方的D2单元格中输入11023，再单击右边的search按钮，结果很快就出来了。此时相当于创建了一个数据库查询系统，如图17-19所示。

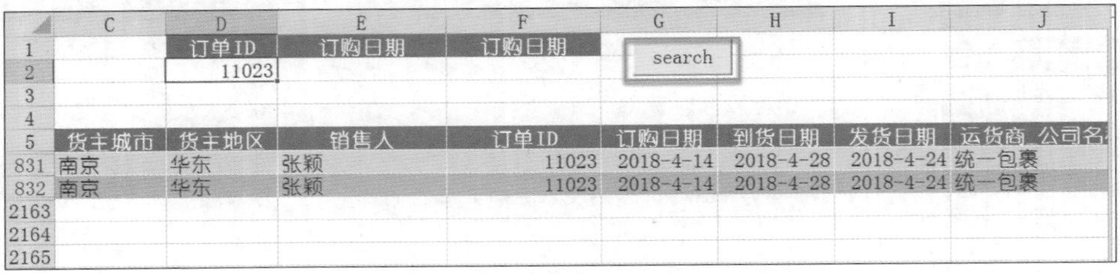

	C	D	E	F	G	H	I	J
1		订单ID	订购日期	订购日期	search			
2		11023						
3								
4								
5	货主城市	货主地区	销售人	订单ID	订购日期	到货日期	发货日期	运货商_公司名
831	南京	华东	张颖	11023	2018-4-14	2018-4-28	2018-4-24	统一包裹
832	南京	华东	张颖	11023	2018-4-14	2018-4-28	2018-4-24	统一包裹
2163								
2164								
2165								

图17-19 使用按钮查找

凯旋：这个真的很酷啊！但我还有一个问题，如果直接保存的话，Excel是会默认“禁用宏”的，那该怎么办？

张老师：当我们有录制好宏的文件，直接单击“文件”选项卡，选择“另存为”选项，在“保存类型”选择第2项“Excel启用宏的工作簿”，如图17-20所示，此时，文件就被保存好了。Excel会生成后缀名为.xlsm的文件，如图17-21所示，这个m就表示“宏”的英文macro这个单词的首字母。双击打开文件后会看到在文件的最上方有一个“安全警告”，告诉我们宏已经被禁用了，只需单击旁边的“启用内容”按钮，刚才录制好的宏就可以启用了，如图17-22所示。

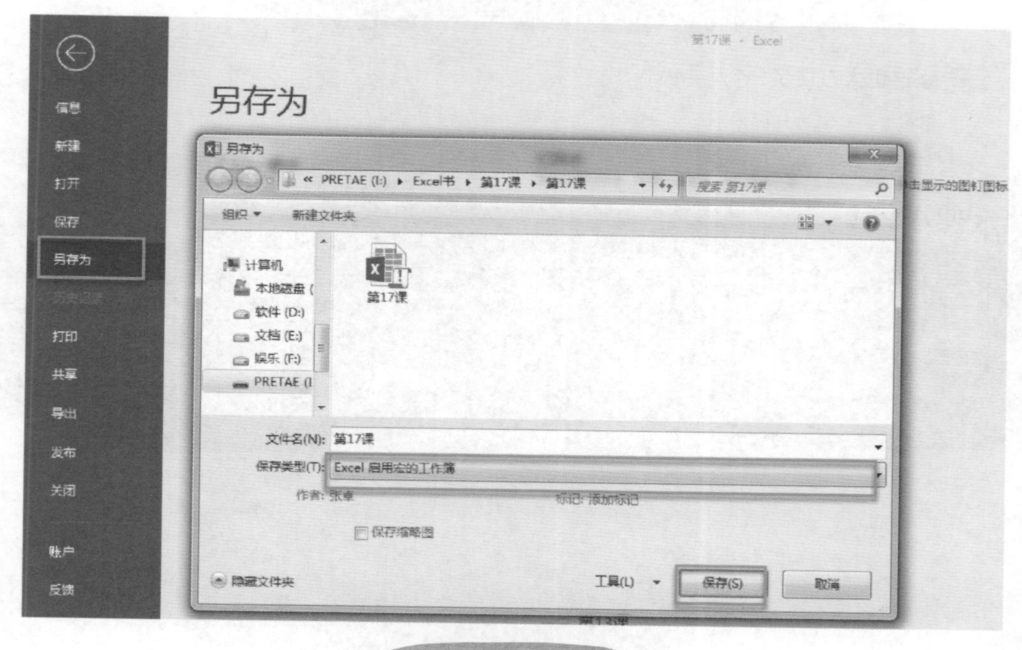

图17-20 保存的格式

图17-21 后缀名为.xlsm

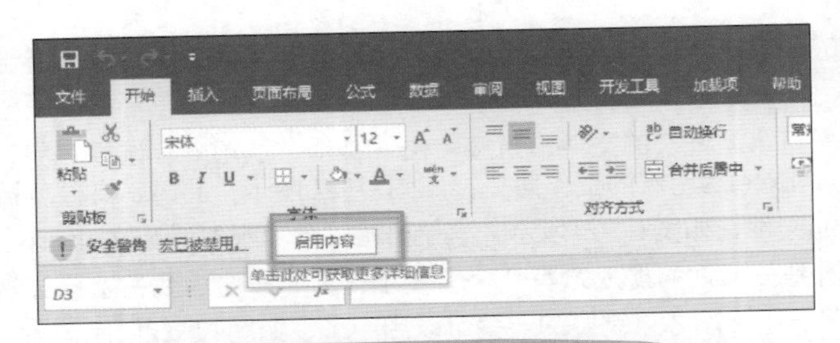

图17-22　再次打开Excel单击“启用内容”按钮

凯旋：这也太方便了！

本课小结：

本节课是进阶课，目的是告诉大家即便不懂得编程，也是可以使用“宏”的。通过“录制宏”，可以大大提高日常工作效率。

PART
第5部分
总是被你忽略的“分类汇总”，其实很有用

第18课 “分类汇总”的应用

张老师，您在哪儿呢？

我在这儿呢。说吧，这次又遇到什么问题了？

神了啊，您怎么知道我有问题？

你除了有问题会找我外，其他时间哪想得起我啊。快说吧！

张老师，这次主要是我在用“分类汇总”功能时，出现了一点问题，汇总的结果里总是出现重复的信息。我不知道怎么办，想着只有您这位“大神”才会了，所以才……

好了，好了，别吹捧了。赶紧看看是什么问题。

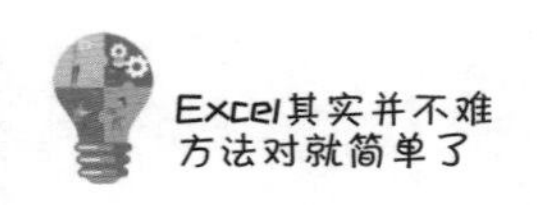

18.1 不会排序，还怎么做分类汇总

凯旋，我先问问你，看看这张表，如图18-1所示，我想知道在这张表里，每一个城市销售额分别是多少，你会怎么做呢？

	A	B	C	D	E	F	G	H	I
1	年份	货主城市	产品名称	月份	单价	数量	折扣	金额	姓名
2	2016	北京	白米	9	¥30.40	4	0.00%	121.6	王伟
3	2016	北京	白米	10	¥30.40	12	5.00%	364.8	郑建杰
4	2016	北京	白米	12	¥30.40	20	0.00%	608	刘英玫
5	2016	北京	白奶酪	9	¥25.60	40	10.00%	1024	张颖
6	2016	北京	白奶酪	10	¥25.60	6	20.00%	153.6	金士鹏
7	2016	北京	白奶酪	7	¥25.60	6	20.00%	153.6	张颖
8	2016	北京	饼干	7	¥13.90	35	0.00%	486.5	张雪眉
9	2016	北京	饼干	7	¥13.90	60	25.00%	834	张雪眉
10	2016	北京	饼干	11	¥13.90	56	5.00%	778.4	赵军
11	2016	北京	糙米	7	¥9.80	10	0.00%	98	赵军
12	2016	北京	糙米	9	¥11.20	2	0.00%	22.4	李芳
13	2016	北京	糙米	11	¥11.20	9	0.00%	100.8	王伟
14	2016	北京	德国奶酪	7	¥30.40	12	5.00%	364.8	李芳
15	2016	北京	番茄酱	8	¥8.00	30	0.00%	240	金士鹏
16	2016	上海	白米	7	¥30.40	2	0.00%	60.8	刘英玫
17	2016	上海	饼干	8	¥13.90	40	15.00%	556	刘英玫
18	2016	上海	饼干	9	¥13.90	30	0.00%	417	孙林
19	2016	上海	大众奶酪	9	¥16.80	12	0.00%	201.6	孙林
20	2016	上海	干贝	7	¥20.80	1	0.00%	20.8	郑建杰
21	2016	天津	白米	11	¥30.40	20	0.00%	608	李芳
22	2016	天津	白米	12	¥30.40	18	25.00%	547.2	刘英玫
23	2016	天津	大众奶酪	11	¥16.80	24	0.00%	403.2	李芳
24	2016	天津	大众奶酪	11	¥16.80	12	20.00%	201.6	金士鹏

图18-1　销售数据表

凯旋：这不就是用“分类汇总”功能就可以了嘛。用鼠标选中数据表中任意一个单元格，然后单击“数据”选项卡“分级显示”组中的“分类汇总”图标，在弹出的对话框中只需在“分类字段”中选择“货主城市”，“汇总方式”选择“计数”，下面的“选定汇总项”选择“金额”，最后单击“确定”按钮。这时很快可以看到分类汇总的状态已经出现了，如图18-2和图18-3所示。

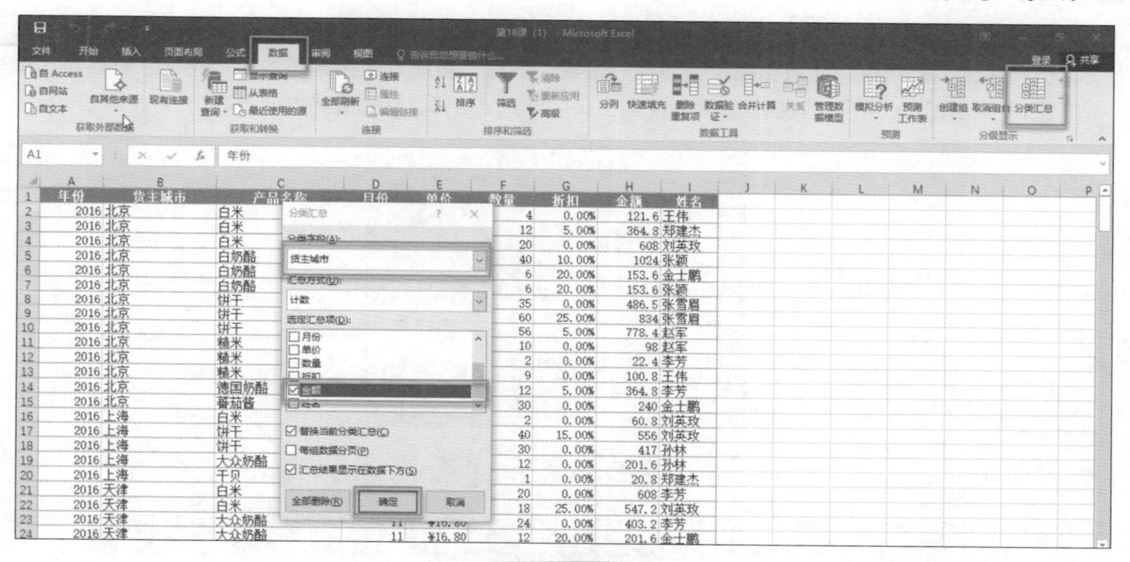

图18-2 分类汇总

	A	B	C	D	E	F	G	H	I
1	年份	货主城市	产品名称	月份	单价	数量	折扣	金额	姓名
2	2016	北京	白米	9	¥30.40	4	0.00%	121.6	王伟
3	2016	北京	白米	10	¥30.40	12	5.00%	364.8	郑建杰
4	2016	北京	白米	12	¥30.40	20	0.00%	608	刘英玫
5	2016	北京	白奶酪	9	¥25.60	40	10.00%	1024	张颖
6	2016	北京	白奶酪	10	¥25.60	6	20.00%	153.6	金士鹏
7	2016	北京	白奶酪	7	¥25.60	6	20.00%	153.6	张颖
8	2016	北京	饼干	7	¥13.90	35	0.00%	486.5	张雪眉
9	2016	北京	饼干	7	¥13.90	60	25.00%	834	张雪眉
10	2016	北京	饼干	11	¥13.90	56	5.00%	778.4	赵军
11	2016	北京	糙米	7	¥9.80	10	0.00%	98	赵军
12	2016	北京	糙米	9	¥11.20	2	0.00%	22.4	李芳
13	2016	北京	糙米	11	¥11.20	9	0.00%	100.8	王伟
14	2016	北京	德国奶酪	7	¥30.40	12	5.00%	364.8	李芳
15	2016	北京	蕃茄酱	8	¥8.00	30	0.00%	240	金士鹏
16		北京 计数						14	
17	2016	上海	白米	7	¥30.40	2	0.00%	60.8	刘英玫
18	2016	上海	饼干	8	¥13.90	40	15.00%	556	刘英玫
19	2016	上海	饼干	9	¥13.90	30	0.00%	417	孙林
20	2016	上海	大众奶酪	9	¥16.80	12	0.00%	201.6	孙林
21	2016	上海	干贝	7	¥20.80	1	0.00%	20.8	郑建杰
22		上海 计数						5	
23	2016	天津	白米	11	¥30.40	20	0.00%	608	李芳
24	2016	天津	白米	12	¥30.40	18	25.00%	547.2	刘英玫

图18-3 分类汇总状态出现

张老师： 没错。不过如果只想看汇总，不想看到明细怎么办？

凯旋： 这也简单。单击左上角的分组按钮2，不过当单击完分组按钮后，我就发现有问题了，按理说结果应该是每一个城市一条信息，结果当前的表里城市信息却重复了。北京汇总应该只有1次，而现在出现的结果中北京出现了很多次，上海、天津、重庆都不是唯一的，都出现了很多次，如图18-4和图18-5所示。我自己遇到的问题也是这样，张老师，这到底是为什么啊？

	A	B
1	年份	货主城市
2	2016	北京
3	2016	北京
4	2016	北京
5	2016	北京
6	2016	北京
7	2016	北京
8	2016	北京

图18-4　选择分组2

	A	B	C	D	E	F	G	H	I	J
1	年份	货主城市	产品名称	月份	单价	数量	折扣	金额	姓名	
16		北京 计数						14		
22		上海 计数						5		
28		天津 计数						5		
36		重庆 计数						7		
82		北京 计数						45		
92		上海 计数						9		
148		天津 计数						55		
168		重庆 计数						19		
178		北京 计数						9		
197		上海 计数						18		
226		天津 计数						28		
243		重庆 计数						16		
244		总计数						230		
245										
246										

图18-5　城市信息重复

张老师：原因就在于，“分类汇总”功能其实非常的“笨”，当它看到数据被截断以后，它就会从截断的地方开始重新进行一次汇总，所以“分类汇总”是有一个前提的，凯旋，你知道是什么前提吗？

凯旋：让我想想……难道说，在做“分类汇总”之前，要先把所有相同的内容摆在一起，这样才能保证做出来的结果是正确的吗？

张老师：你说的很对，那么是什么功能可以把相同的内容摆在一起呢？

凯旋：这就很明显了，是排序。

张老师：没错，也就是说，使用“分类汇总”这个操作的前提是要先排序。

那我们先单击“分类汇总”图标，单击左下角的“全部删除”按钮，把我们的表格还原，如图18-6所示。

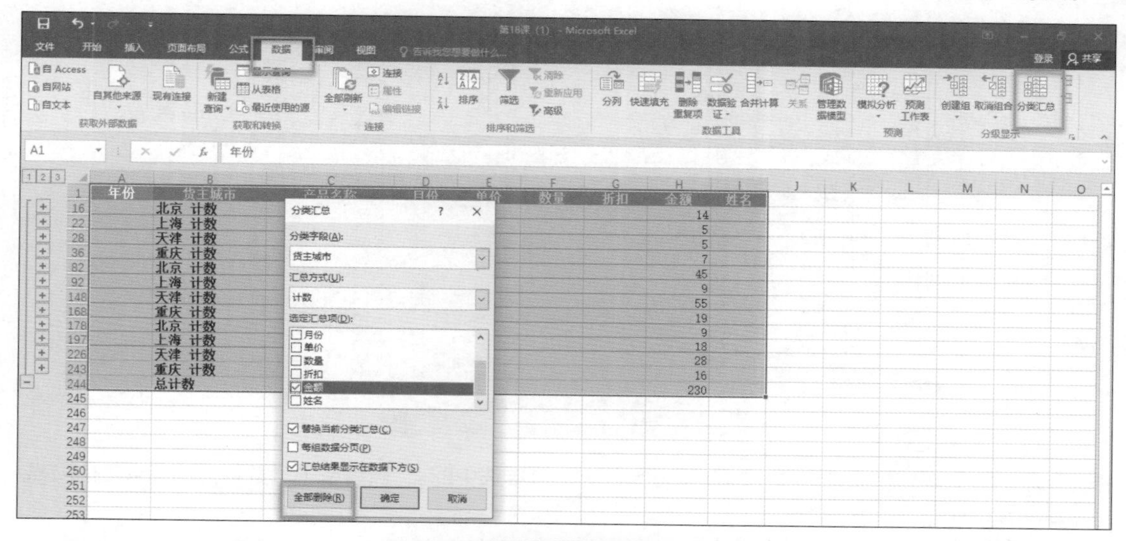

图18-6　删除“分类汇总”

刚才的需求是我想对每个城市的销售额进行求和，首先，要把单元格定位在数据表中，单击“数据”选项卡“排序和筛选”组中的“排序”按钮，在弹出的“排序”对话框中选择主要关键字为“货主城市”，单击“确定”按钮，这样就能保证所有相同的城市会先排在一起了，如图18-7和图18-8所示。

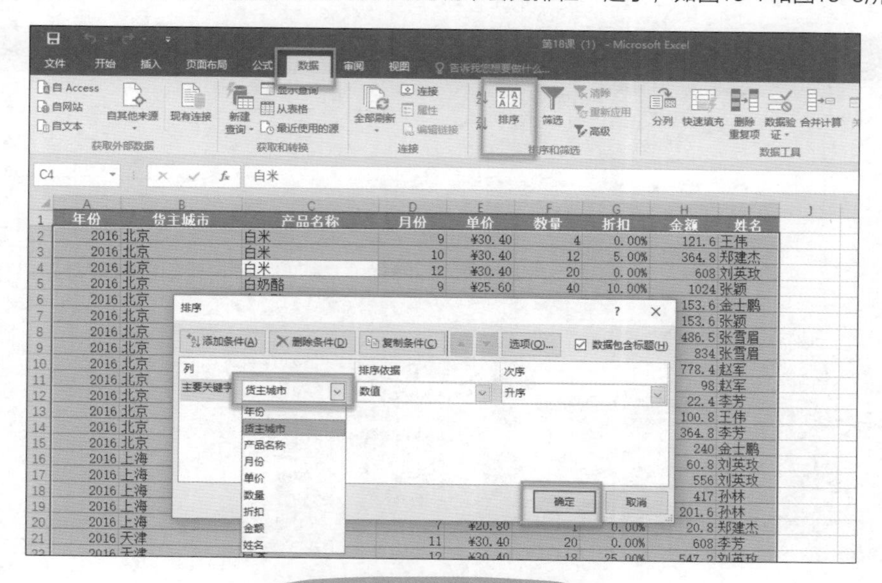

图18-7　对“货主城市”进行排序

	A	B	C	D	E	F	G	H	I
1	年份	货主城市	产品名称	月份	单价	数量	折扣	金额	姓名
2	2016	北京	白米	9	¥30.40	4	0.00%	121.6	王伟
3	2016	北京	白米	10	¥30.40	12	5.00%	364.8	郑建杰
4	2016	北京	白米	12	¥30.40	20	0.00%	608	刘英玫
5	2016	北京	白奶酪	9	¥25.60	40	10.00%	1024	张颖
6	2016	北京	白奶酪	10	¥25.60	6	20.00%	153.6	金士鹏
7	2016	北京	白奶酪	7	¥25.60	6	20.00%	153.6	张颖
8	2016	北京	饼干	7	¥13.90	35	0.00%	486.5	张雪眉
9	2016	北京	饼干	7	¥13.90	60	25.00%	834	张雪眉
10	2016	北京	饼干	11	¥13.90	56	5.00%	778.4	赵军
11	2016	北京	糙米	7	¥9.80	10	0.00%	98	赵军
12	2016	北京	糙米	9	¥11.20	2	0.00%	22.4	李芳
13	2016	北京	糙米	11	¥11.20	9	0.00%	100.8	王伟
14	2016	北京	德国奶酪	7	¥30.40	12	5.00%	364.8	李芳
15	2016	北京	蕃茄酱	8	¥8.00	30	0.00%	240	金士鹏
16	2017	北京	白米	7	¥38.00	5	20.00%	190	刘英玫
17	2017	北京	白米	10	¥38.00	30	0.00%	1140	李芳
18	2017	北京	白米	10	¥38.00	18	25.00%	684	赵军
19	2017	北京	白米	11	¥38.00	30	25.00%	1140	郑建杰
20	2017	北京	白米	11	¥38.00	10	5.00%	380	王伟
21	2017	北京	白米	2	¥30.40	15	0.00%	456	金士鹏
22	2017	北京	白米	6	¥38.00	40	20.00%	1520	孙林
23	2017	北京	白米	8	¥38.00	20	0.00%	760	张颖
24	2017	北京	白米	2	¥30.40	28	0.00%	851.2	李芳

图18-8　排序后相同城市排在一起

凯旋：张老师，这里我有个问题，您为什么不直接选中B列，然后单击“数据”选项卡上的AZ或者ZA图标呢？

张老师：其实，这也是可以的，但是如果直接单击这个图标可能会有一个风险，就是有可能没有选中扩展区域，换句话说就是有可能只把“城市”这一列做了排序，并没有把它对应的信息也进行排序，所以，我建议大家在给数据排序的时候，直接单击“排序”图标会更好。排序完成以后，再去选择“分类汇总”，需求跟前面相同，如图18-9所示，单击“确定”按钮，然后再单击分组按钮2。怎么样，很快吧，每个城市的汇总就出现了，如图18-10所示。

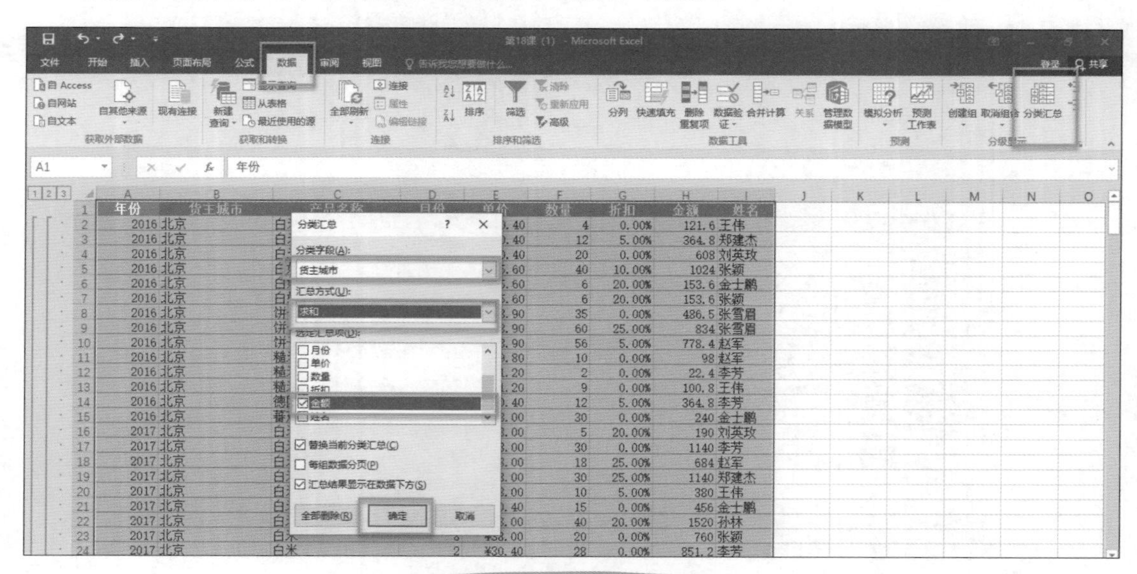

图18-9　先排序再做分类汇总

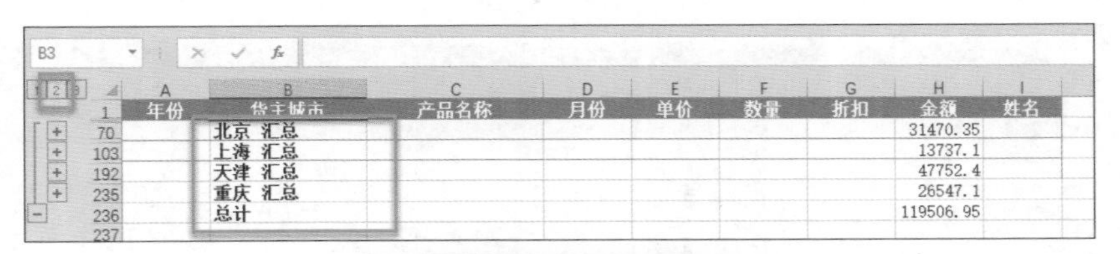

图18-10 城市信息不重复

凯旋： 原来使用"分类汇总"功能的前提是需要先对数据进行排序呀。张老师，我已经学会了。

张老师： 你真的会了吗？不如我们接着往下看。

18.2 多条件的分类汇总

张老师： 那么凯旋，这里我又有了一个新问题，我想知道每个城市里的每个产品的销售额汇总，该怎么办呢？

凯旋： 这还用说，继续做分类汇总就好了啊，直接单击"分类汇总"按钮，在"分类汇总"对话框"分类字段"中选择"产品名称"，下面"汇总方式"选择"求和"，"选定汇总项"选中"金额"复选框，单击"确定"按钮，然后再单击数字3，如图18-11和图18-12所示。当我做完第2次分类汇总以后，单击分组数字3，产品名称里又有重复的了，如图18-13所示。

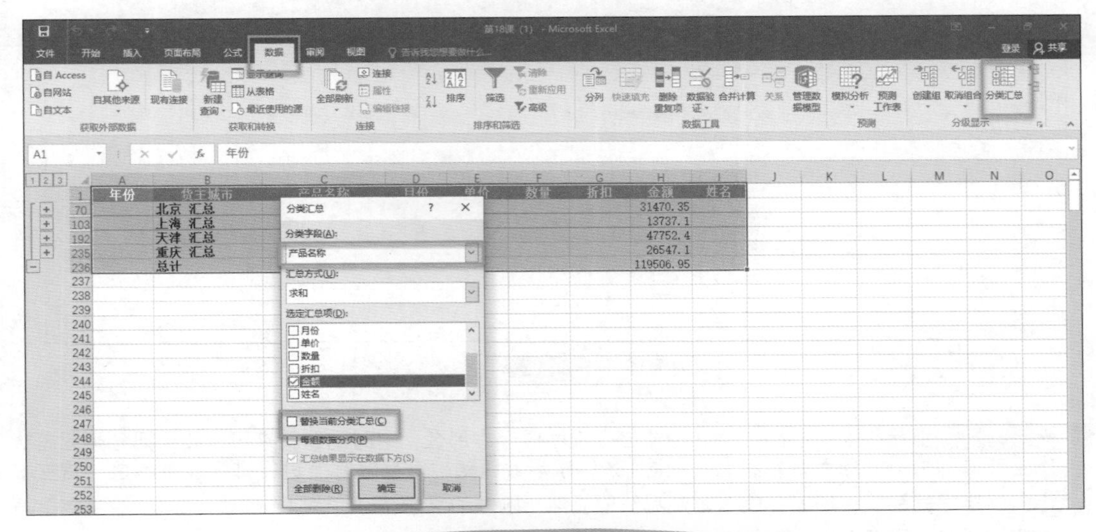

图18-11 对"产品名称"进行分类汇总

	年份	货主城市	产品名称	月份	单价	数量	折扣	金额	姓名
5			白米 汇总					1094.4	
9			白奶酪 汇总					1331.2	
13			饼干 汇总					2098.9	
17			糙米 汇总					221.2	
19			德国奶酪 汇总					364.8	
21			蕃茄酱 汇总					240	
34			白米 汇总					9097.2	
38			白奶酪 汇总					1408	
46			饼干 汇总					3082.1	
50			糙米 汇总					798	
59			大众奶酪 汇总					3402	
67			蛋糕 汇总					1710	
70			德国奶酪 汇总					1824	
72			蕃茄酱 汇总					400	
75			干贝 汇总					676	
77			白米 汇总					684	
79			白奶酪 汇总					640	
82			饼干 汇总					1204.05	
85			大众奶酪 汇总					315	

图18-12 单击3折叠仅看汇总信息

多条件的分类汇总，千万不要忘记在操作第2次分类汇总的时候，在弹出的“分类汇总”对话框中取消选中“替换当前分类汇总”复选框，如图8-11所示。

C5　白米 汇总

	年份	货主城市	产品名称	月份	单价	数量	折扣	金额	姓名
5			白米 汇总					1094.4	
9			白奶酪 汇总					1331.2	
13			饼干 汇总					2098.9	
17			糙米 汇总					221.2	
19			德国奶酪 汇总					364.8	
21			蕃茄酱 汇总					240	
34			白米 汇总					9097.2	
38			白奶酪 汇总					1408	
46			饼干 汇总					3082.1	
50			糙米 汇总					798	
59			大众奶酪 汇总					3402	
67			蛋糕 汇总					1710	
70			德国奶酪 汇总					1824	
72			蕃茄酱 汇总					400	
75			干贝 汇总					676	
77			白米 汇总					684	
79			白奶酪 汇总					640	
82			饼干 汇总					1204.05	
85			大众奶酪 汇总					315	

图18-13 还是有重复的名称

张老师：那是因为“产品名称”也要进行排序操作。那么，这时问题就来了，如果把分类汇总状态全部清除掉，还原到初始状态，如图18-14所示。再对“产品名称”进行排序，是不是“货主城市”的排序就乱了，那现在该怎么办呢？很显然，刚才的需求是在“货主城市”先求和的基础上再看每一个城市里每个产品的求和，

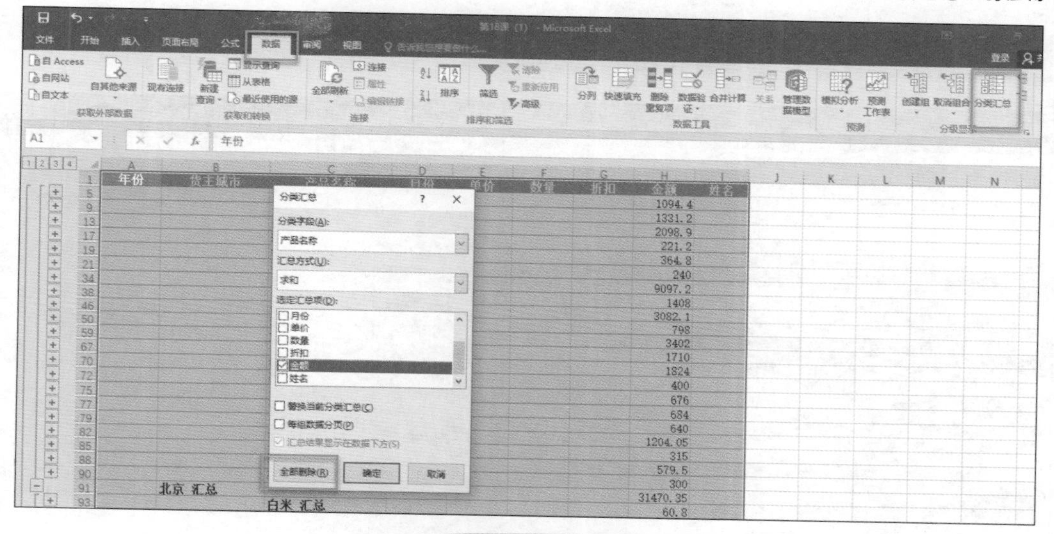

图18-14 清除分类汇总

凯旋：我知道了，原来排序也要区分“主要关键字”和“次要关键字”。

张老师：没错，也就是在单击“排序”的时候，第1条“主要关键字”依然是“货主城市”，接着，再单击“添加条件”按钮，“次要关键字”选择“产品名称”，最后单击“确定”按钮，如图18-15所示。

一个多条件的排序就完成了：在城市排序的基础上，再看每个城市每个产品的排序。

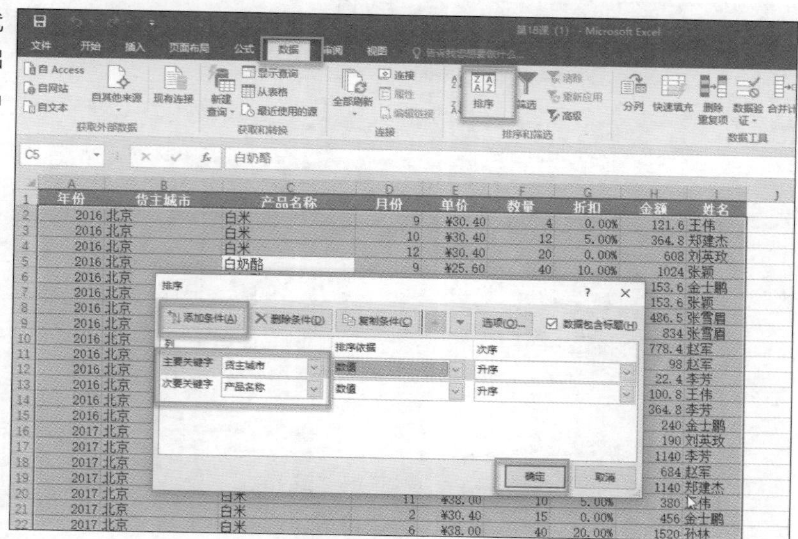

图18-15 添加排序条件

这时再单击“数据”选项卡“分级显示”组中的“分类汇总”。第1次分类汇总的“分类字段”是“货主城市”，“汇总方式”是“求和”，“选定汇总项”是“金额”，如图18-16所示。第2次分类汇总的“分类字段”是“产品名称”，“汇总方式”还是“求和”，“选定汇总项”还是“金额”，如果18-17所示。注意，如果进行多条件的分类汇总，就不要选中下方的“替换当前分类汇总”复选框。怎么样，现在出现的结果是不是就是我们想要的了，如图18-18所示。

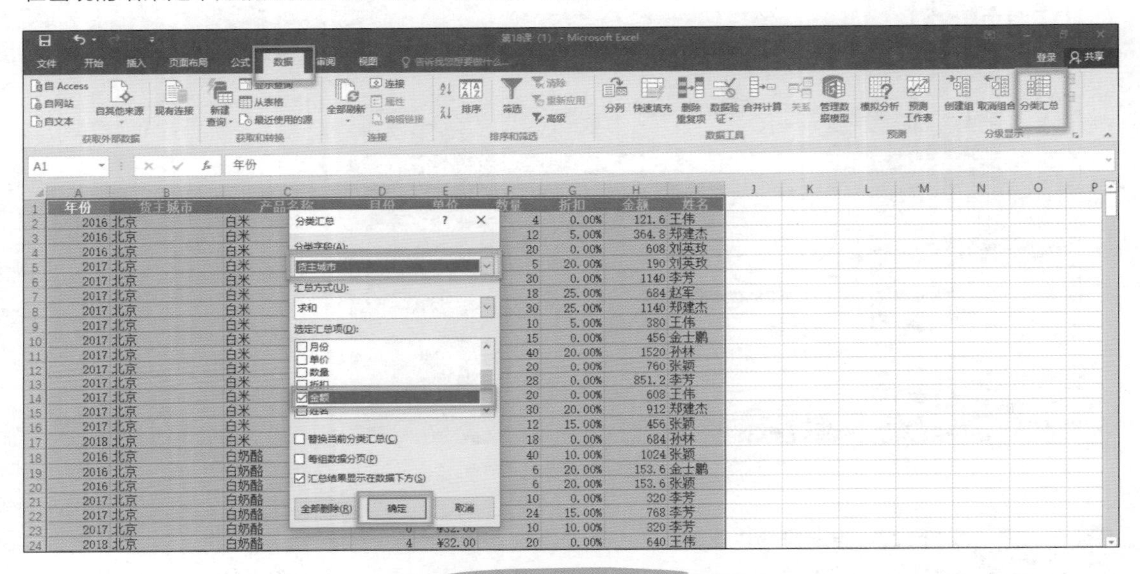

图18-16　货主城市求和金额

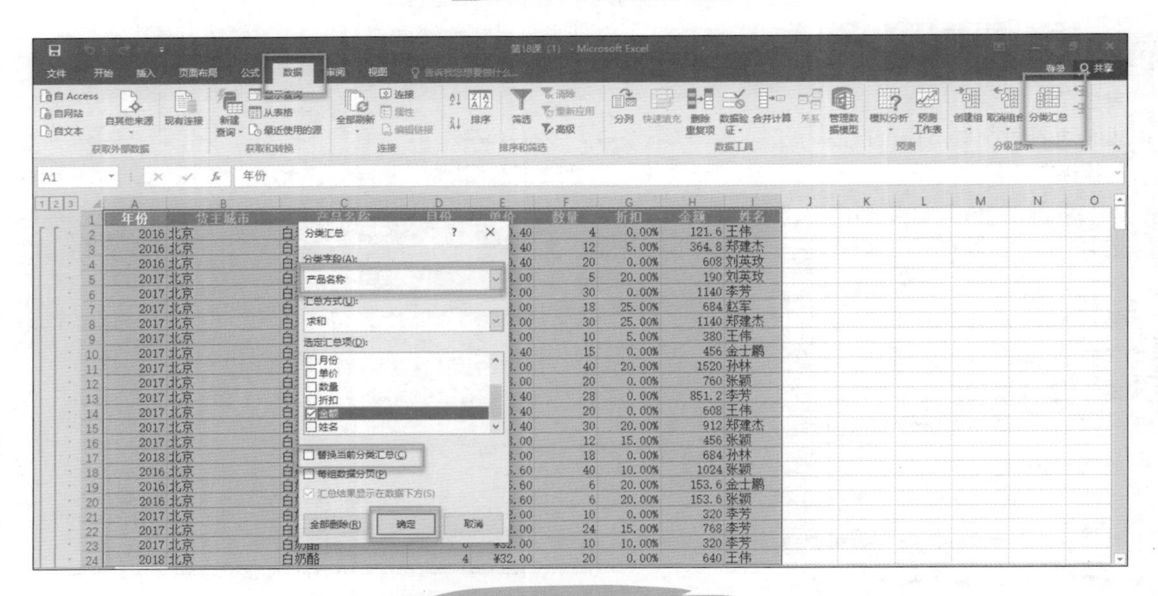

图18-17　产品名称求和金额

	年份	货主城市	产品名称	月份	单价	数量	折扣	金额	姓名
18			白米 汇总					10875.6	
26			白奶酪 汇总					3379.2	
39			饼干 汇总					6385.05	
46			糙米 汇总					1019.2	
57			大众奶酪 汇总					3717	
67			蛋糕 汇总					2289.5	
71			德国奶酪 汇总					2188.8	
75			蕃茄酱 汇总					940	
78			干贝 汇总					676	
79		北京 汇总						31470.35	
86			白米 汇总					5950.8	
88			白奶酪 汇总					32	
95			饼干 汇总					2229.4	
101			糙米 汇总					1078	
106			大众奶酪 汇总					1755.6	
111			蛋糕 汇总					674.5	
114			德国奶酪 汇总					1216	
118			蕃茄酱 汇总					780	
120			干贝 汇总					20.8	
121		上海 汇总						13737.1	
142			白米 汇总					19896.8	
149			白奶酪 汇总					4160	
167			饼干 汇总					7573.8	

图18-18 "多级别"分类汇总的状态

总结一下，要使用"分类汇总"功能，前提要先排序，而多条件分类汇总的前提就是做多级别的排序了，凯旋，现在你知道了吧？

凯旋：原来是这样，这个问题差点儿就被我放过了。

18.3 汇总结果的转移要怎么做？你真的会复制粘贴吗

张老师：凯旋，现在你知道自己有多粗心了吧？

凯旋：张老师，我真的错了，接下来我一定跟您好好学。

张老师：哈哈，那好的，我们继续看当前这个例子，当我单击数字2时，选择只看城市汇总的状态，如图18-19所示。我想只把汇总的信息复制粘贴到新的表格，这时该怎么做呢？

	年份	货主城市	产品名称	月份	单价	数量	折扣	金额	姓名
79		北京 汇总						31470.35	
121		上海 汇总						13737.1	
219		天津 汇总						47752.4	
271		重庆 汇总						26547.1	
272		总计						119506.95	

图18-19 把汇总的信息复制粘贴到新的表格

凯旋：这时候，如果直接选择区域分类汇总的结果区域，然后复制粘贴，会把隐藏的内容也粘贴出来，如图18-20所示。

	A	B	C	D	E	F	G	H	I	J
1			北京 汇总						#REF!	
2			上海	白米	7	¥30.40	2	0.00%	60.8	
3			上海	白米	7	¥38.00	14	0.00%	532	
4			上海	白米	9	¥38.00	45	0.00%	1710	
5			上海	白米	12	¥38.00	60	0.00%	2280	
6			上海	白米	12	¥38.00	20	15.00%	760	
7			上海	白米	2	¥38.00	16	0.00%	608	
8				白米 汇总					5950.8	
9			上海	白奶酪	5	¥32.00	1	0.00%	32	
10				白奶酪汇总					32	
11			上海	饼干	8	¥13.90	40	15.00%	556	
12			上海	饼干	9	¥13.90	30	0.00%	417	
13			上海	饼干	2	¥17.45	12	5.00%	209.4	
14			上海	饼干	2	¥17.45	30	25.00%	523.5	
15			上海	饼干	3	¥17.45	28	15.00%	488.6	
16			上海	饼干	5	¥17.45	2	3.00%	34.9	
17				饼干 汇总					2229.4	

图18-20　复制后出现隐藏的明细数据

张老师：说明分类汇总出来的结果，是无法直接进行复制粘贴的。

凯旋：那我们到底该怎么做才不会把隐藏内容也粘贴出来呢？

张老师：方法是这样的。先把需要复制的区域选中，按Alt+；(分号)组合键，这时候表格就处于一个仅选择可见单元格的状态，如图18-21所示。这时，右击，选择“复制”选项，再进行粘贴，不会把隐藏的内容粘贴出来了，如图18-22所示。Alt+；(分号)这个组合键的意思是定位可见单元格，只选中可以看到的单元格。

	A	B	C	D	E	F	G	H	I	J
1	年份	货主城市	产品名称	月份	单价	数量	折扣	金额	姓名	
79		北京 汇总						31470.35		
121		上海 汇总						13737.1		
219		天津 汇总						47752.4		
271		重庆 汇总						26547.1		
272		总计						119506.95		

图18-21　使用快捷键选中复制区域

	A	B	C	D	E	F	G	H	I	J	K	L
1			北京 汇总						31470.35			
2			上海 汇总						13737.1			
3			天津 汇总						47752.4			
4			重庆 汇总						26547.1			

图18-22　复制结果没有隐藏数据

凯旋：这也太酷了吧！这个功能到底是哪里来的呢？

张老师：那我就来教教你，如果你并不了解Alt+；组合键的话，你可以单击“开始”选项卡“编辑”组中的“查找和选择”按钮，在弹出的下拉列表中选择“定位条件”选项，如图18-23所示，在弹出的“定位条件”对话框中，选中“可见单元格”单选按钮，再单击“确定”按钮，如图18-24所示，此时表格就处于选中可见单元格状态，最后，再复制粘贴到需要的位置，这样就好了，如图18-25所示。

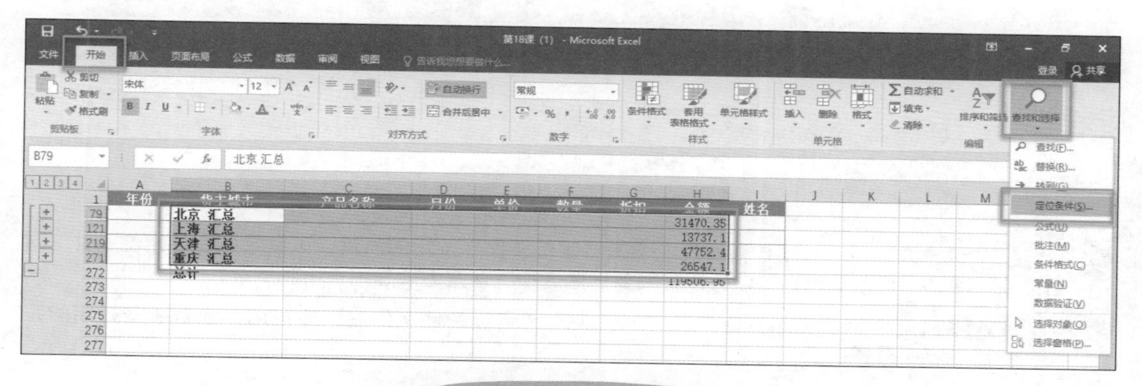

图18-23 定位可见单元格

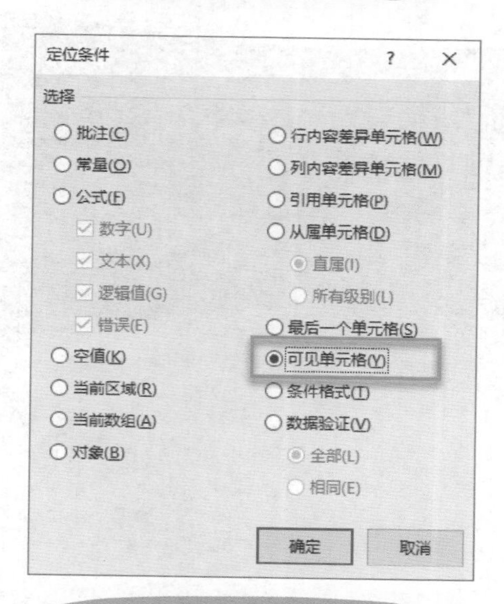

图18-24 选中“可见单元格”单选按钮

货主城市	产品名称	月份	单价	数量	折扣	金额
北京 汇总						31470.35
上海 汇总						13737.1
天津 汇总						47752.4
重庆 汇总						26547.1

货主城市	产品名称	月份	单价	数量	折扣	金额
北京 汇总						31470.35
上海 汇总						13737.1
天津 汇总						47752.4
重庆 汇总						26547.1

图18-25 粘贴出来的状态

凯旋：这也太好用了！不过我发现，单击“定位条件”按钮的时候，可以看到在“定位条件”对话框中，除了“可见单元格”以外还有很多其他选项，这些选项是用来干吗的啊？

张老师：凯旋你怎么突然变得这么好学，关于“定位条件”到底该如何用，还有哪些好用的方法，我们下节课再聊！

本课小结：

本节课主要讲了3个方面的内容：

第一，分类汇总的前提是排序。

第二，多条件的分类汇总的前提是要进行主次关键字的排序。

第三，定位可见单元格。

第19课
规划你的数据表——定位功能

凯旋，“定位”你平时会用吗？

我也算是使用Excel的老手了，但定位功能我知道得真不多。还请张老师赐教！

哟，你怎么一下子变得这么谦虚好学？难得！

张老师，跟您学了这么久，早就知道“山外有山，人外有人”了。接下来只想跟您好好学，争取以后做个真正的Excel高手！

不错，有志气！我果然没看错你！

那我们快开始吧！

19.1 如何迅速填充相同内容的空白单元格

凯旋，你还记得在上一节课中我们提到的“定位可见单元格”用的是什么组合键吗？

当然记得，Alt+；。

没错，这个组合键是用来快速定位可见单元格的。凯旋，那你记得这个组合键是怎么来的吗？

这是上一节课的内容，我当然记得，是从定位功能中来的。

说得很对。那我们今天来看一下，这个定位到底还有哪些用途。

举个例子，下面这张表是处于分类汇总状态的，我想在所有城市的汇总的最后面插入一列叫“备注”，我希望在每个城市汇总后面的“备注”信息里面填上“请核实”3个字，那么，当我把“北京 汇总”后面的单元格输完“请核实”以后，需要在上海、天津、重庆后面的单元格里也出现“请核实”3个字，如图19-1所示。

	A	B	C	D	E	F	G	H	I	J
1	年份	货主城市	产品名称	月份	单价	数量	折扣	金额	姓名	备注
79		北京 汇总						31470.35		请核实
121		上海 汇总						13737.1		
219		天津 汇总						47752.4		
271		重庆 汇总						26547.1		
272		总计						119507		
273										

图19-1 添加“备注”栏

凯旋：这简单！直接把鼠标定位在单元格的右下角成黑十字的状态，往下拉就可以了，如图19-2所示。但是，怎么会这样？

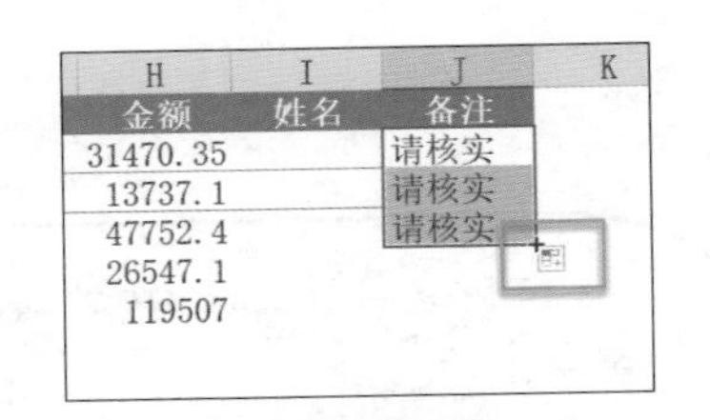

H	I	J	K
金额	姓名	备注	
31470.35		请核实	
13737.1		请核实	
47752.4		请核实	
26547.1			
119507			

图19-2　直接下拉填充

张老师：如图19-3所示，当单击分组的数字3的时候，所有数据一展开就会发现，你刚才那么一“拉”不但让每一个汇总文字后面出现了“请核实”3个字，而且让我们从“北京 汇总”开始下面所有的行都出现了“请核实”3个字，这并不是我想要的状态。

	A	B	C	D	E	F	G	H	I	J
124	2017	天津	白米	4	¥30.40	14	0.00%	425.6	金士鹏	请核实
125	2017	天津	白米	4	¥38.00	70	0.00%	2660	李芳	请核实
126	2017	天津	白米	4	¥38.00	40	0.00%	1520	孙林	请核实
127	2017	天津	白米	4	¥30.40	30	0.00%	912	郑建杰	请核实
128	2017	天津	白米	5	¥38.00	30	15.00%	1140	郑建杰	请核实
129	2017	天津	白米	6	¥38.00	60	5.00%	2280	李芳	请核实
130	2017	天津	白米	7	¥38.00	28	0.00%	1064	郑建杰	请核实
131	2017	天津	白米	8	¥38.00	60	5.00%	2280	孙林	请核实
132	2017	天津	白米	10	¥38.00	20	25.00%	760	张颖	请核实
133	2017	天津	白米	11	¥38.00	14	20.00%	532	郑建杰	请核实
134	2017	天津	白米	11	¥38.00	15	0.00%	570	郑建杰	请核实
135	2017	天津	白米	12	¥38.00	20	20.00%	760	王伟	请核实
136	2018	天津	白米	1	¥38.00	24	0.00%	912	李芳	请核实
137	2018	天津	白米	1	¥38.00	20	15.00%	760	王伟	请核实
138	2018	天津	白米	1	¥38.00	30	0.00%	1140	赵军	请核实
139	2018	天津	白米	2	¥38.00	21	5.00%	798	郑建杰	请核实

图19-3　展开数据出现“请核实”

凯旋：那怎么办啊？我只希望在汇总的文字后面出现“请核实”3个字，总不能一个个复制粘贴吧。

张老师：接下来我就教你一个方法。首先把需要填写“请核实”3个字的区域选中，按组合键Alt+；（定位可见单元格）定位可以看到的单元格，然后直接输入“请核实”。注意，关键时刻来了，当我们把“请核实”输完以后，不要马上按Enter键，而是按Ctrl+Enter组合键，这样剩下的单元格也被迅速填充了，如图19-4所示。

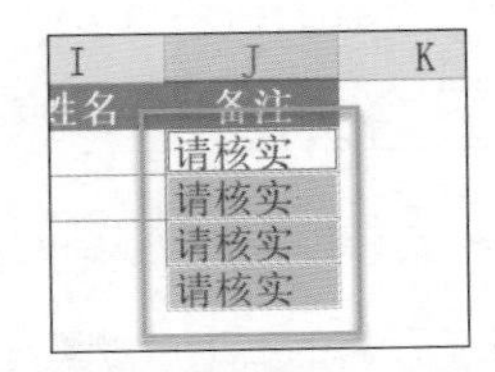

I	J	K
姓名	备注	
	请核实	
	请核实	
	请核实	
	请核实	

图19-4　定位可见单元格输入“请核实”再按下Ctrl+Enter组合键

如图19-5所示，这时当我去单击数字3展开分组时你会发现“请核实”只会在每一个汇总信息后面出

现，并没有在下面的详细内容右边出现，这一招你学会了吗？

	A	B	C	D	E	F	G	H	I	J
1	年份	货主城市	产品名称	月份	单价	数量	折扣	金额	姓名	备注
18			白米 汇					10875.6		
26			白奶酪					3379.2		
39			饼干 汇					6385.05		
46			糙米 汇					1019.2		
57			大众奶					3717		
67			蛋糕 汇					2289.5		
71			德国奶					2188.8		
75			蕃茄酱					940		
78			干贝 汇					676		
79		北京 汇总						31470.35		请核实
86			白米 汇					5950.8		
88			白奶酪					32		

图19-5 “请核实”只会在每一个汇总信息后面出现

凯旋：原来，这么简单就可以搞定！

19.2 如何迅速填充不同内容的空白单元格

张老师：接下来再来详细看一下，定位功能还能用在哪些方面呢？如图19-6所示，单击“数据”选项卡“分级显示”组中的“分类汇总”按钮，在“分类汇总”对话框中单击“全部删除”按钮。

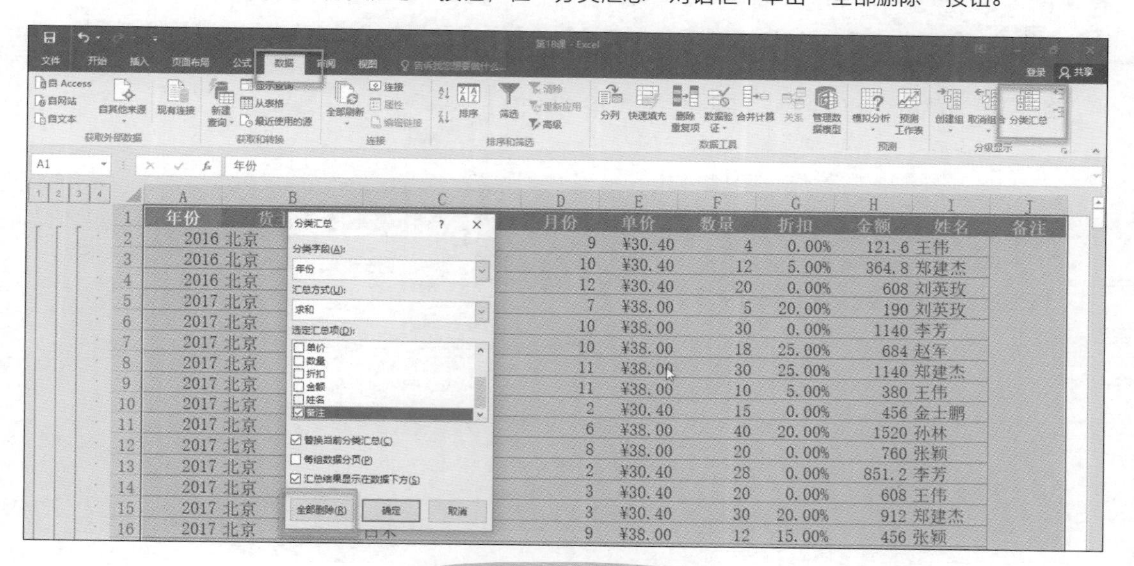

	A	B	C	D	E	F	G	H	I	J
1	年份	货主城市	产品名称	月份	单价	数量	折扣	金额	姓名	备注
2	2016	北京		9	¥30.40	4	0.00%	121.6	王伟	
3	2016	北京		10	¥30.40	12	5.00%	364.8	郑建杰	
4	2016	北京		12	¥30.40	20	0.00%	608	刘英玫	
5	2017	北京		7	¥38.00	5	20.00%	190	刘英玫	
6	2017	北京		10	¥38.00	30	0.00%	1140	李芳	
7	2017	北京		10	¥38.00	18	25.00%	684	赵军	
8	2017	北京		11	¥38.00	30	25.00%	1140	郑建杰	
9	2017	北京		11	¥38.00	10	5.00%	380	王伟	
10	2017	北京		2	¥30.40	15	0.00%	456	金士鹏	
11	2017	北京		6	¥38.00	40	20.00%	1520	孙林	
12	2017	北京		8	¥38.00	20	0.00%	760	张颖	
13	2017	北京		2	¥30.40	28	0.00%	851.2	李芳	
14	2017	北京		3	¥30.40	20	0.00%	608	王伟	
15	2017	北京		3	¥30.40	30	20.00%	912	郑建杰	
16	2017	北京		9	¥38.00	12	15.00%	456	张颖	

图19-6 删除分类汇总状态

在19.1节中我们讲到定位功能是在“开始”选项卡“编辑”组中的“查找和选择”按钮下面的“定位条件”中可以看到，如图19-7所示。

	A	B	C	D	E	F	G	H	I	J
1	年份	货主城市	产品名称	月份	单价	数量	折扣	金额	姓名	备注
2	2016	北京	白米	9	¥30.40	4	0.00%	121.6	王伟	
3	2016	北京	白米	10	¥30.40	12	5.00%	364.8	郑建杰	
4	2016	北京	白米	12	¥30.40	20	0.00%	608	刘英玫	
5	2017	北京	白米	7	¥38.00	5	20.00%	190	刘英玫	
6	2017	北京	白米	10	¥38.00	30	0.00%	1140	李芳	
7	2017	北京	白米	10	¥38.00	18	25.00%	684	赵军	
8	2017	北京	白米	11	¥38.00	30	25.00%	1140	郑建杰	
9	2017	北京	白米	11	¥38.00	10	5.00%	380	王伟	
10	2017	北京	白米	2	¥30.40	15	0.00%	456	金士鹏	
11	2017	北京	白米	6	¥38.00	40	20.00%	1520	孙林	
12	2017	北京	白米	8	¥38.00	20	0.00%	760	张颖	
13	2017	北京	白米	2	¥30.40	28	0.00%	851.2	李芳	
14	2017	北京	白米	3	¥30.40	20	0.00%	608	王伟	
15	2017	北京	白米	3	¥30.40	30	20.00%	912	郑建杰	
16	2017	北京	白米	9	¥38.00	12	15.00%	456	张颖	

图19-7　打开定位功能

凯旋：我知道，“定位”的快捷键是F5。

张老师：你说得对。当把“定位条件”对话框点开后会看到除了19.1节讲到的“可见单元格”以外，还能看到很多不同的条件，比如说“常量”“空值”“对象”等。最常用的除了“可见单元格”以外，就是“空值”和“对象”，如图19-8所示。

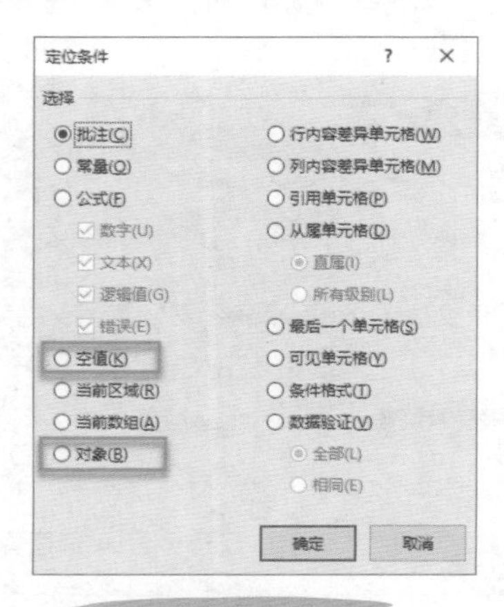

图19-8　常用定位条件

凯旋：我们先来说“空值”。

张老师：如图19-9所示，在当前这张表里面，很多表示0的单元格，它并没有输入内容，而是直接空着，我们要做的事情就是把这些空单元格都用0来填充，该怎么办呢？

E	F	G	H	I
单价	数量	折扣	金额	姓名
¥30.40	4		121.6	王伟
¥30.40	12	5.00%	364.8	郑建杰
¥30.40	20		608	刘英玫
¥38.00	5	20.00%	190	刘英玫
¥38.00	30		1140	李芳
¥38.00	18	25.00%	684	赵军
¥38.00	30	25.00%	1140	郑建杰
¥38.00	10	5.00%	380	王伟
¥30.40	15		456	金士鹏
¥38.00	40	20.00%	1520	孙林
¥38.00	20		760	张颖
¥30.40	28		851.2	李芳
¥30.40	20		608	王伟
¥30.40	30	20.00%	912	郑建杰

图19-9 数据表格中出现了太多的空单元格

首先，把包含空格的区域选中，然后，单击“开始”选项卡“编辑”组中的“查找和选择”按钮，在弹出的下拉列表中选择“定位条件”选项（或者按F5键也可以），在弹出的“定位条件”对话框中选中“空值”单选按钮，再单击“确定”按钮，如图19-10所示；这时你就会发现，Excel会自动帮助我们把刚才选择区域中的空格定位出来，如图19-11所示；接下来输入0然后按组合键Ctrl+Enter，完成，如图19-12所示。这样是不是很快呢？尤其是当有人看着你的时候，你就一定要这样做了。

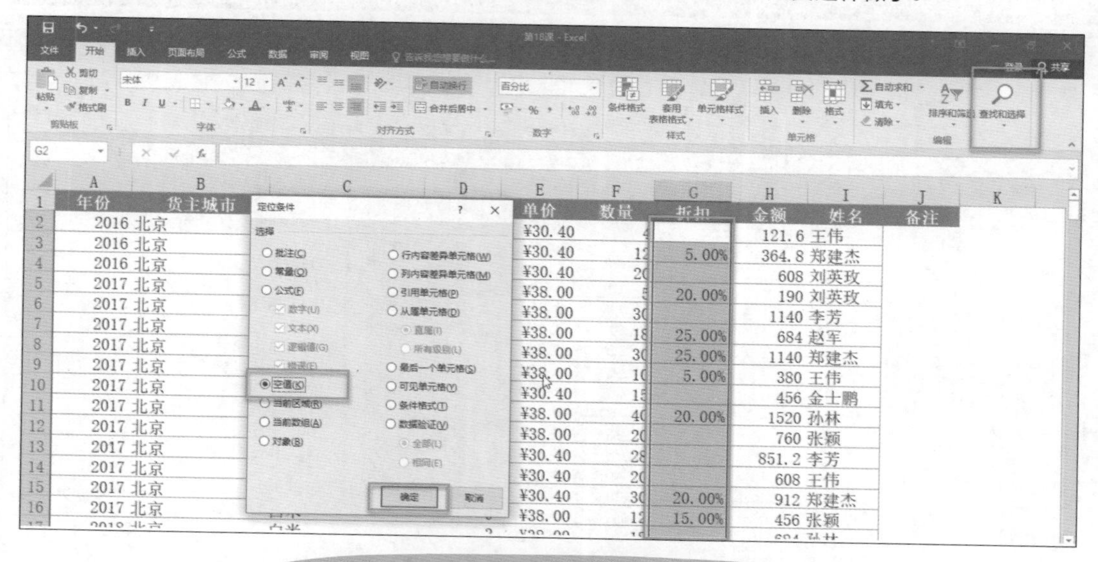

图19-10 “定位条件”对话框中选中“空值”单选按钮

F	G	H	I	J
数量	折扣	金额	姓名	备注
4		121.6	王伟	
12	5.00%	364.8	郑建杰	
20		608	刘英玫	
5	20.00%	190	刘英玫	
30		1140	李芳	
18	25.00%	684	赵军	
30	25.00%	1140	郑建杰	
10	5.00%	380	王伟	
15		456	金士鹏	
40	20.00%	1520	孙林	
20		760	张颖	
28		851.2	李芳	
20		608	王伟	
30	20.00%	912	郑建杰	
12	15.00%	456	张颖	

图19-11 空格被定位

F	G	H	I	J
数量	折扣	金额	姓名	备注
4	0.00%	121.6	王伟	
12	5.00%	364.8	郑建杰	
20	0.00%	608	刘英玫	
5	20.00%	190	刘英玫	
30	0.00%	1140	李芳	
18	25.00%	684	赵军	
30	25.00%	1140	郑建杰	
10	5.00%	380	王伟	
15	0.00%	456	金士鹏	
40	20.00%	1520	孙林	
20	0.00%	760	张颖	
28	0.00%	851.2	李芳	
20	0.00%	608	王伟	
30	20.00%	912	郑建杰	
12	15.00%	456	张颖	

图19-12 空格被填充

之所以刚才跟你说有人看着你的时候这样做，是因为这样的操作一定会很唬人，会让人觉得你是高手。

凯旋：那如果没有人看着我的时候要怎么做呢？

张老师：很简单，用“查找替换”功能就好了，如图19-13和图19-14所示。

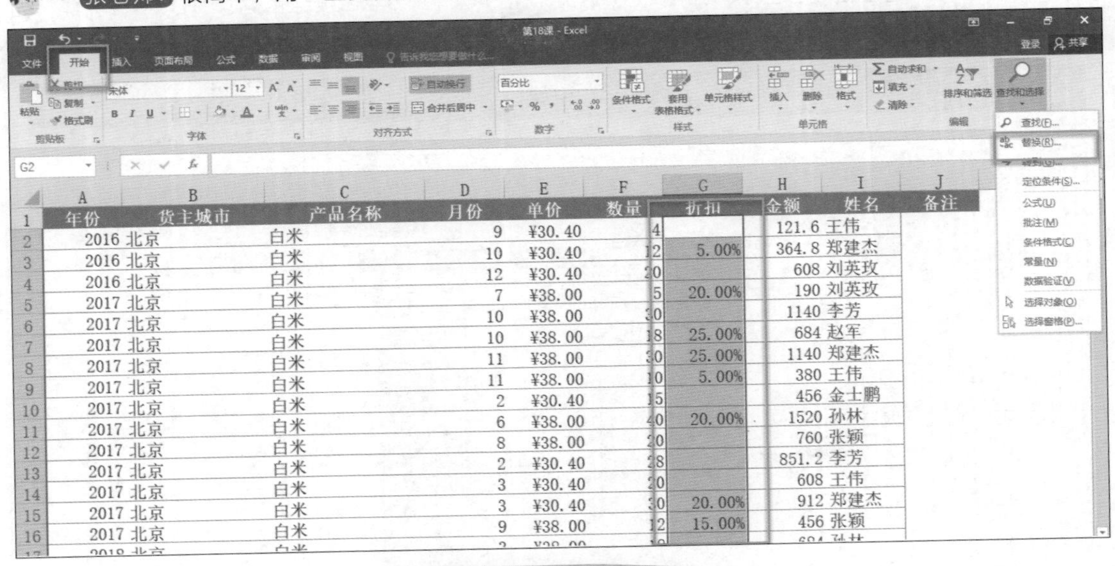

	A	B	C	D	E	F	G	H	I	J
1	年份	货主城市	产品名称	月份	单价	数量	折扣	金额	姓名	备注
2	2016	北京	白米	9	¥30.40	4		121.6	王伟	
3	2016	北京	白米	10	¥30.40	12	5.00%	364.8	郑建杰	
4	2016	北京	白米	12	¥30.40	20		608	刘英玫	
5	2017	北京	白米	7	¥38.00	5	20.00%	190	刘英玫	
6	2017	北京	白米	10	¥38.00	30		1140	李芳	
7	2017	北京	白米	10	¥38.00	18	25.00%	684	赵军	
8	2017	北京	白米	11	¥38.00	30	25.00%	1140	郑建杰	
9	2017	北京	白米	11	¥38.00	10	5.00%	380	王伟	
10	2017	北京	白米	2	¥30.40	15		456	金士鹏	
11	2017	北京	白米	6	¥38.00	40	20.00%	1520	孙林	
12	2017	北京	白米	8	¥38.00	20		760	张颖	
13	2017	北京	白米	2	¥30.40	28		851.2	李芳	
14	2017	北京	白米	3	¥30.40	20		608	王伟	
15	2017	北京	白米	3	¥30.40	30	20.00%	912	郑建杰	
16	2017	北京	白米	9	¥38.00	12	15.00%	456	张颖	

图19-13 使用“替换”的方式

凯旋：您这、这、这也太简单了吧……我还以为多高级呢……

张老师：相对于“定位”功能，用“查找替换”功能当然就没有那么高级了。

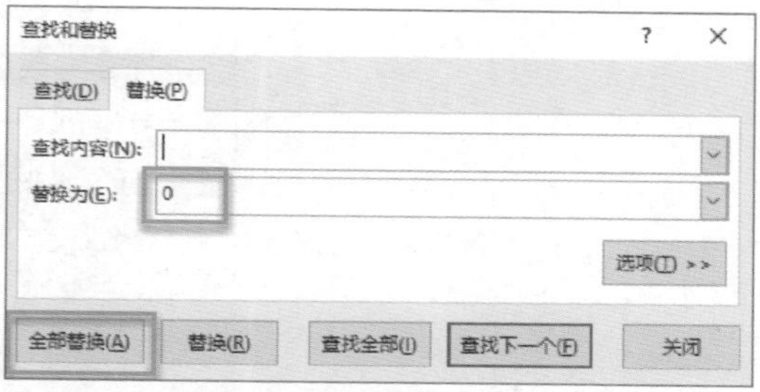

张老师：好了，不开玩笑了，接下来讲一个非常重要的功能。我发现很多人从各自公司数据库里导出来的数据会出现这样一种情况，就是每一个数据的信息第一个单元格有内容，而后面的单元格都是空的，当把数据导入Excel里面以后，一定要做的事情就是把空单元格都填上这个区域里第一个非空单元格的内容，我也把这个操作叫作迅速填充不相同内容的空单元格。

图19-14　把空格替换为0

凯旋：对，这个问题我就经常遇到，那我们要如何操作啊？

张老师：按照一般的做法，很多人都是直接往下拉，去这样填充，这样不但效率低，而且容易出错。

凯旋：我就是这么做的。

张老师：如图19-15所示，我希望把产品名称都能相应填充下来，“白米”下面的空单元格内容就都要是“白米”，“白奶酪”下面的空单元格就都要是“白奶酪”。要如何做呢？用定位，就可以迅速把这个问题解决。首先要把包含空单元格的区域选中，然后单击“开始”选项卡“编辑”组中的“查找和选择”按钮，在弹出的下拉列表中选择“定位条件”选项，在“定义条件”对话框中选中“空值”单选按钮，单击“确定”按钮，此时所有的空单元格都被定位了，如图19-16所示。

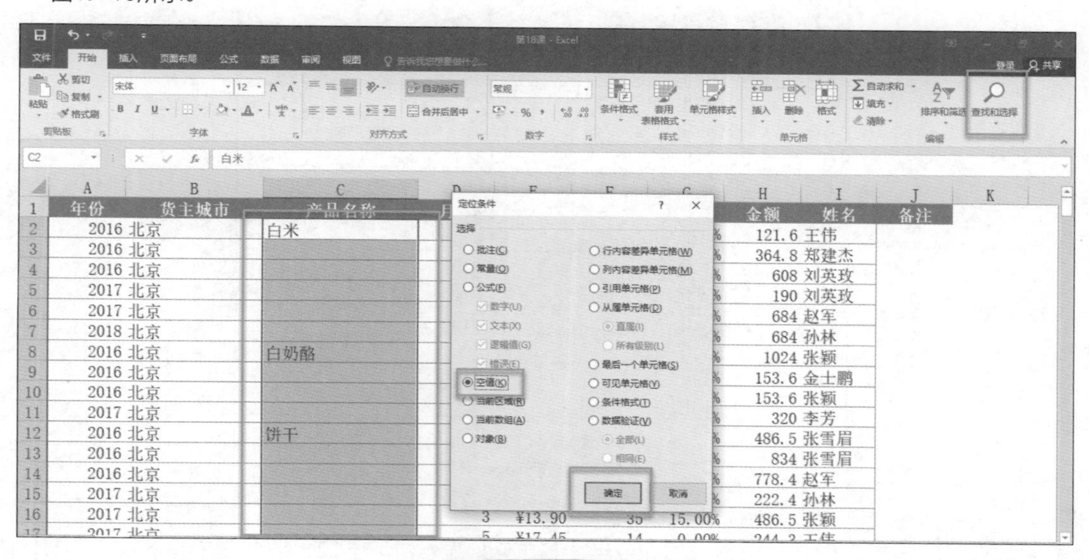

图19-15　定位空值

B	C	D
城市	产品名称	月份
	白米	9
		10
		12
		7
		10
		3
	白奶酪	9
		10
		7
		11
	饼干	7
		7
		11
		2

图19-16　空值被定位

凯旋：然后怎么办？我总不能直接在这里输入“白米”然后按Ctrl+Enter组合键吧？

张老师：当然不行，如果这样做的话，下面本来属于“白奶酪”“糙米”的区域也会变成“白米”了。这时候，直接按=键，也就是说要先输入等号，接着，用鼠标单击上方的单元格（在我当前案例中就是C2单元格），最后，按组合键Ctrl+Enter填充下面的信息，如图19-17所示。

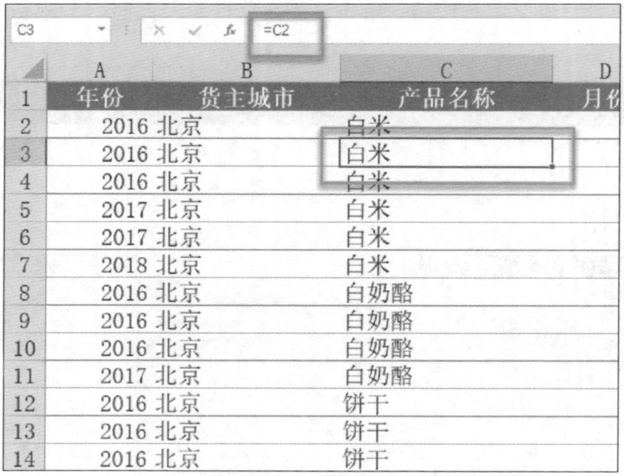

C3　=C2

	A	B	C	D
1	年份	货主城市	产品名称	月份
2	2016	北京	白米	
3	2016	北京	白米	
4	2016	北京	白米	
5	2017	北京	白米	
6	2017	北京	白米	
7	2018	北京	白米	
8	2016	北京	白奶酪	
9	2016	北京	白奶酪	
10	2016	北京	白奶酪	
11	2017	北京	白奶酪	
12	2016	北京	饼干	
13	2016	北京	饼干	
14	2016	北京	饼干	

图19-17　批量输入

凯旋：这也太快了吧，为什么会这样呢？

张老师：因为我按下组合键Ctrl+Enter后，C3单元格显示的等于C2，那么C4单元格就等于C3，这就是前面讲的相对引用，如图19-18所示，还有没有印象？也就是说“白奶酪”下面那个单元格的内容就是“白奶酪”了，如图19-19所示。

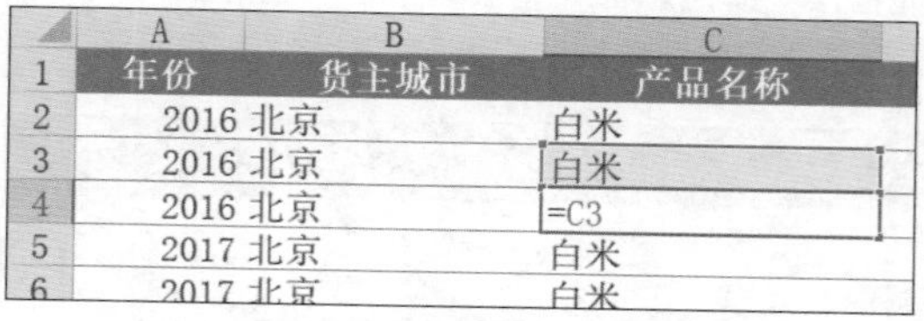

	A	B	C
1	年份	货主城市	产品名称
2	2016	北京	白米
3	2016	北京	白米
4	2016	北京	=C3
5	2017	北京	白米
6	2017	北京	白米

图19-18　相对引用的原理（1）

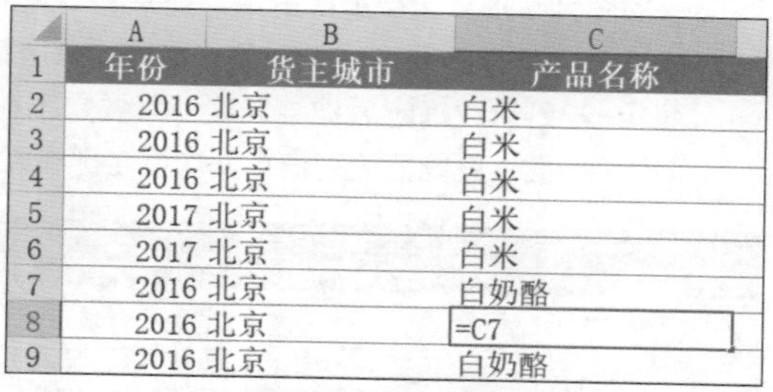

	A	B	C
1	年份	货主城市	产品名称
2	2016	北京	白米
3	2016	北京	白米
4	2016	北京	白米
5	2017	北京	白米
6	2017	北京	白米
7	2016	北京	白奶酪
8	2016	北京	=C7
9	2016	北京	白奶酪

图19-19　相对引用的原理（2）

注意了，这个操作做完以后千万不要兴奋，还有一件事情可千万不要忘记做哟。是什么事情，你猜到了吗？

凯旋：那就是把“产品名称”这一列先复制，然后在“选择性粘贴”对话框中选中粘贴中的“数值”单选按钮，如图19-20所示。此时才能够把刚才单元格里的公式彻底地替换为文本格式，这样我们的表格就很整齐干净了，如图19-21所示。

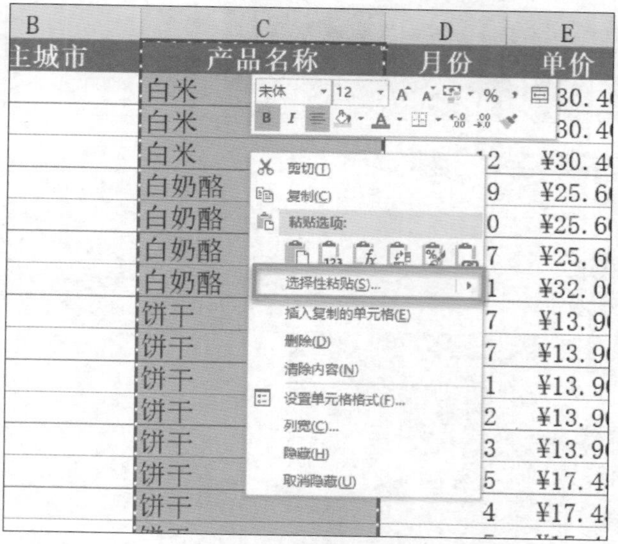

图19-20　选择性粘贴

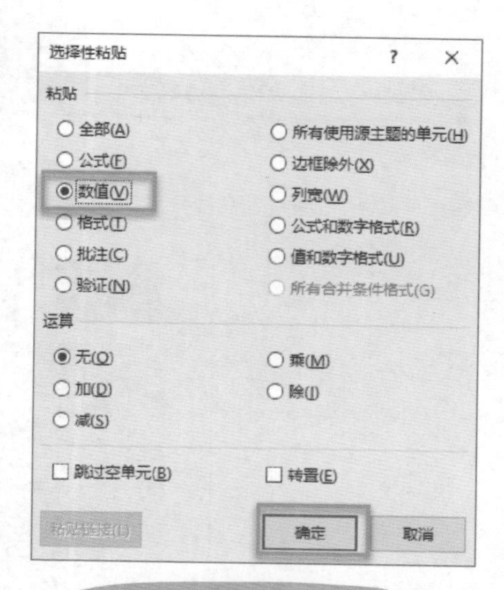

图19-21　选中“数值”单选按钮

刚才张老师您讲了“定位条件”里的“空值”，那什么叫定位“对象”呢？

张老师： 有的时候我们会在Excel表格中插入各种形状或者是图片，但是，如果你想一次性地把Excel里的图片、形状全部删除的话，还是有一点麻烦的。因为我们没有办法用鼠标一次性选中所有的浮在Excel“上层”的图形或者对象。最好的办法就是在“定位条件”对话框中选中“对象”单选按钮，如图19-22所示；确定后你会发现，只要是不在“单元格层”的信息都同时被选中了，这时我们只需按下Delete键，就能把这些信息一次性全部删除了，这就是“定位对象”的好处了，如图19-23所示。

图19-22　定位对象

图19-23　图片全部被选中

凯旋：原来“定位对象”是这么用的。

19.3 不管你怎么排序，一招还原表格

张老师：凯旋我问你，“分类汇总”操作的前提是什么呀？

凯旋：上一节课我们讲过，是先排序。

张老师：没错，现在这张表格是经过排序之后的表格，现在我希望数据能够回到最初始状态的顺序，该怎么办呢？

凯旋：我来我来！在上一节课的案例中我们做了“多条件的排序”，对城市和产品分别排了序，如果我想把排序的状态删除或者还原，那就直接单击“数据”选项卡“排序和筛选”组中的“排序”按钮，把里面的两个排序条件删除，然后再单击“确定”按钮，如图19-24所示。

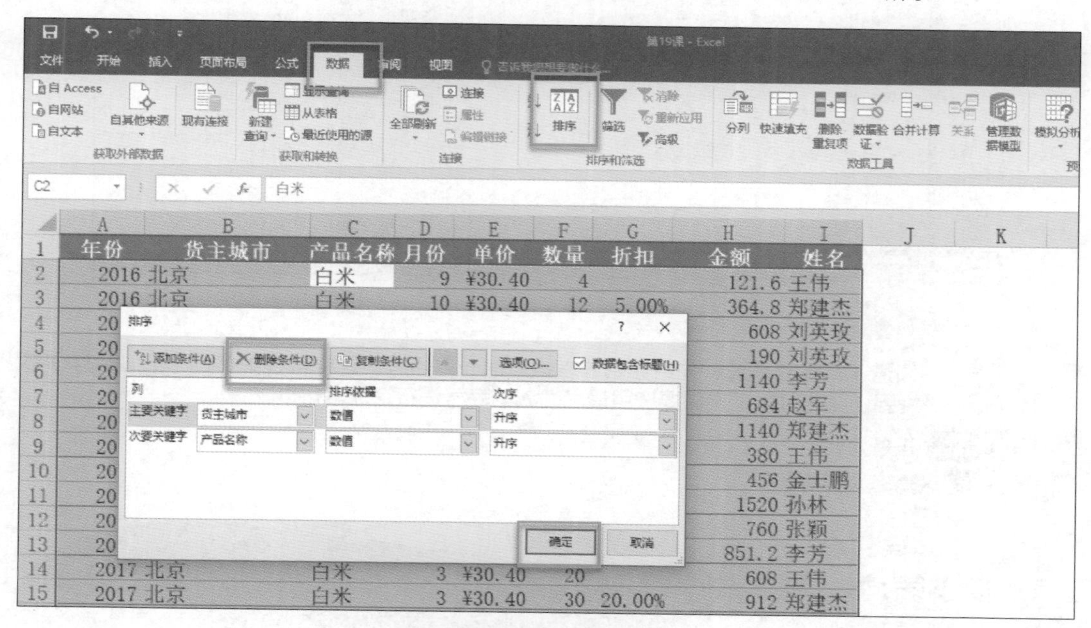

图19-24 删除排序条件

What！怎么会没有任何变化，那我们到底要怎么样才可以把数据还原到初始状态啊？

张老师：我告诉你吧，我也没有别的办法了。

凯旋：啊？不会吧，您一定有办法。

张老师：如果是现在这种状态我确实没办法，所以，下次使用排序操作之前，一定要注意，先做什么。

凯旋：没办法的话，只能先备份了。

张老师：NO！NO！NO！是先给表格插入一列“序号”，如图19-25和图19-26所示。

图19-25　插入新的一列

	A	B	C
1	NO	年份	货主城市
2	1	2016	北京
3	2	2016	北京
4	3	2016	北京
5	4	2017	北京
6	5	2017	北京
7	6	2017	北京
8	7	2017	北京
9	8	2017	北京
10	9	2017	北京
11	10	2017	北京
12	11	2017	北京
13	12	2017	北京
14	13	2017	北京
15	14	2017	北京
16	15	2017	北京
17	16	2018	北京

图19-26　下拉生成序列

凯旋：我知道了！也就是说，先给原始的表格添加一列序号，这样再去排序，无论怎么排序都没有问题，最终要还原的时候，只需要按照最早插入的序号进行还原就可以了。

张老师：正是如此。

凯旋：这真的太实用了！

本课小结：

本节课主要讲了3个方面的内容：

第一，如何迅速填充相同内容的空白单元格。

第二，如何迅速填充不同内容的空白单元格。

第三，如何避免排序后无法还原。

PART 第6部分

不玩虚的，教你玩转数据透视表

数据透视表是一个报表工具，而不是一张“表”

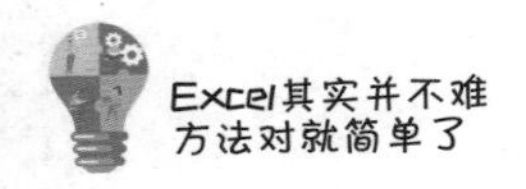

20.1 数据透视表不是随便创建的

这里我需要先说明一点，这个功能是数据透视表，但并不意味着Excel中又多了一个新的表格种类，Excel的表格种类依然还是两种：数据表和报表。数据透视表只是一个功能的名字而已。

我有个问题：什么情况下才能够使用数据透视表功能进行数据报表的创建呢？有时候我也不确定到底该不该用数据透视表功能。

嗯，很多人都会有你这样的疑惑。使用数据透视表功能做数据分析是有前提的，这个前提就是我们有一个很大的数据表，这里的“大”指的不是字体字号，而是数据量特别大，如图20-1所示，这是一个有十几列、两千多行的数据表。不能说很大，但也不小了吧。我想做的分析是，统计这张数据表里“金士鹏、孙林、王伟这3人2017年在华北地区每一个季度的销售额分别是多少”，该如何做呢？

	A	B	C	D	E	F	G	H	I	J
1	客户_公司名称	货主地址	货主城市	货主地区	销售人	订单ID	订购日期	到货日期	发货日期	运货商_公司名称
2	远东开发	巫山口路 87 号	成都	西南	金士鹏	11055	2018/4/28	2018/5/26	2018/5/5	统一包裹
3	远东开发	巫山口路 87 号	成都	西南	金士鹏	11055	2018/4/28	2018/5/26	2018/5/5	统一包裹
4	远东开发	巫山口路 87 号	成都	西南	金士鹏	11055	2018/4/28	2018/5/26	2018/5/5	统一包裹
5	远东开发	巫山口路 87 号	成都	西南	金士鹏	11055	2018/4/28	2018/5/26	2018/5/5	统一包裹
6	五洲信托	天府路 263 号	[illegible]	[illegible]	[illegible]	[illegible]	2017/5/12	2017/6/9	2017/5/22	急速快递
7	五洲信托	天府路 263 号	[illegible]	[illegible]	[illegible]	[illegible]	[illegible]	2017/6/9	2017/5/22	急速快递
8	五洲信托	天府路 263 号	[illegible]	[illegible]	[illegible]	[illegible]	[illegible]	2017/6/9	2017/5/22	急速快递
9	富泰人寿	大岗路 37 号	[illegible]	[illegible]	[illegible]	[illegible]	[illegible]	2018/5/15	2018/4/13	统一包裹
10	富泰人寿	大岗路 37 号	[illegible]	[illegible]	[illegible]	[illegible]	[illegible]	2018/5/15	2018/4/13	统一包裹
11	富泰人寿	大岗路 37 号	[illegible]	[illegible]	[illegible]	[illegible]	[illegible]	2018/5/15	2018/4/13	统一包裹
12	学仁贸易	成川东街 951 号	[illegible]	[illegible]	[illegible]	[illegible]	[illegible]	2018/2/9	2018/1/30	急速快递
13	学仁贸易	成川东街 951 号	[illegible]	[illegible]	[illegible]	[illegible]	[illegible]	2018/2/9	2018/1/30	急速快递
14	学仁贸易	成川东街 951 号	[illegible]	[illegible]	[illegible]	[illegible]	[illegible]	2018/2/9	2018/1/30	急速快递
15	兰格英语	大方路 37 号	[illegible]	[illegible]	[illegible]	[illegible]	[illegible]	2018/1/21	2018/1/2	急速快递
16	兰格英语	大方路 37 号	[illegible]	[illegible]	[illegible]	[illegible]	[illegible]	2018/1/21	2018/1/2	急速快递
17	正人资源	正汉东街 12 号	[illegible]	[illegible]	[illegible]	[illegible]	[illegible]	2017/1/20	2016/12/26	急速快递
18	正人资源	正汉东街 12 号	[illegible]	[illegible]	[illegible]	[illegible]	[illegible]	2017/1/20	2016/12/26	急速快递
19	正人资源	正汉东街 12 号	成都	西南	孙林	10390	2016/12/23	2017/1/20	2016/12/26	急速快递

华北地区
金士鹏、孙林、王伟
2017年每一个季度销售额分别是多少

图20-1　原始数据表

凯旋：这个需求里有“货主城市”“销售人”“订购日期”，还有“求和项：总价”，因为要进行求和。这个时候当然就要用数据透视表功能最省事了。

张老师：如图20-2所示，把单元格定位在数据表中，单击“插入”选项卡“表格”组中的“数据透视表”按钮，这时你会看到，在弹出的“创建数据透视表”对话框中自动就把整个表格选中了，这里的区域显示为Sheet1$A$1:$P$2158。

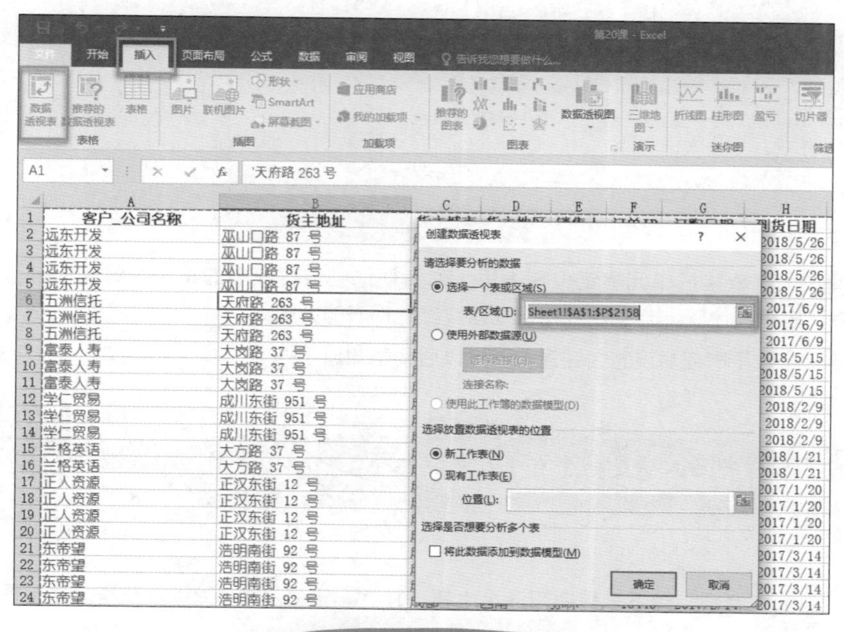

图20-2　创建数据透视表

我发现我的很多学员平时在创建Excel数据透视表的时候，并不是把单元格定位在表格中，而是选中整张表，再去单击“数据透视表”。注意了，如果是选中整张表，你会发现在弹出的“数据透视表”的对话框中它显示的表格区域显示为A:P，意味着把整个A列下面的空单元格全部都选上了，这样做不好的地方就在于接下来使用“数据透视表”进行数据汇总的时候，“值”字段默认的结果都是“计数”状态，而不是“求和”了，如图20-3所示。

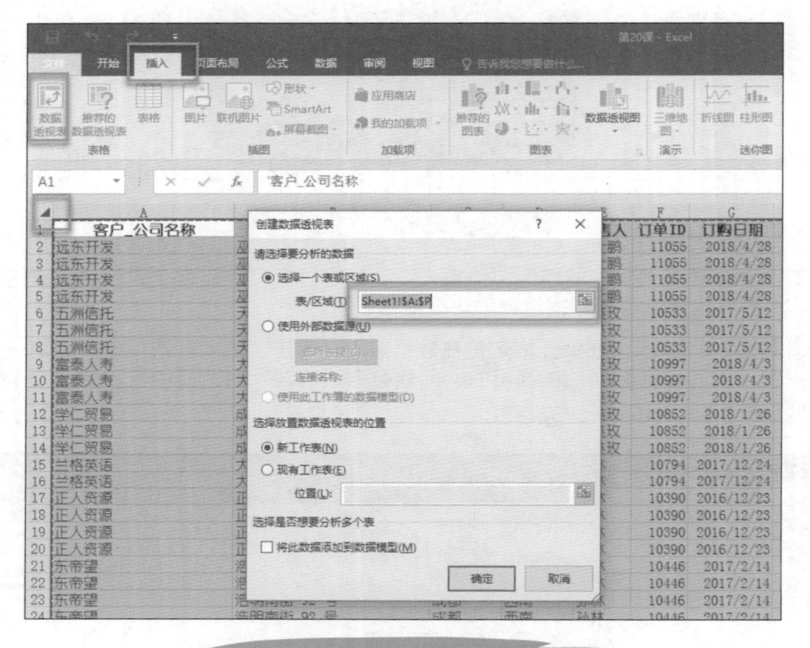

图20-3　错误的创建数据透视表方法

所以我建议大家直接把单元格定位在表里（你随便选中数据表中的某一个单元格），然后再单击“数据透视表”按钮，让Excel自动选择用来创建数据透视表的区域。

凯旋：这个我平时还真没怎么注意，不过以后我就知道了。

20.2 使用数据透视表创建报表

凯旋：那么张老师，接下来想要知道金士鹏、孙林、王伟这3人2017年在华北地区每一个季度的销售额分别是多少，应该怎么操作呢？

张老师：数据透视表创建出来以后，会发现Excel会插入一张新的工作表(Sheet4)，在这个表格中有“数据透视表字段”对话框，只需将“数据透视表字段”中的字段拖曳到下面的“筛选器”“列”“行”和“值”4个区域就好了。问题来了，到底什么样的字段应该拖曳至“筛选器”，什么样的字段放在“列”上，什么样的字段放在“行”上，什么样的字段放在“值”上呢？

有一个非常简单的判断方法，实际上在创建数据透视表的时候，就是在做两件事情，第一件是分类，第二件是汇总。“筛选器”（Office2016以前的版本叫“报表筛选”）、“行”“列”这3个字段是用来摆放分类项的，只有“值”字段是用来摆放汇总项的，如图20-4所示。

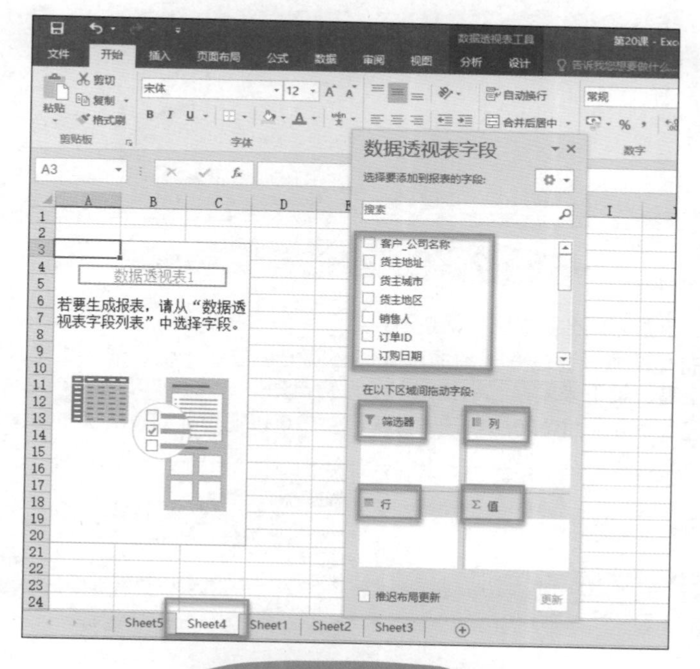

图20-4　数据透视表字段

那么回到刚才的需求里面，“货主地区”“华北”这是不是分类项呢？

凯旋：这当然是了。

张老师：销售人“金士鹏、孙林、王伟”这3个人是分类项，然后，“订购日期2017年的每个季度”这当然也是分类项，我并没有把时间相加减，然后，汇总项那当然是“总价”了。当我把这些内容搞清楚以后就可以很快的使用数据透视表功能将报表创建出来，先把“货主地区”拖曳到“筛选器”上，如图20-5所示。

图20-5　把“货主地区”拖曳到“筛选”上

凯旋：等等，这里为什么要放到“筛选器”上？

张老师：当有某个需求是唯一选项的话，那么就把它放到“筛选器”栏里。如果没有，可以把“筛选器”栏空着。接下来就是“销售人”“订购日期”，还有“求和项：总价”，我们把这些字段拖曳到对应区域中去，如图20-6所示。这样很快就可以把想要的表格状态创建了。

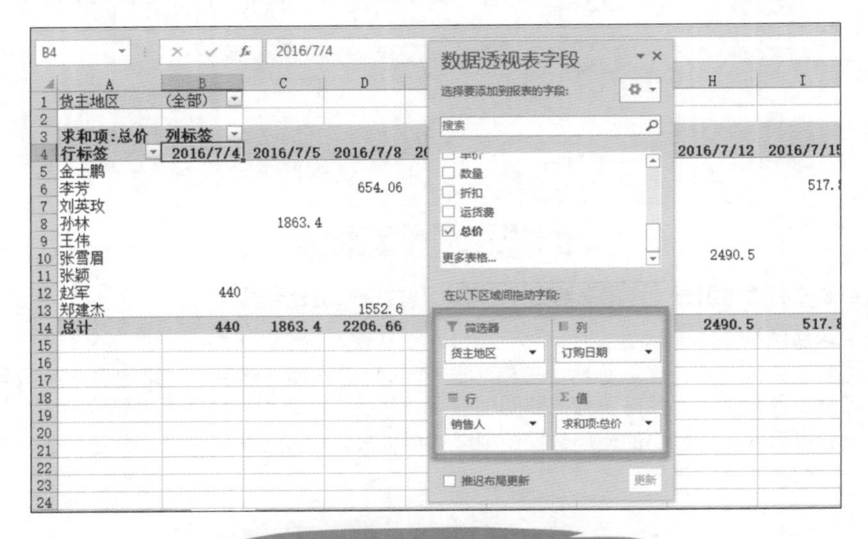

图20-6　使用数据透视进行数据分析

20.3 如何设置数据透视表的日期字段

凯旋：但是张老师，这里依然是每一天来分布的，并没有按照年和季度来组合，这时候怎么办呢？

张老师：这其实也简单，我们只需把单元格定位在数据透视表中任意一个表示日期的单元格中，对这个日期右击，在弹出的下拉列表中选择“创建组”选项，如图20-7所示，在弹出的对话框中，Excel会自动帮我们定位到当前数据里最早的那一天和最晚的那一天，因为我要做的分析是2017年的每个季度，下面的“步长”选择“季度”和“年”，这样，Excel就会自动帮助我们把日期按照“年”和“季度”进行分割，如图20-8所示。

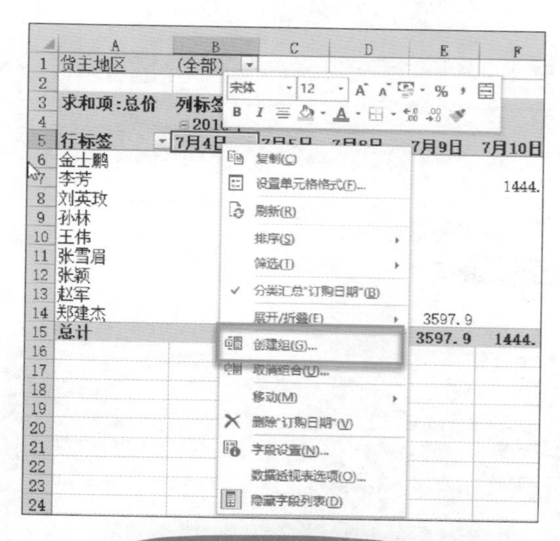

图20-7 选择“创建组”选项

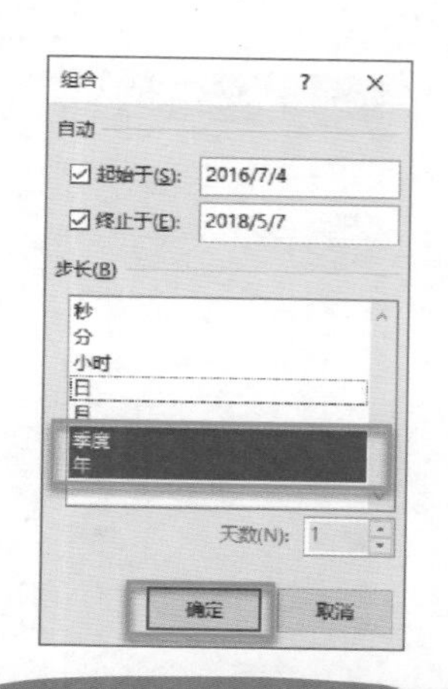

图20-8 选择“季度”和“年”

首先，选中表示“年份”的表头，在上方的行标签的下拉项中选中“2017年”复选框，如图20-9所示；其次，在列表签上选择“金士鹏、孙林、王伟”这3个人，如图20-10所示；最后，再从“筛选”字段中的“货主地区”里选择“华北”地区，如图20-11所示。这样只需1分钟都不到的时间，就用数据透视表功能把刚才这个需求创建出来了。

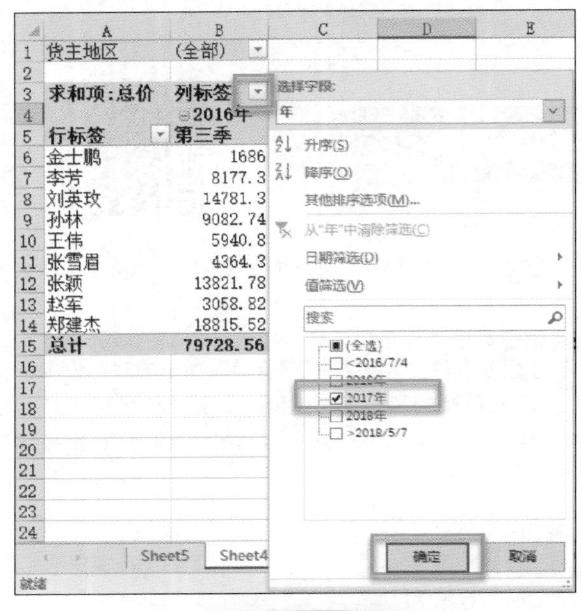

图20-9　选中“2017年”复选框

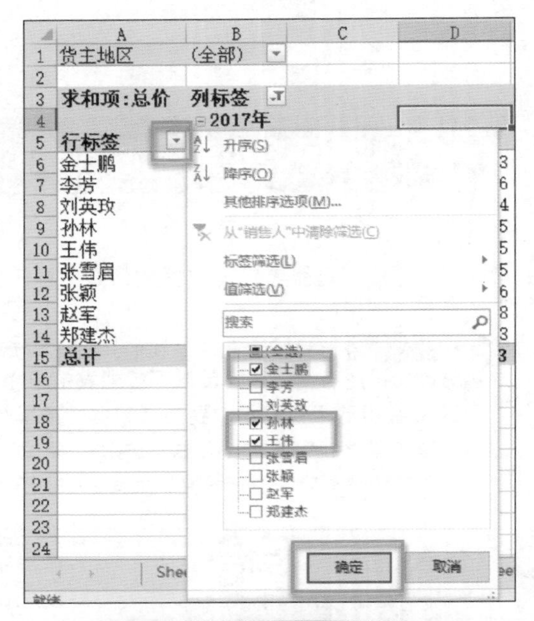

图20-10　选中“金士鹏”“孙林”“王伟”复选框

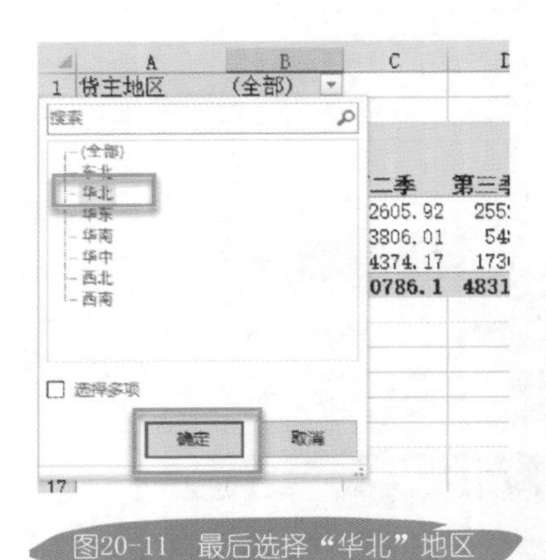

图20-11　最后选择“华北”地区

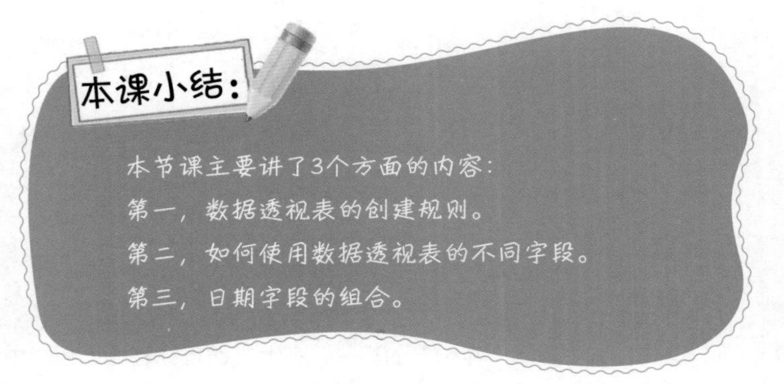

第21课

数据透视表的6个核心要点（1）

凯旋，你平时也会用数据透视表功能，你觉得数据透视表功能难吗？

要说难，可能就难在数据透视表涉及的内容太多、太杂了，往往让人顾此失彼，随便挪了一个字段或者数值，就会影响计算结果。关键是，错了还不知道为什么！

的确如此，很多人也是这样，或许会用数据透视表功能，但并不知道数据透视表功能背后的规则，所以就会跟你一样，有时候做错了也不知道为什么。

是啊，是啊，还望张老师指点迷津！

那好，接下来，我就来讲解数据透视表功能的核心要点。

21.1 数据字段的位置可不是随便拖放的

凯旋，还记得上一节课我们的需求吗？现在我有一个新的需求：华东地区的每一个城市在2016—2018年的销售额分别是多少，如图21-1所示。

	A	B	C	D	E
1	货主地区	华北			
2					
3	求和项:总价	列标签			
4	行标签	金士鹏	孙林	王伟	总计
5	2017年	38261.15	17458.55	33736.46	89456.16
6	第一季	9863.36		2835.05	12698.41
7	第二季	5540.9	4754.9	8744.22	19040.02
8	第三季	19452.39	2761.94	5119.8	27334.13
9	第四季	3404.5	9941.71	17037.39	30383.6
10	总计	38261.15	17458.55	33736.46	89456.16

图21-1 华北地区2017年的销售额

凯旋：我来做给您看，这也太简单了。

张老师：的确，只要你掌握了数据透视表功能的基本原理，完成这个很简单。

凯旋：好的，那看我的！首先，把单元格定位在表格内，单击“插入”选项卡“表格”组中的“数据透视表”按钮；其次，在弹出的“创建数据透视表”对话框中单击“确定”按钮，如图21-2所示。

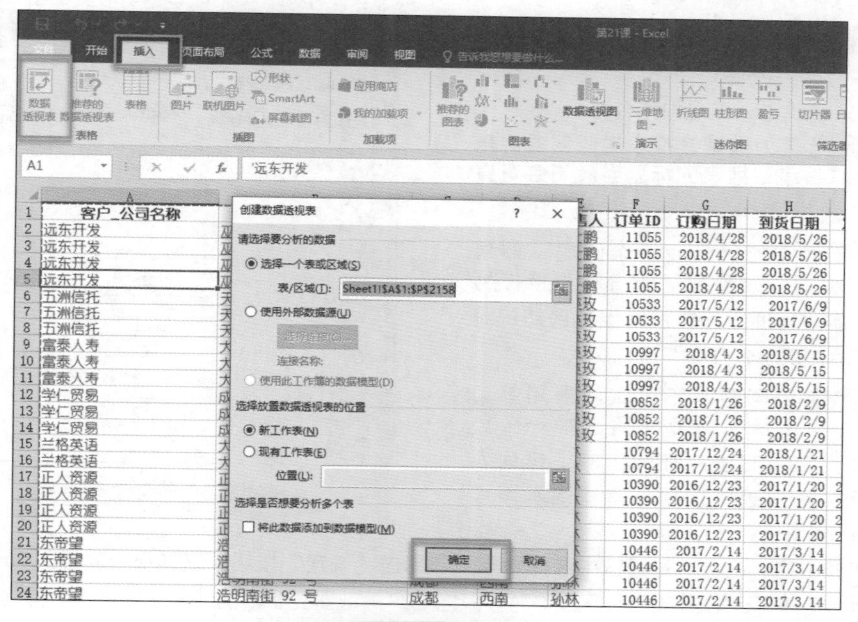

图21-2　创建数据透视表

我们就创建了一张新的工作表，在这张工作表里可以看到数据透视表的“字段列表”，根据刚才的需求，把“货主地区”字段放在“筛选器”区域中，把“货主城市”字段放在“行”标签区域中，把“订购日期”字段放在“列”标签区域中，最后再把“求和项：总价”字段放在“值”标签区域中，如图21-3所示。怎么样，结果出现了吧。

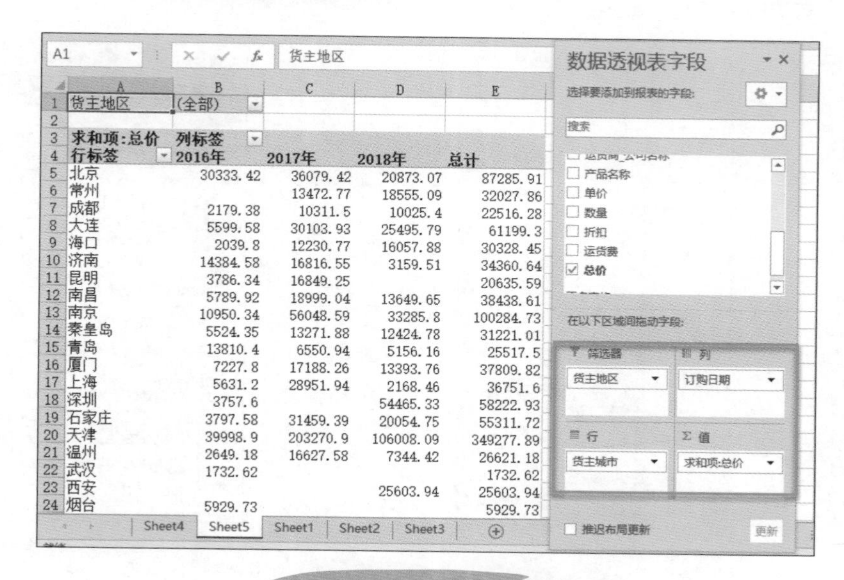

图21-3　选择数据透视字段

张老师：没错。不知道你有没有发现，结果里都没有出现重复项。

凯旋：还真是，这是为什么啊？

张老师：因为数据透视表功能创建出来的表就是报表，报表的标题当然不会有重复了。

凯旋：原来如此，我有个问题，如果在我的版本中，当把“年份”直接拉到“列”字段里面，它并没有出现自动按照年份来组合该怎么办呢？

张老师：好问题，不过做法很简单。如图21-4所示，需要随便选中一个日期的单元格，右击，在弹出的下拉列表中选择“创建组”选项，有些版本叫作“分组”。

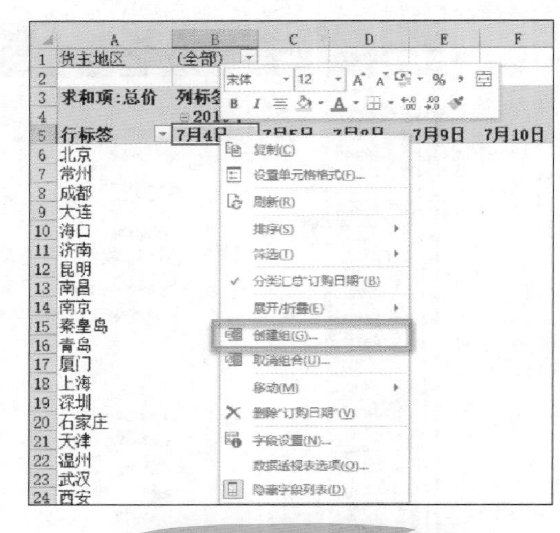

图21-4 选择“创建组”选项

然后在弹出的“组合”对话框中选择“年”，单击“确定”按钮。这样很快就把2016—2018年的数据自动组合出来了，如图21-5所示。这时，只需把“筛选器”字段的“货主地区”选择为“华东”地区，如图21-6所示，这样就完成我们开始的需求——华东地区的每一个城市在2016—2018年这3年每一年的销售情况，如图21-7所示。

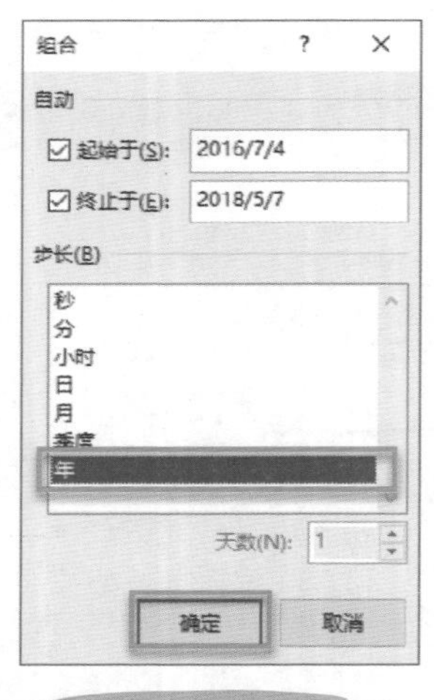

图21-5 选择“年”

图21-6 “货主地区”选择“华东”

货主地区	华东			
求和项:总价	列标签			
行标签	2016年	2017年	2018年	总计
常州		13472.77	18555.09	32027.86
济南	14384.58	16816.55	3159.51	34360.64
南昌	5789.92	18999.04	13649.65	38438.61
南京	10950.34	56048.59	33285.8	100284.73
青岛	13810.4	6550.94	5156.16	25517.5
上海	5631.2	28951.94	2168.46	36751.6
温州	2649.18	16627.58	7344.42	26621.18
烟台	5929.73			5929.73
总计	59145.35	157467.41	83319.09	299931.85

图21-7　华东地区的销售情况

这里还有一个地方要特别注意的，字段放置位置的不同也会让分析结果不同。例如，把“订购日期”字段拖曳到“行”标签，把“货主城市”放在“列”标签，这样就实现了一个非常快的行列互换，如图21-8所示。

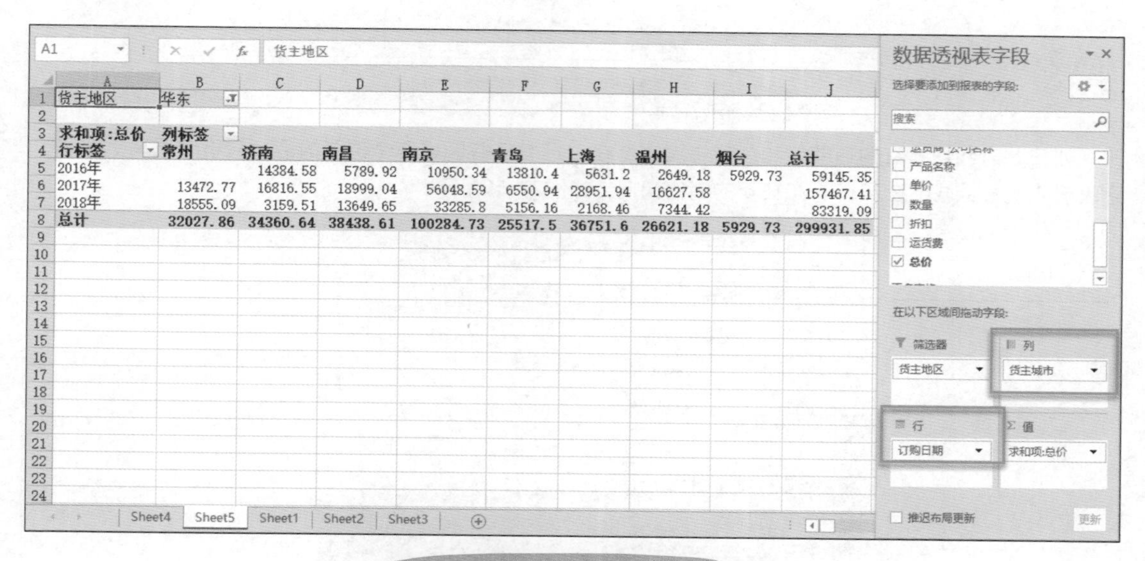

货主地区	华东								
求和项:总价	列标签								
行标签	常州	济南	南昌	南京	青岛	上海	温州	烟台	总计
2016年		14384.58	5789.92	10950.34	13810.4	5631.2	2649.18	5929.73	59145.35
2017年	13472.77	16816.55	18999.04	56048.59	6550.94	28951.94	16627.58		157467.41
2018年	18555.09	3159.51	13649.65	33285.8	5156.16	2168.46	7344.42		83319.09
总计	32027.86	34360.64	38438.61	100284.73	25517.5	36751.6	26621.18	5929.73	299931.85

图21-8　数据透视表中进行行列互换

在做刚才这个操作的时候，不知道你有没有注意，当我把“货主城市”再次放到“行”标签区域上时，此时“货主城市”在“订购日期”字段下方，现在看到的信息就是每一年里每个城市的销售额，如图21-9所示。

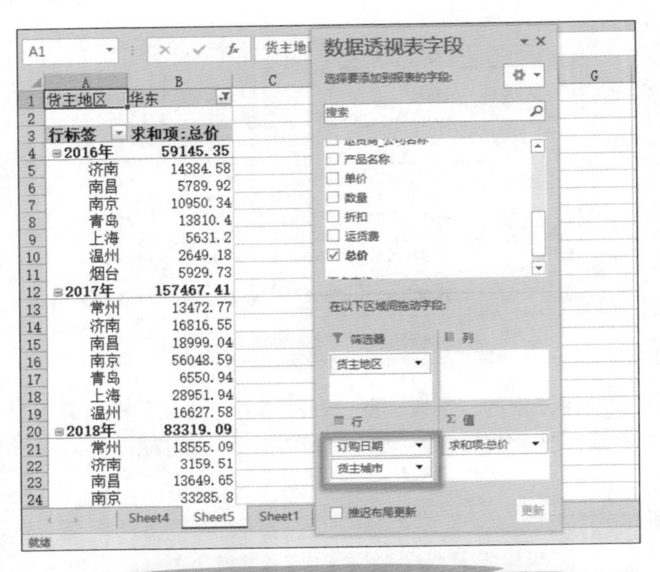

图21-9 “货主城市”在“订购日期”字段下方

如果此时我把“订购日期”和“货主城市”在“行”标签区域换个位置的话，分析结果马上变了，它表示的是每个城市在2016—2018年的销售情况，如图21-10所示。

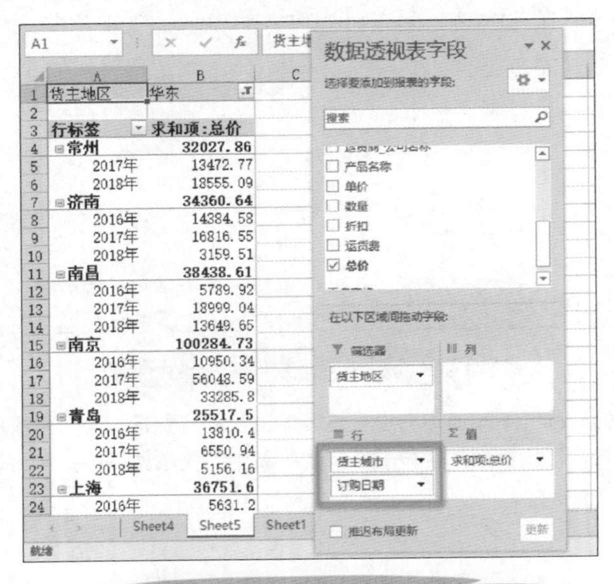

图21-10 “订购日期”在“货主城市”下方

所以说，数据透视表在使用的时候需要特别注意，字段摆放位置的不同也会决定分析状态的不同。这是一定要了解的。

凯旋：没想到字段摆放位置的不同也会对分析结果有影响。

21.2 如何迅速玩转数据透视表的组合功能

张老师：第2点是关于组合。

凯旋：张老师，我再提个问题，我们刚才讲的组合是对日期的组合，但如果这时我改变一下需求，新的需求是，华东地区的每一个城市他们的产品销售单价在0~50元，以及50~100元的产品的销售额是多少，该怎么做呢？

张老师：这个问题提得好，此时把“订购日期”字段删除，方法是：直接左击，选中“订购日期”字段，把它拖到数据透视表字段的外面就好了，如图21-11所示。然后，直接把“求和项：总价”字段拖到“列”区域里来。这时你会发现，我们看到的是所有单价的明细信息，只要保证进行分析的这个字段它是数字格式，就可以进行组合操作了。选择任意一个单价单元格，右击，就像我们刚才组合日期一样，对单价也可以组合，如图21-12所示。这时弹出的“组合”对话框比较简单，只有“起始于”和“终止于”，如图21-13所示。

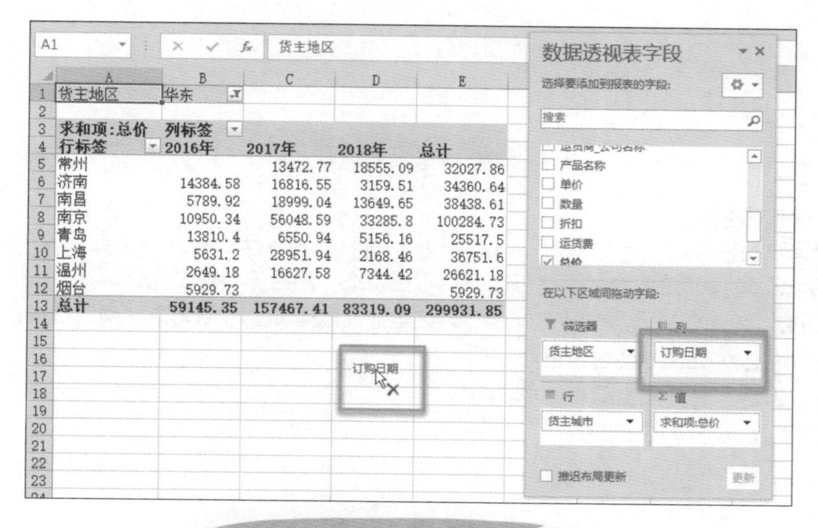

求和项:总价	列标签			
行标签	2016年	2017年	2018年	总计
常州		13472.77	18555.09	32027.86
济南	14384.58	16816.55	3159.51	34360.64
南昌	5789.92	18999.04	13649.65	38438.61
南京	10950.34	56048.59	33285.8	100284.73
青岛	13810.4	6550.94	5156.16	25517.5
上海	5631.2	28951.94	2168.46	36751.6
温州	2649.18	16627.58	7344.42	26621.18
烟台	5929.73			5929.73
总计	59145.35	157467.41	83319.09	299931.85

图21-11　拖曳删除“订购日期”字段

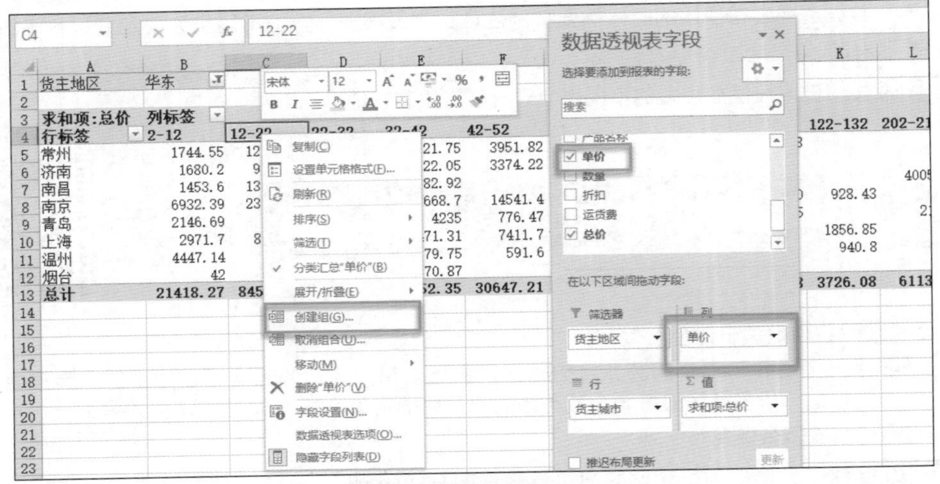

图21-12 选择“单价”字段

图21-13 “组合”对话框

凯旋：这是什么意思呢？

张老师：“起始于”当然就是Excel中间的最小值，“终止于”是自动识别的最大值，如果我想看到0~50以及50~100这两个区间该怎么做呢？直接把“起始于”设定为0，“终止于”就直接输入100，下面的“步长”就表示中间的间隔了，这里的间隔是50，然后单击“确定”按钮，如图21-14所示。此时你会发现Excel会自动把数字区也进行组合，也就是当前表格你会发现有0~50、50~100这样的数据，如图21-15所示。

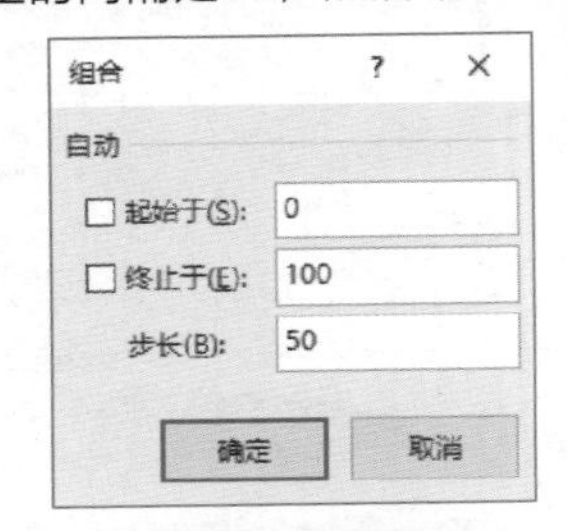

图21-14 数字的组合

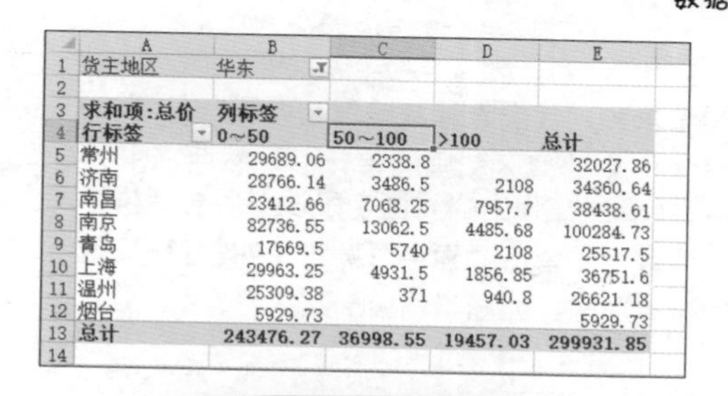

	A	B	C	D	E
1	货主地区	华东			
2					
3	求和项:总价	列标签			
4	行标签	0~50	50~100	>100	总计
5	常州	29689.06	2338.8		32027.86
6	济南	28766.14	3486.5	2108	34360.64
7	南昌	23412.66	7068.25	7957.7	38438.61
8	南京	82736.55	13062.5	4485.68	100284.73
9	青岛	17669.5	5740	2108	25517.5
10	上海	29963.25	4931.5	1856.85	36751.6
11	温州	25309.38	371	940.8	26621.18
12	烟台	5929.73			5929.73
13	总计	243476.27	36998.55	19457.03	299931.85
14					

图21-15　出现0~50、50~100

如果“大于100”的数据不想看到怎么办呢？直接单击“列”标签右边的下拉箭头，像筛选的方式，只需选择0~50、50~100然后单击“确定”按钮就好了，如图21-16所示。

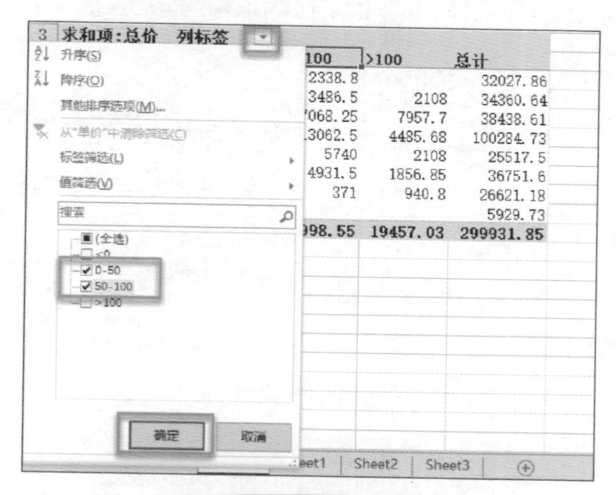

图21-16　选择数据区间

凯旋：也就是说，讲到的数据透视表的组合不仅仅可以按照日期的组合，也可以按照数值的组合。总而言之，只要需要进行组合的内容它是数字格式都可以进行组合。

张老师：你总结得很对。

21.3 玩转数值，让你随心所“变”

张老师：那么接下来我们来看一下中间的“数值”部分还有哪些操作。

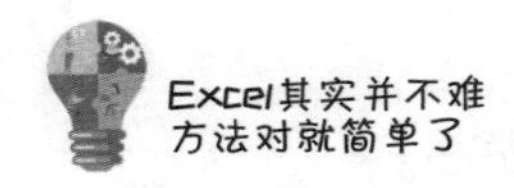

凯旋：不就是“求和”吗？

张老师：那如果我不想看求和，我想看计数该怎么办呢？

凯旋：很简单，选中任意一个数值区域里的单元格，然后右击，在弹出的下拉列表中选择“值字段设置”选项，如图21-17所示；在弹出的“值字段设置”对话框中马上就可以看到“值汇总方式”默认是“求和”，改成“计数”，单击“确定”按钮，如图21-18所示；这样可以看到在不同的价格区间内每一个城市产品的订单次数，如图21-19所示。

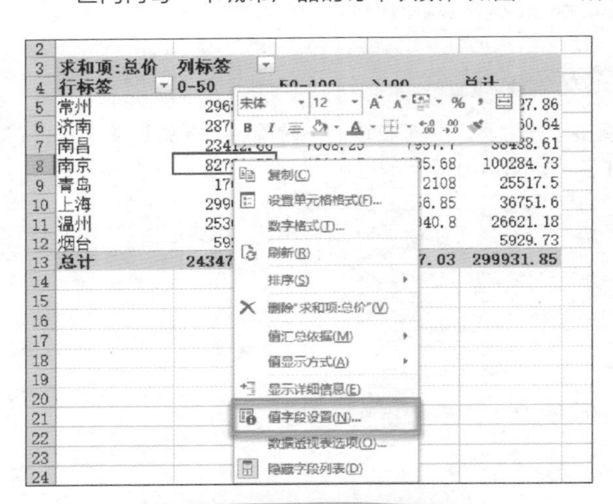

图21-17　选择“值字段设置”选项

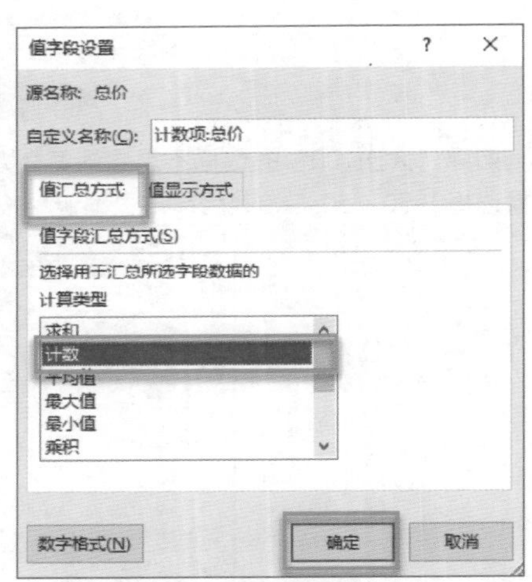

图21-18　“值汇总方式”改成“计数”

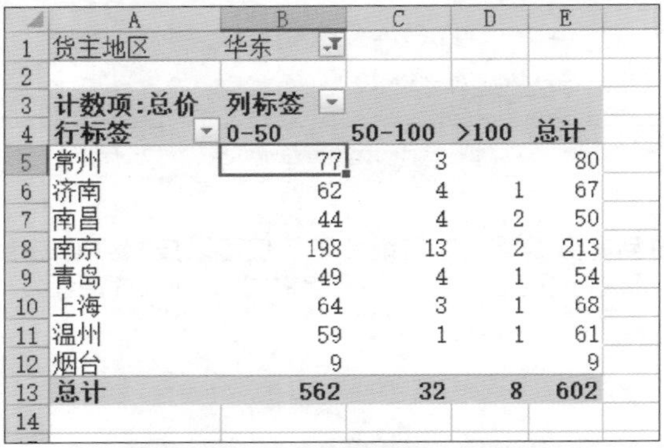

	A	B	C	D	E
1	货主地区	华东			
2					
3	计数项:总价	列标签			
4	行标签	0-50	50-100	>100	总计
5	常州	77	3		80
6	济南	62	4	1	67
7	南昌	44	4	2	50
8	南京	198	13	2	213
9	青岛	49	4	1	54
10	上海	64	3	1	68
11	温州	59	1	1	61
12	烟台	9			9
13	总计	562	32	8	602
14					

图21-19　不同的价格区间内每一个城市产品的订单次数

凯旋：那我也问个问题，如果我既想看“求和”又想看“计数”，该怎么办呢？

张老师：也很简单，在整个数据透视表功能，唯有“值”字段里的信息是可以相同内容放多次

的。此时我只需把“求和项：总价”字段再次拖到“值”的区域里来，你就会在透视表里发现，可以同时看到“求和”和“计数”了，如图21-20所示。

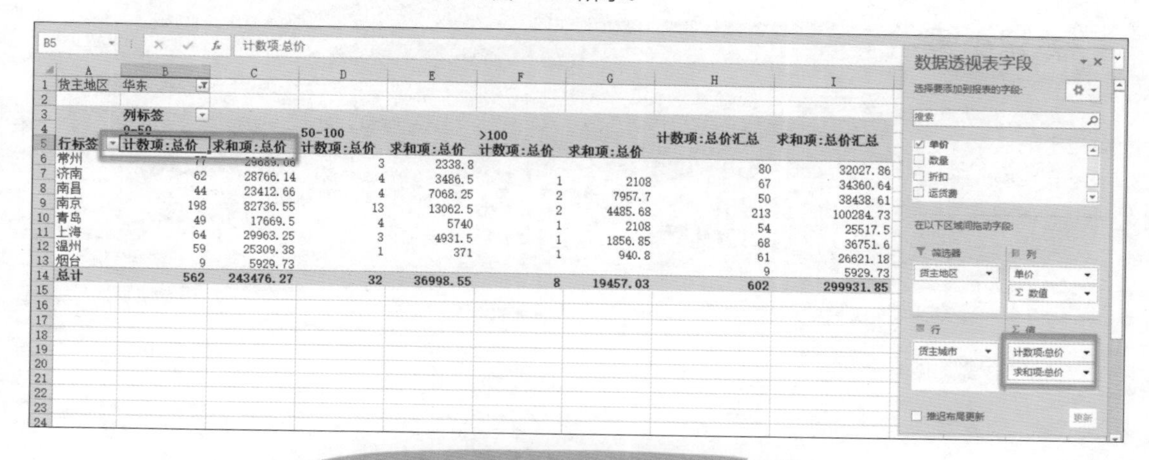

图21-20 既可以看到“求和”也可以看到“计数”

凯旋：什么，还能这样做！

张老师：如果我想把“求和”项放在前面，“计数”项放在后面该怎么办？

凯旋：我来我来，这个我们之前也讲过，可以调换字段的位置，把“求和”项放在上面，把“计数”项放在下面，如图21-21所示。

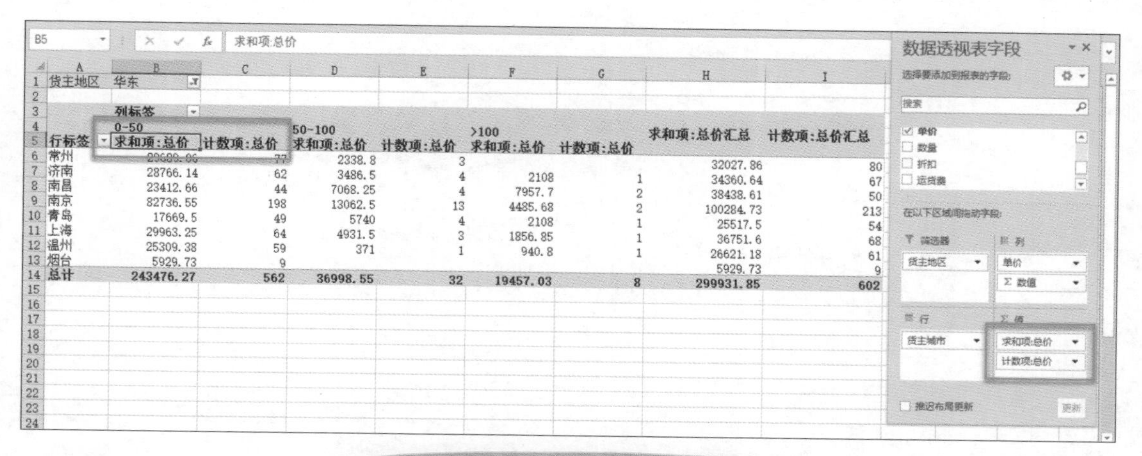

图21-21 调换“求和”项和“计数”项的位置

张老师：没错，现在你知道怎么变换数值了吧。

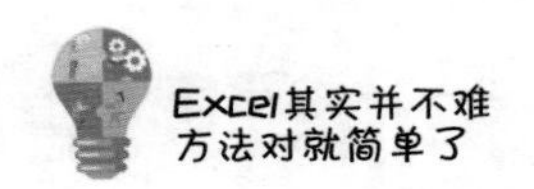

本课小结：

本节课主要讲了3个方面的内容：

第一，数据透视表中字段位置的不同会对分析结果有影响。

第二，数据透视表中组合的原则。

第三，数据透视表功能中对于“值”区域计算方式的设置。

第22课 数据透视表的6个核心要点（2）

张老师，今天我在主管前面秀了一把数据透视表，现场一点问题也没出现，主管也非常满意，但是……

但是怎么了？

主管提出让我在数据透视表中再加入一个字段，我就懵了……

这个问题，其实很多人都会遇到。是不是完成数据透视表的创建就一切OK了呢？当然不是，还需要在创建好的数据透视表中进行各种分析。

对，对，对，您快说说这该怎么办呀？

那好，本节课我就来讲讲数据透视表创建完成后，还可以进行哪些重要操作。

22.1 如何“一键”创建图表

首先，我们看到这样一张报表，如图22-1所示。它的意思是：“华北地区每一个城市2016—2018年，每一年的销售总额分别是多少。”凯旋，我想问你，你能一眼就看出2016年华北地区哪一个城市的销售额最高吗？

	A	B	C	D	E
1	货主地区	华北			
2					
3	求和项:总价	列标签			
4	行标签	2016年	2017年	2018年	总计
5	北京	30333.42	36079.42	20873.07	87285.91
6	秦皇岛	5524.35	13271.88	12424.78	31221.01
7	石家庄	3797.58	31459.39	20054.75	55311.72
8	天津	39998.9	203270.9	106008.09	349277.89
9	张家口	4904.82	14019.22	25393.14	44317.18
10	长治	1444.8			1444.8
11	总计	86003.87	298100.81	184753.83	568858.51

图22-1 数据透视表

凯旋：这么多数字，又没有排序，一眼怎么看得出来呢？

张老师：是的，有时候我们会发现数据透视表显示的分析结果数值特别大，以至于很难一眼就看出最大值和最小值对应的是哪一种类别。

凯旋：那有什么好办法呢？

张老师：这里我给大家介绍两个方法。第1个方法叫作数值法，如图22-2所示，你有没有注意

到，在数据透视表的最下面一行是总计，最右边一列也是总计。那么也就是意味着，如果我想知道2016年哪个城市销售额最高，我是不是可以做成这个城市所占全年总计的百分比就最好了呢？

	A	B	C	D	E
1	货主地区	华北			
2					
3	**求和项:总价**	**列标签**			
4	**行标签**	**2016年**	**2017年**	**2018年**	**总计**
5	北京	30333.42	36079.42	20873.07	87285.91
6	秦皇岛	5524.35	13271.88	12424.78	31221.01
7	石家庄	3797.58	31459.39	20054.75	55311.72
8	天津	39998.9	203270.9	106008.09	349277.89
9	张家口	4904.82	14019.22	25393.14	44317.18
10	长治	1444.8			1444.8
11	**总计**	**86003.87**	**298100.81**	**184753.83**	**568858.51**
12					

图22-2　数据透视表的最下面一行是总计，最右边一列也是总计

凯旋： 当然，这样就很直观了，关键是这个百分比该怎么创建呢？

张老师： 我们直接对着数据区域右击，在弹出的下拉列表中选择“值字段设置”选项，如图22-3所示；在弹出的“值字段设置”对话框里选择第2个选项卡“值显示方式”，在弹出的“值显示方式”中默认是“无计算”，选择“列汇总的百分比”，再单击“确定”按钮，如图22-4所示，很快你就能看到最下面一行的总计变成了100.00%，同时在2016年销售额最高的是“天津”，占总销售额的46.51%，如图22-5所示，这样看上去是不是就更加清楚呢？所以我们可以通过转换值显示方式，来迅速看到数据的大小和多少。

	A	B	C	D	E
1	货主地区	华北			
2					
3	**求和项:总价**	**列标签**			
4	**行标签**	**2016年**	**2017**		
5	北京	30333.42	36	07	87285.91
6	秦皇岛	5524.35	13	78	31221.01
7	石家庄	3797.58	31	75	55311.72
8	天津	39998.9	20	09	349277.89
9	张家口	4904.82	14	14	44317.18
10	长治	1444.8			1444.8
11	**总计**	**86003.87**	**2981**	**83**	**568858.51**
12					
13					
14					
15					
16					

宋体　12
复制(C)
设置单元格格式(F)...
数字格式(T)...
刷新(R)
排序(S)
删除“求和项:总价”(V)
值汇总依据(M)
值显示方式(A)
显示详细信息(E)
值字段设置(N)...
数据透视表选项(O)...
隐藏字段列表(D)

图22-3　选择“值字段设置”选项（1）

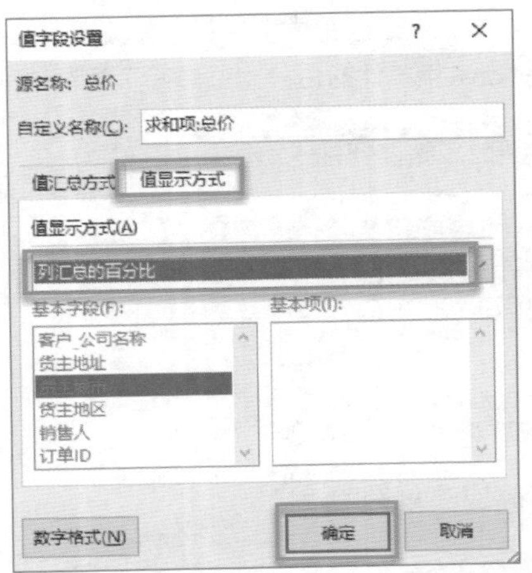

图22-4　选择“列汇总的百分比”

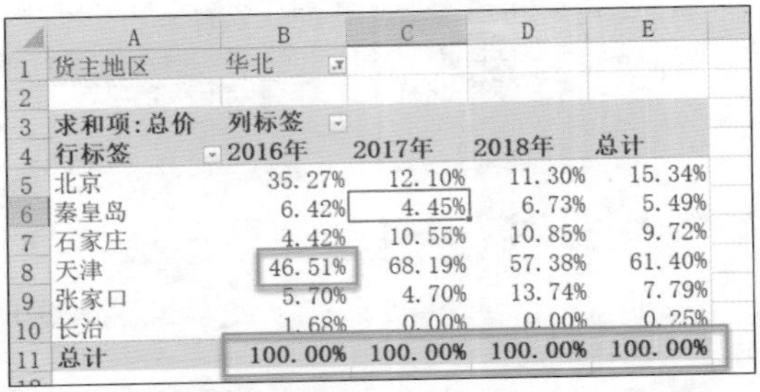

	A	B	C	D	E
1	货主地区	华北			
2					
3	求和项:总价	列标签			
4	行标签	2016年	2017年	2018年	总计
5	北京	35.27%	12.10%	11.30%	15.34%
6	秦皇岛	6.42%	4.45%	6.73%	5.49%
7	石家庄	4.42%	10.55%	10.85%	9.72%
8	天津	46.51%	68.19%	57.38%	61.40%
9	张家口	5.70%	4.70%	13.74%	7.79%
10	长治	1.68%	0.00%	0.00%	0.25%
11	总计	100.00%	100.00%	100.00%	100.00%

图22-5　总计变成了100.00%

当然，如果你想还原也非常的简单，对数据右击，在弹出的下拉列表中选择“值字段设置”选项，可以直接把“值显示方式”选中，如图22-6所示，然后在“值显示方式”中选择“无计算”，然后单击“确定”按钮，这样数据就还原为求和状态了，如图22-7所示。所以，我们想看到数据之间大小的区别方法之一就是改变“值显示方式”。

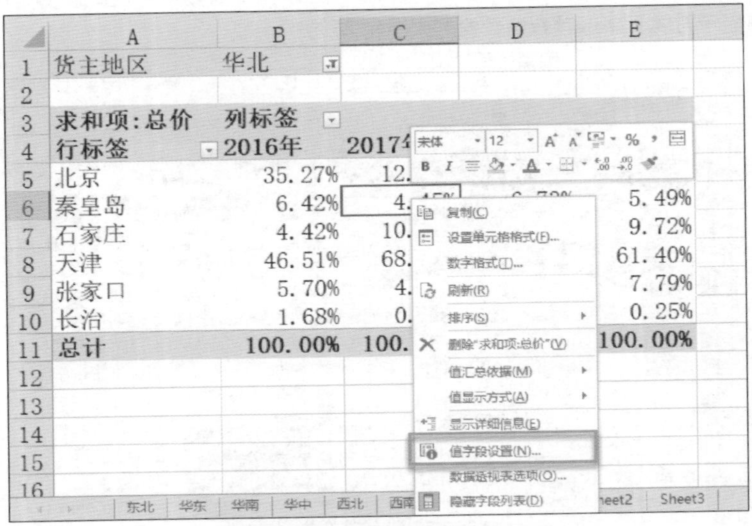

	A	B	C	D	E
1	货主地区	华北			
2					
3	求和项:总价	列标签			
4	行标签	2016年	2017年		
5	北京	35.27%	12.		
6	秦皇岛	6.42%	4.		5.49%
7	石家庄	4.42%	10.		9.72%
8	天津	46.51%	68.		61.40%
9	张家口	5.70%	4.		7.79%
10	长治	1.68%	0.		0.25%
11	总计	100.00%	100.		100.00%
12					
13					
14					
15					
16					

东北　华东　华南　华中　西北　西南　Sheet2　Sheet3

宋体　12
复制(C)
设置单元格格式(F)...
数字格式(T)...
刷新(R)
排序(S)
删除“求和项:总价”(V)
值汇总依据(M)
值显示方式(A)
显示详细信息(E)
值字段设置(N)...
数据透视表选项(O)...
隐藏字段列表(D)

图22-6　选择“值字段设置”选项（2）

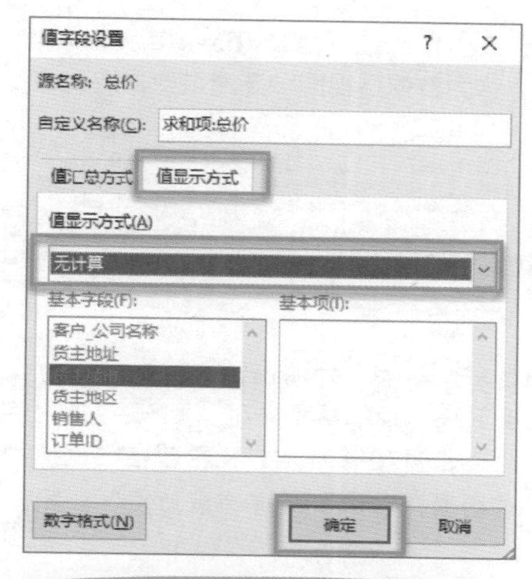

图22-7 在“值显示方式”中选择“无计算”

凯旋：这真的很实用，那第2个方法是什么？

张老师：第2个方法叫作图表法。如果想知道一张报表里面的数据谁多谁少，最直观的方法当然是看图了。在本书第1课就讲到过，Excel这个软件的“玩法”就是：首先，我们手里有一张标准的数据表；其次，通过Excel把这张数据表转换成不同角度分析的报表，报表生成图表。因为，用数据透视表工具创建出来的表格是报表，因此，直接单击“插入”选项卡选择“图表”，这里单击“柱形图”按钮，图立马就出现了，如图22-8所示。

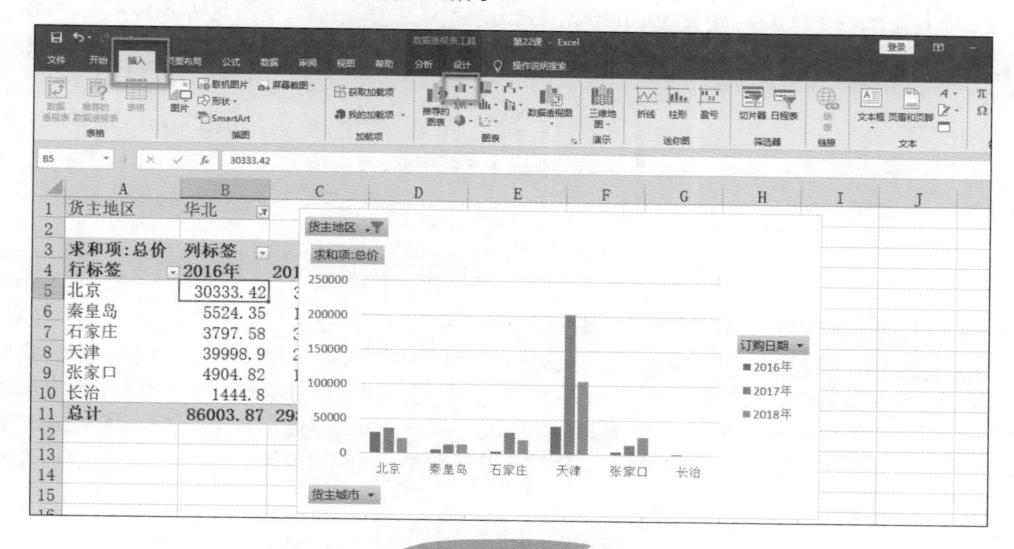

图22-8 插入图表

凯旋：我们一眼就能看出来“天津”是所有地区中间销售额最高的，其销售额最高的是2017年。

张老师：这样的图在Excel里称为数据透视图，是通过数据透视表“一键”完成的。

22.2 如何在数据透视表中增加字段

张老师：接下来我要讲的是关于数据透视表内部的计算。可以通过“值字段设置”把“值显示方式”由数字改为百分比，接下来，我们再看一下，现在“值”字段是“求和项：总价”，在数据表里还有一列叫“运货费”，如图22-9所示。我希望在数据透视表里创建一个“利润”字段，这个字段的运算方式是用“求和项：总价”减去“运货费”，凯旋，这个是不是跟你提到的问题类似？

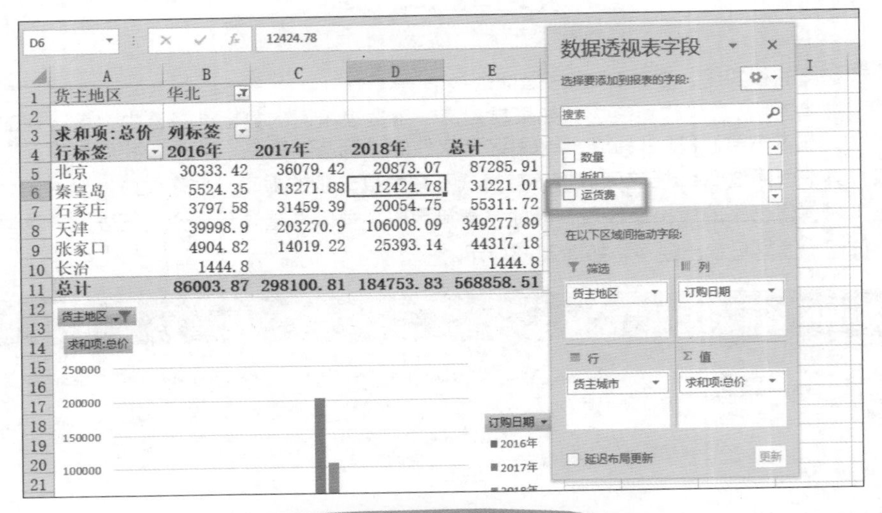

图22-9 数据库里有一列叫“运货费”

凯旋：没错，这个我是真不知道怎么操作。

张老师：那你可要看好了。单击“数据透视表工具”中“分析”选项卡的“字段、项目和集”按钮，选择“计算字段”选项，如图22-10所示。“计算字段”是可以将多个不同的字段进行运算的。比如，刚才提到的“利润”字段是由“求和项：总价”减去“运货费”，就可以轻松地从下面的字段区域找出需要的字段，并且加上运算符号进行运算，当我增加完成以后，可以单击插入计算

字段右边的“添加”按钮，这样字段就会添加到字段列表里来了，如图22-11和图22-12所示。此时，“利润”字段出现在数据透视表里了，如图22-13所示。

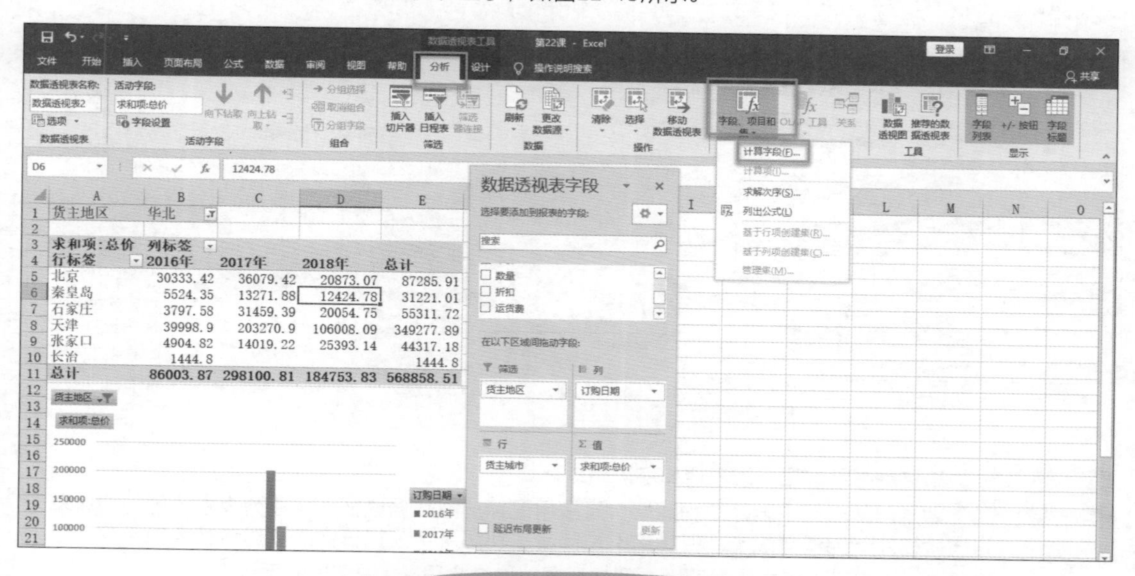

图22-10　选择“计算字段”选项

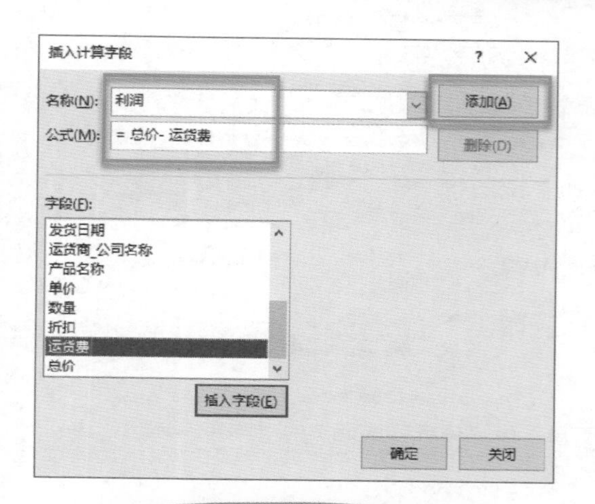

图22-11　添加“利润”字段

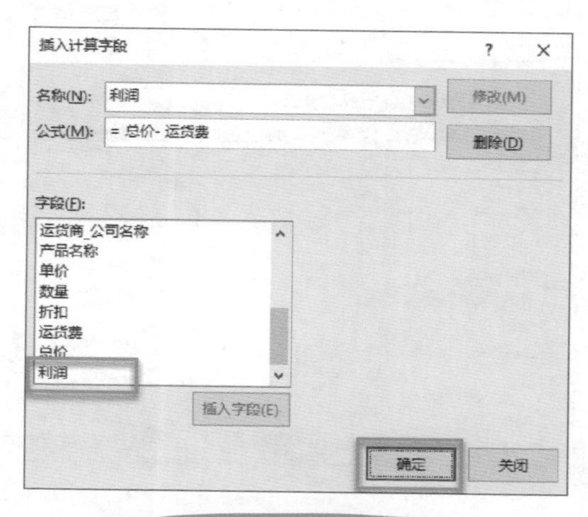

图22-12　“利润”字段添加成功

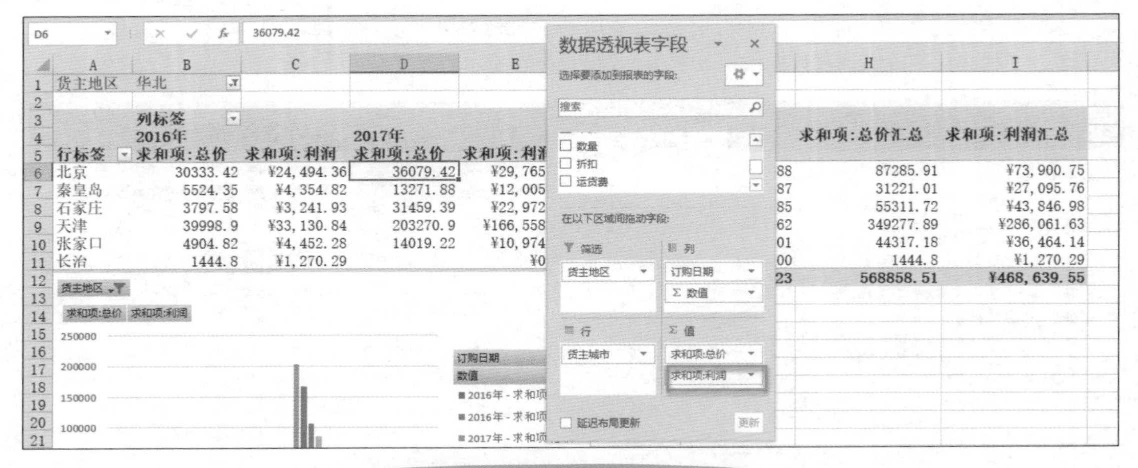

图22-13 “利润”字段出现在数据透视表里

凯旋：原来这就是给数据透视表增加字段啊！

张老师：如果想从表格中删除“利润”，直接用鼠标选中数据透视表字段列表中“值”的区域，选中“利润”往外一拖就删除了。但是这不意味着“利润”字段它在你的数据透视表中不存在了，我们在数据透视表字段列表中依然可以看到“利润”这个字段，如图22-14所示。

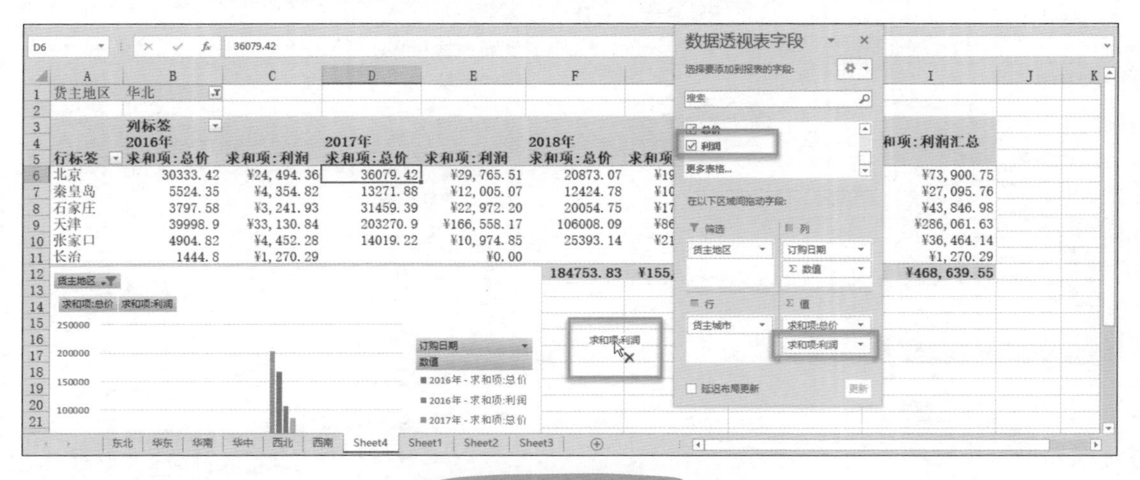

图22-14 “利润”依然存在

凯旋：也就是说，学会了这个，我想增加什么字段就能增加什么字段，想隐藏什么字段就能隐藏什么字段了，这也太实用了！

22.3 活用报表筛选页，让你随心制表

张老师：最后一个问题，凯旋，你有没有注意到在数据透视表最上面这个区域叫作“筛选区”，现在表格中的“筛选区”是“货主地区”字段，选择不同的地区，下面的报表就会联动更新，如图22-15和图22-16所示。

	A	B	C	D	E
1	货主地区	华北			
2					
3	求和项:总价	列标签			
4	行标签	2016年	2017年	2018年	总计
5	北京	30333.42	36079.42	20873.07	87285.91
6	秦皇岛	5524.35	13271.88	12424.78	31221.01
7	石家庄	3797.58	31459.39	20054.75	55311.72
8	天津	39998.9	203270.9	106008.09	349277.89
9	张家口	4904.82	14019.22	25393.14	44317.18
10	长治	1444.8			1444.8
11	总计	86003.87	298100.81	184753.83	568858.51
12					

图22-15 筛选“华北”地区

	A	B	C	D	E
1	货主地区	东北			
2					
3	求和项:总价	列标签			
4	行标签	2016年	2017年	2018年	总计
5	大连	5599.58	30103.93	25495.79	61199.3
6	长春	20083.32	28247.38		48330.7
7	总计	25682.9	58351.31	25495.79	109530
8					
9					

图22-16 筛选“东北”地区

凯旋：这个我知道！在Office2013之前的版本里叫作“报表筛选”字段。张老师，这里我有一个问题，如果我希望在我的Excel表格中实现每一个地区就是一张单独的工作表（Sheet），而不用每次在同一张工作表里去选择，怎么做才最方便呢？

张老师：那你以前是怎么做的呢？

凯旋：以前我只能选中整个数据透视表，然后复制粘贴到另一张工作表。但这样操作实在是很麻烦，有没有更快的方法呢？如果有7个地区，就要生成7张工作表，如果将来“筛选项”里的内容不止7项，而是70项，还按照之前的复制粘贴的方式，如图22-17所示。真的就太麻烦了！

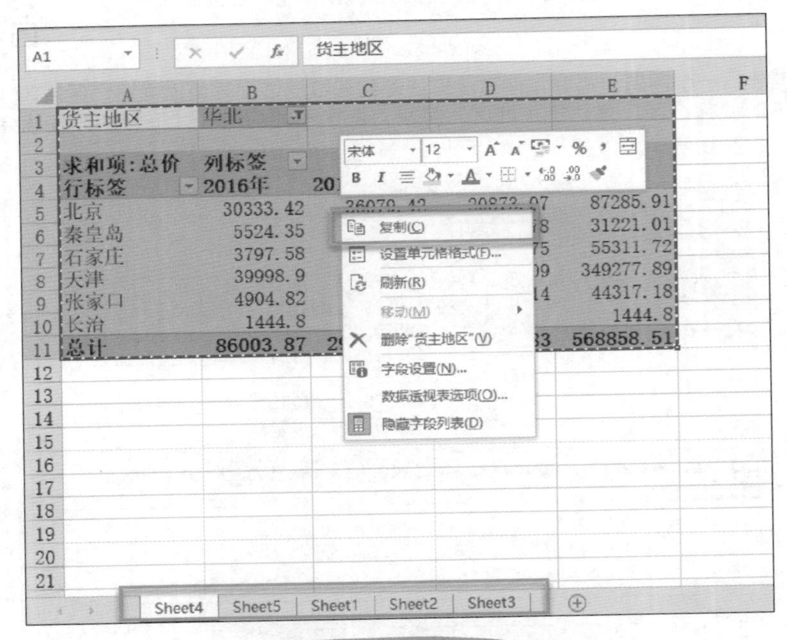

图22-17　普通复制太复杂

张老师：接下来我教你，如何2秒实现你的需求，把每一个分类独立成一张工作表。先把鼠标定位在数据透视表中，单击“数据透视表工具”中的“分析”选项卡（注意了，如果你是2013年以下的版本，则单击“数据透视表工具”中的选项”选项卡），在弹出的“分析”对话框中单击“选项”按钮右边的下拉列表，在弹出的下拉列表中选择“显示报表筛选页”选项，如图22-18所示。此时，我们的报表筛选就是“货主地区”，单击“确定”按钮，每一个地区独立成为一张表了，如图22-19所示，并且工作表的名称都已经调整完成，如图22-20所示。

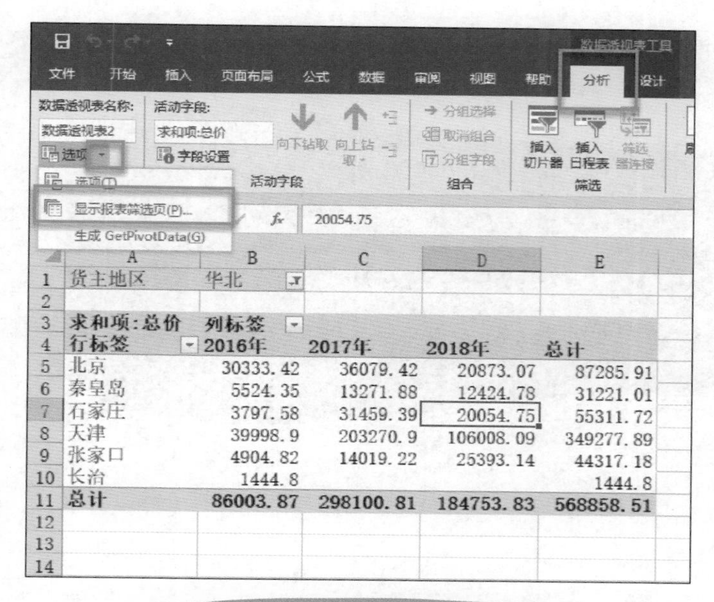

图22-18　选择“显示报表筛选页”选项

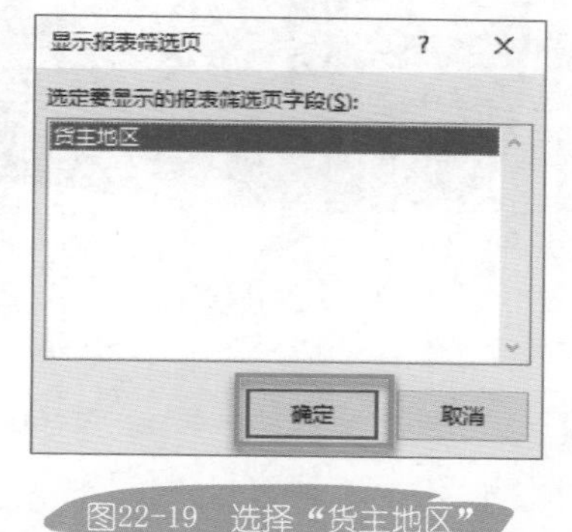

图22-19　选择“货主地区”

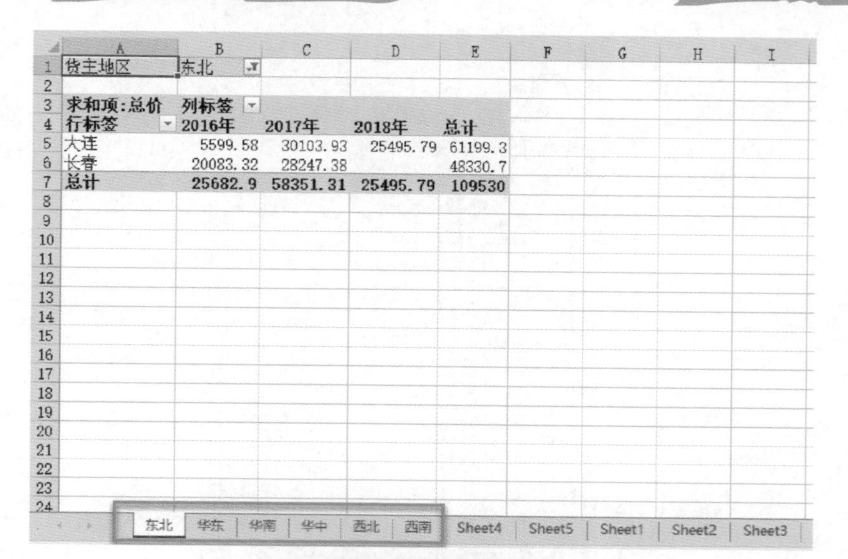

图22-20　各个地区的数据透视表生成

凯旋：这也太快了，从此再也不用苦苦复制粘贴了。

本课小结：

本节课主要讲了3个方面的内容：

第一，如何在数据透视表中“一键”创建图表。

第二，如何在数据透视表中增加新的计算字段。

第三，如何使用“显示报表筛选页”。

第23课

动态数据区域的创建及意义

凯旋，通过之前几节课的数据透视表的学习，你是否有新的体会？

以前我觉得自己挺会用数据透视表的，但学了前面的几节课后，我对数据透视表开始有了全新的认识。

我倒发现你更会说话了，哈哈……那我今天再教你一个很实用的技能，想不想学？

当然想学！是什么技能啊？

数据透视表的自动更新。

23.1 当数据内容发生变化时，数据透视表自动更新

本节课我教你如何创建动态数据。

动态数据？为什么要讲动态数据呢？

这个原因又不得不从数据透视表说起了。你有没有遇到过这样的问题，当我们的原始数据更新或者变化了，也期望数据透视表的分析结果能够同步更新。比如，在下面的数据透视表中，西南地区的某一个数据发生了变化，数据由原来的67.5更新为20000，如图23-1所示。

	C	D	E	F	G	H	I	J	K	L	M	N	O	P	Q
1	货主城市	货主地区	销售人	订单ID	订购日期	到货日期	发货日期	运货商_公司名称	产品名称	单价	数量	折扣	运货费	总价	
2	成都	西南	金士鹏	11055	2018/4/28	2018/5/26	2018/5/5	统一包裹	汽水	¥4.50	15	0%	¥120.92	¥20,000.00	
3	成都	西南	金士鹏	11055	2018/4/28	2018/5/26	2018/5/5	统一包裹	巧克力	¥14.00	15	0%	¥120.92	¥210.00	
4	成都	西南	金士鹏	11055	2018/4/28	2018/5/26	2018/5/5	统一包裹	猪肉干	¥53.00	20	0%	¥120.92	¥1,060.00	
5	成都	西南	金士鹏	11055	2018/4/28	2018/5/26	2018/5/5	统一包裹	小米	¥19.50	20	0%	¥120.92	¥390.00	
6	成都	西南	刘英玫	10533	2017/5/12	2017/6/9	2017/5/22	急速快递	盐	¥22.00	50	5%	¥188.04	¥1,045.00	
7	成都	西南	刘英玫	10533	2017/5/12	2017/6/9	2017/5/22	急速快递	酸奶酪	¥34.80	24	0%	¥188.04	¥835.20	
8	成都	西南	刘英玫	10533	2017/5/12	2017/6/9	2017/5/22	急速快递	海哲皮	¥15.00	24	5%	¥188.04	¥342.00	
9	成都	西南	刘英玫	10997	2018/4/3	2018/5/15	2018/4/13	统一包裹	白奶酪	¥32.00	50	0%	¥73.91	¥1,600.00	
10	成都	西南	刘英玫	10997	2018/4/3	2018/5/15	2018/4/13	统一包裹	蚵	¥12.00	20	25%	¥73.91	¥180.00	
11	成都	西南	刘英玫	10997	2018/4/3	2018/5/15	2018/4/13	统一包裹	三合一麦片	¥7.00	20	25%	¥73.91	¥105.00	
12	成都	西南	刘英玫	10852	2018/1/26	2018/2/9	2018/1/30	急速快递	牛奶	¥19.00	15	0%	¥174.05	¥285.00	
13	成都	西南	刘英玫	10852	2018/1/26	2018/2/9	2018/1/30	急速快递	猪肉	¥39.00	6	0%	¥174.05	¥234.00	

图23-1　数据由原来的67.5更新为20000

凯旋：对，原始数据发生了变化以后，数据透视表能否更新呢？

张老师：选中数据透视表中任意一个单元格，单击“数据透视表工具”下“分析”选项卡，在弹出的“分析”菜单中单击“刷新”按钮，如图23-2所示。马上西南地区的数据总额就发生了变化，如图23-3所示，这就意味着数据透视表是可以进行刷新的。

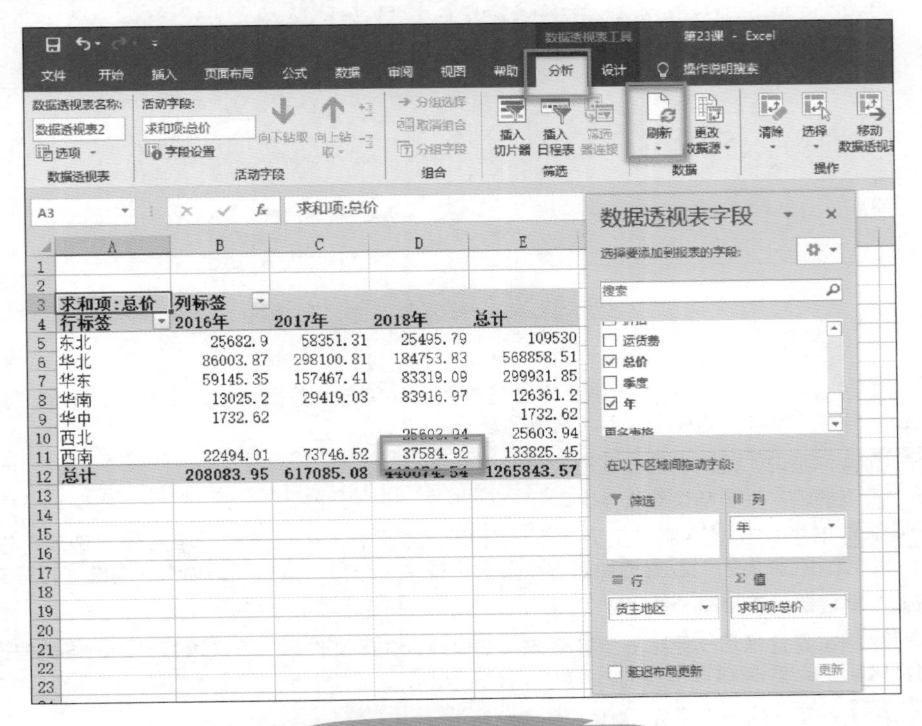

求和项:总价	列标签			
行标签	2016年	2017年	2018年	总计
东北	25682.9	58351.31	25495.79	109530
华北	86003.87	298100.81	184753.83	568858.51
华东	59145.35	157467.41	83319.09	299931.85
华南	13025.2	29419.03	83916.97	126361.2
华中	1732.62			1732.62
西北			25603.94	25603.94
西南	22494.01	73746.52	37584.92	133825.45
总计	208083.95	617085.08	440074.54	1265843.57

图23-2　数据透视表的刷新功能

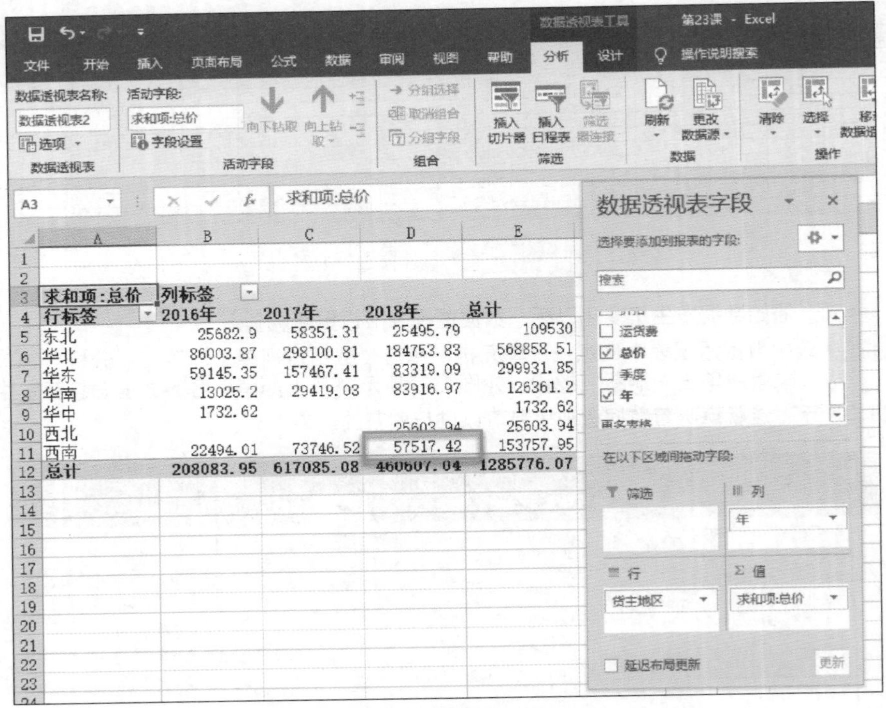

求和项:总价	列标签			
行标签	2016年	2017年	2018年	总计
东北	25682.9	58351.31	25495.79	109530
华北	86003.87	298100.81	184753.83	568858.51
华东	59145.35	157467.41	83319.09	299931.85
华南	13025.2	29419.03	83916.97	126361.2
华中	1732.62			1732.62
西北			25603.94	25603.94
西南	22494.01	73746.52	57517.42	153757.95
总计	208083.95	617085.08	460607.04	1285776.07

图23-3　刷新后数据更新

凯旋：这么神奇！不过刚才的刷新方法是需要手动单击“数据透视表工具”栏上的“刷新”按钮，还是有点儿麻烦，如果可以自动刷新就好了。

张老师：你别说，还真有让数据透视表自动更新的方法。

凯旋：真的吗？张老师快教教我。

张老师：单击“数据透视表工具”下“分析”选项卡，在“分析”中选择“选项”选项，如图23-4所示；在弹出的“数据透视表选项”对话框中，选择“数据”选项卡，勾选“打开文件时刷新数据”复选框，如图23-5所示。

凯旋：原来是这样！一旦数据源被更改，在保存并关闭文件后，下次再打开的时候数据透视表就会自然刷新了。

张老师：没错，这下你学会了吧。

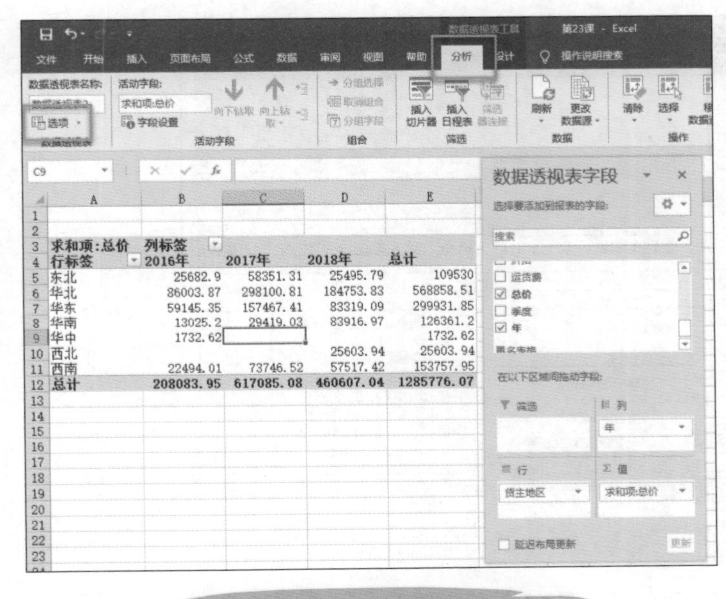

图23-4 在“分析”中选择“选项”选项

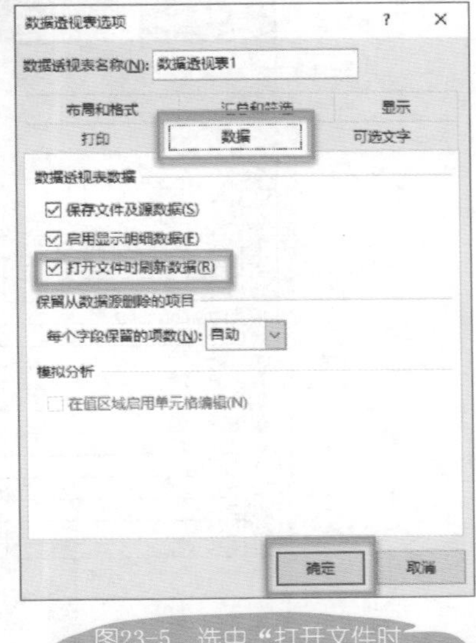

图23-5 选中“打开文件时刷新数据”复选框

23.2 原始数据表数据增减，数据透视表如何更新

张老师：刚才两个方法特别适合原始数据表格行数不增减，只是表格的内容进行了修改的情况。如果希望在创建的时候，就把原始表格创建为一个动态的表格，不管是数据本身有了变化，还是数据量有所增减，数据透视表都会自动更新，并且还可以省去每次去点自动刷新以及打开表格自动刷新这样烦琐的操作，这样就更方便了。

凯旋：那如何把一个静态的数据表变成一个动态的“活”表格呢？

张老师：我们可以这样来操作，回到刚才数据透视表的表格里面，可以单击“插入”选项卡“表格”组中的“表格”按钮，如图23-6所示。

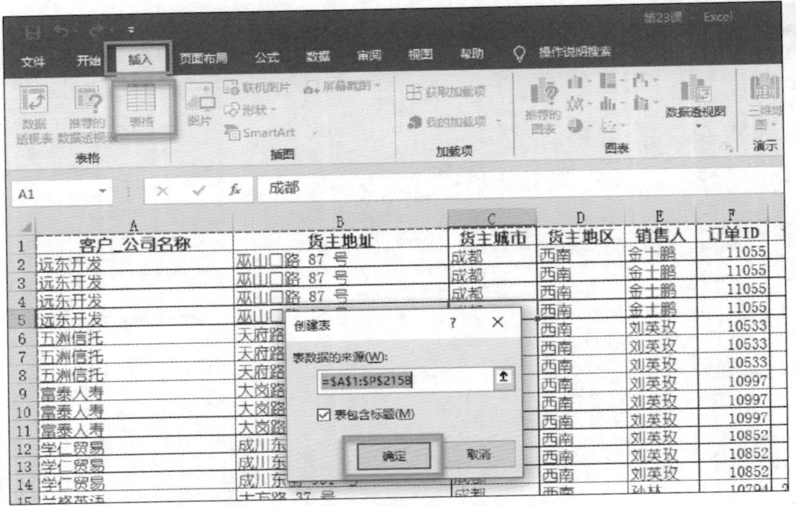

图23-6　选择“插入”选项卡中的“表格”

凯旋：等等，Excel已经是表格了，为什么还要插入一个表格呢？

张老师：我们来看一下吧，当单击“插入”选项卡下“表格”按钮，此时Excel会告诉你表格的数据来源以及整个表格区域，此时我们“确定”按钮，你会发现整个表格变成一个深蓝和浅蓝相互交替的表格，看上去非常的好看，如图23-7和图23-8所示。既然我们要来了解数据透视表是如何刷新的，可以先单击“数据”功能区，再单击“筛选”命令，取消筛选状态，如图23-9所示；单击“表格工具”功能区，你会看到这个表格的名字叫作“表1”，如图23-10所示。你还记得名称功能吗？

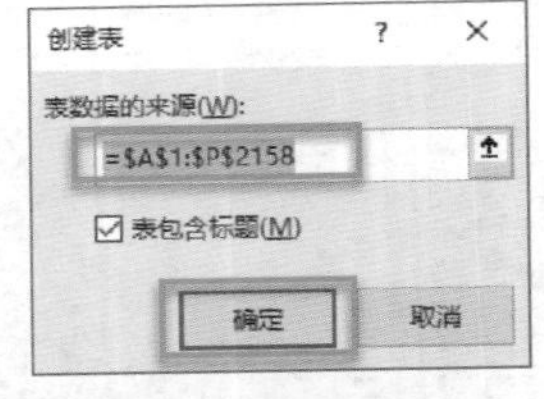

图23-7　表格的数据来源以及整个表格区域

	A	B	C	D	E	F	G	H	I	J	K	L
1	客户_公司名称	货主地址	货主城市	货主地区	销售人	订单ID	订购日期	到货日期	发货日期	运货商_公司名称	产品名称	单价
2	远东开发	巫山口路 87 号	成都	西南	金士鹏	11055	2018/4/28	2018/5/26	2018/5/5	统一包裹	汽水	¥4.5
3	远东开发	巫山口路 87 号	成都	西南	金士鹏	11055	2018/4/28	2018/5/26	2018/5/5	统一包裹	巧克力	¥14.0
4	远东开发	巫山口路 87 号	成都	西南	金士鹏	11055	2018/4/28	2018/5/26	2018/5/5	统一包裹	猪肉干	¥53.0
5	远东开发	巫山口路 87 号	成都	西南	金士鹏	11055	2018/4/28	2018/5/26	2018/5/5	统一包裹	小米	¥19.5
6	五洲信托	天府路 263 号	成都	西南	刘英玫	10533	2017/5/12	2017/6/9	2017/5/22	急速快递	盐	¥22.0
7	五洲信托	天府路 263 号	成都	西南	刘英玫	10533	2017/5/12	2017/6/9	2017/5/22	急速快递	酸奶酪	¥34.8
8	五洲信托	天府路 263 号	成都	西南	刘英玫	10533	2017/5/12	2017/6/9	2017/5/22	急速快递	海哲皮	¥15.0
9	富泰人寿	大岗路 37 号	成都	西南	刘英玫	10997	2018/4/3	2018/5/15	2018/4/13	统一包裹	白奶酪	¥32.0
10	富泰人寿	大岗路 37 号	成都	西南	刘英玫	10997	2018/4/3	2018/5/15	2018/4/13	统一包裹	蚵	¥12.0
11	富泰人寿	大岗路 37 号	成都	西南	刘英玫	10997	2018/4/3	2018/5/15	2018/4/13	统一包裹	三合一麦片	¥7.0
12	学仁贸易	成川东街 951 号	成都	西南	刘英玫	10852	2018/1/26	2018/2/9	2018/1/30	急速快递	牛奶	¥19.0
13	学仁贸易	成川东街 951 号	成都	西南	刘英玫	10852	2018/1/26	2018/2/9	2018/1/30	急速快递	猪肉	¥39.0
14	学仁贸易	成川东街 951 号	成都	西南	刘英玫	10852	2018/1/26	2018/2/9	2018/1/30	急速快递	山渣片	¥49.3
15	兰格英语	大方路 37 号	成都	西南	孙林	10794	2017/12/24	2018/1/21	2018/1/2	急速快递	沙茶	¥23.2
16	兰格英语	大方路 37 号	成都	西南	孙林	10794	2017/12/24	2018/1/21	2018/1/2	急速快递	鸡肉	¥7.4
17	正人资源	正汉东街 12 号	成都	西南	孙林	10390	2016/12/23	2017/1/20	2016/12/26	急速快递	温馨奶酪	¥10.0
18	正人资源	正汉东街 12 号	成都	西南	孙林	10390	2016/12/23	2017/1/20	2016/12/26	急速快递	蜜桃汁	¥14.4
19	正人资源	正汉东街 12 号	成都	西南	孙林	10390	2016/12/23	2017/1/20	2016/12/26	急速快递	蚵	¥9.6
20	正人资源	正汉东街 12 号	成都	西南	孙林	10390	2016/12/23	2017/1/20	2016/12/26	急速快递	酸奶酪	¥27.8
21	东帝望	浩明南街 92 号	成都	西南	孙林	10446	2017/2/14	2017/3/14	2017/2/19	急速快递	糖果	¥7.3

图23-8　整个表格变成一个深蓝和浅蓝相互交替的表格

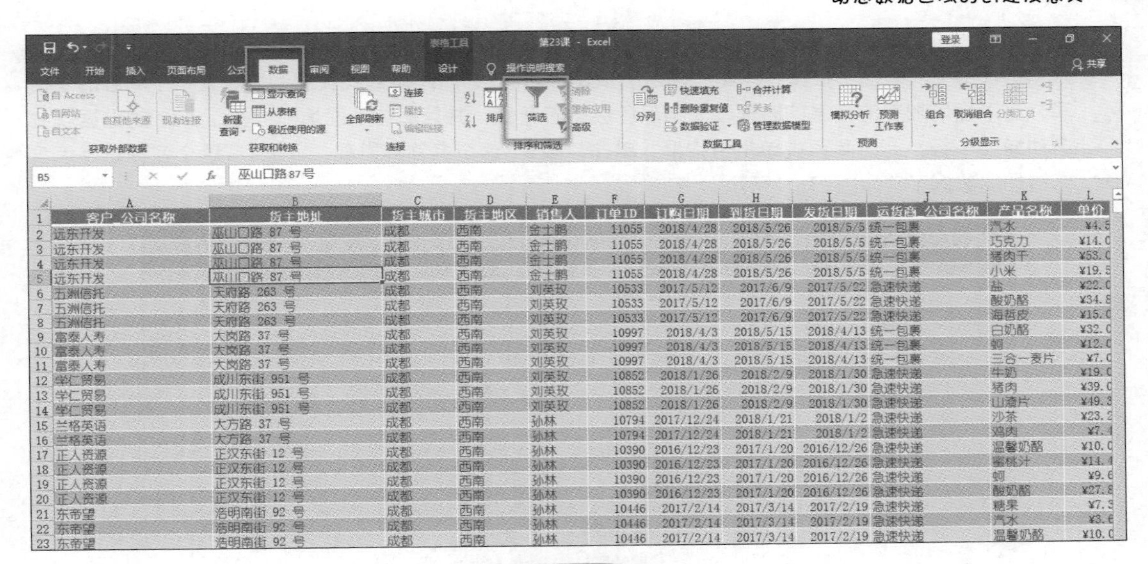

图23-9 取消筛选

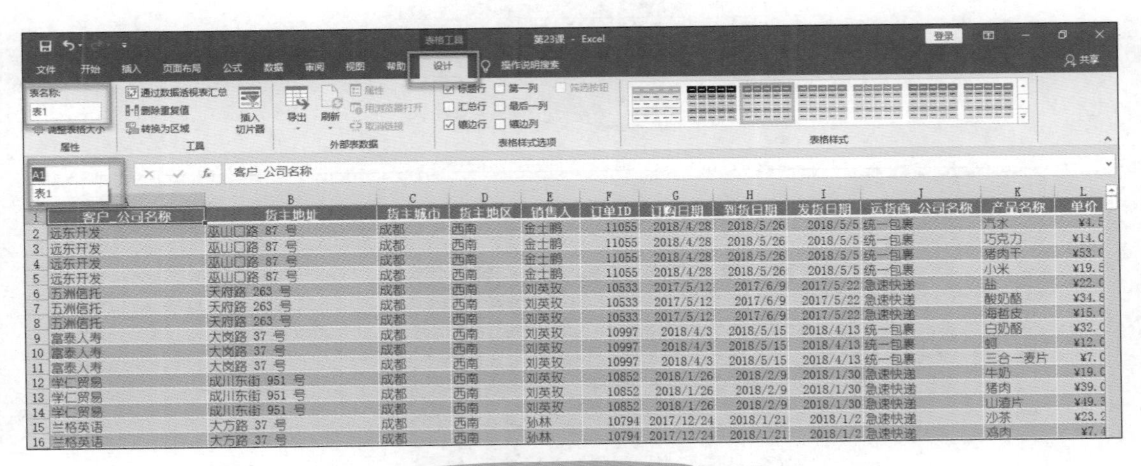

图23-10 表格自动命名为“表1”

我们在第1部分第7课中讲到过如何给Excel命名，单击“插入”选项卡下“表格”按钮，单击“确定”按钮后，Excel这个软件就会自动把当前表命名为“表1”。

凯旋：怎么样去体现它的动态呢？

张老师：我们来做一个小小的测试，还记得之前讲过的VLOOKUP的案例吗？在VLOOKUP函数中有一个参数是表示表格的区域，但是这个表格的区域有可能随时会增减，怎么样在使用VLOOKUP

函数的时候不需要每次都重新选定区域呢？这里的操作就是提前把查询表转换为动态表，单击“插入”选项卡下“表格”按钮，单击“确定”按钮，如图23-11所示。现在查询表就是一个动态的表格了，当下面增加新的信息的时候单元格颜色会跟着渐变，并且每往下面填写一行，Excel的数据就会自动增加一行，此时我再去单击名称框，单击“表1”这个名称会发现，“表1”这个名称已经包含新增加的数据了，如图23-12所示。

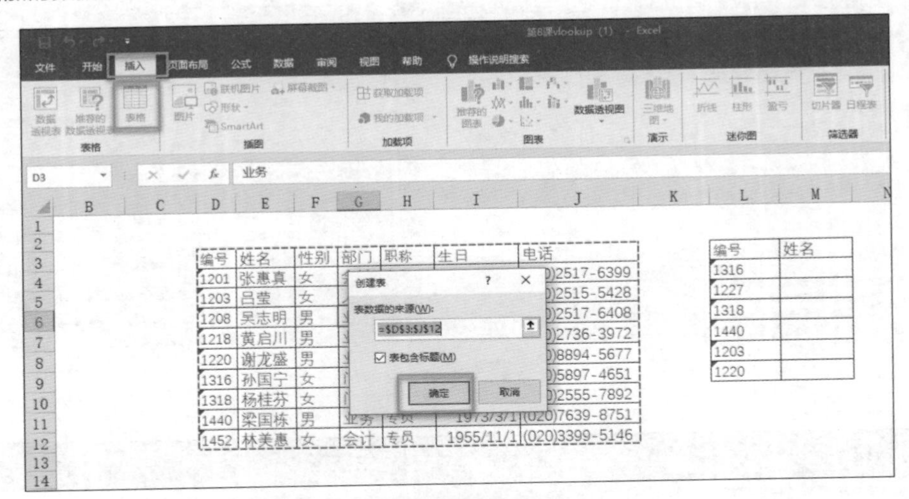

图23-11　插入表格

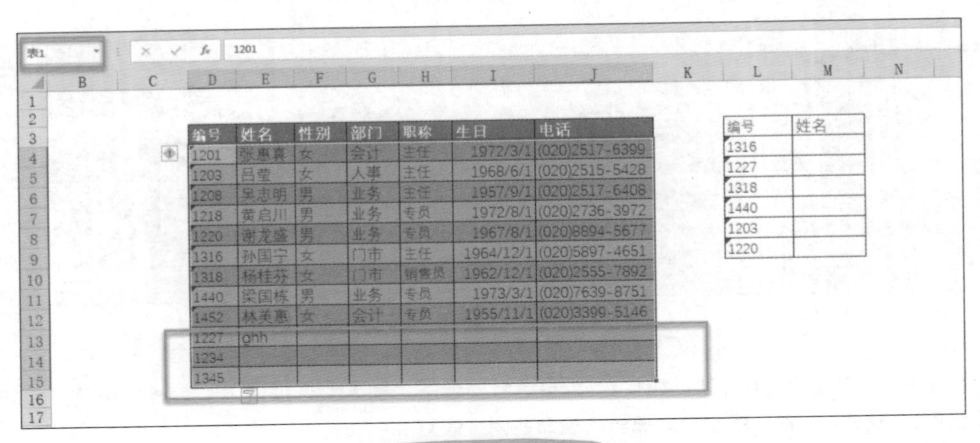

图23-12　表格是动态的

凯旋：原来是这样！所以，单击“插入|表格”这个功能不简单，“插入|表格”是把静态的表格变成一个动态的表格。所以，“插入|表格”这个操作可以直接帮我们创建一个动态的数据源。

张老师：是的。

23.3 自动更新，省去重复创建数据透视表的麻烦

张老师：回到刚才这个大的数据表中来，选中原始数据库，单击“设计”选项卡“表”组中的“表格”按钮，在“创建表”中单击“确定”按钮，这时的数据表已经是动态表格了，此时的名称是“表2”，如图23-13所示。接下来，再创建数据透视表报表，单击“插入”选项卡“表”组中的“数据透视表”按钮，在“创建数据透表”对话框中会发现在“请选择要分析的数据”下面“选择一个表或区域”中，它默认显示的是“表2”，如图23-14所示，“表2”就是刚才创建的动态原始数据表，这样创建出来的数据透视表的好处在于无论怎么把数据进行拖曳，只要原始数据有了更改，分析结果一定会跟着更新。

	公司名称	货主地址	货主城市	货主地区	销售人	订单ID	订购日期	到货日期	发货日期	运货商 公司名称	产品名称	单价
2	远东开发	巫山口路 87 号	成都	西南	金士鹏	11055	2018/4/28	2018/5/26	2018/5/5	统一包裹	汽水	¥4.5
3	远东开发	巫山口路 87 号	成都	西南	金士鹏	11055	2018/4/28	2018/5/26	2018/5/5	统一包裹	巧克力	¥14.0
4	远东开发	巫山口路 87 号	成都	西南	金士鹏	11055	2018/4/28	2018/5/26	2018/5/5	统一包裹	猪肉干	¥53.0
5	远东开发	巫山口路 87 号	成都	西南	金士鹏	11055	2018/4/28	2018/5/26	2018/5/5	统一包裹	小米	¥19.5
6	五洲信托	天府路 263 号	成都	西南	刘英玫	10533	2017/5/12	2017/6/9	2017/5/22	急速快递	盐	¥22.0
7	五洲信托	天府路 263 号	成都	西南	刘英玫	10533	2017/5/12	2017/6/9	2017/5/22	急速快递	酸奶酪	¥34.8
8	五洲信托	天府路 263 号	成都	西南	刘英玫	10533	2017/5/12	2017/6/9	2017/5/22	急速快递	海哲皮	¥15.0
9	富泰人寿	大岗路 37 号	成都	西南	刘英玫	10997	2018/4/3	2018/5/15	2018/4/13	统一包裹	白奶酪	¥32.0
10	富泰人寿	大岗路 37 号	成都	西南	刘英玫	10997	2018/4/3	2018/5/15	2018/4/13	统一包裹	蚵	¥12.0
11	富泰人寿	大岗路 37 号	成都	西南	刘英玫	10997	2018/4/3	2018/5/15	2018/4/13	统一包裹	三合一麦片	¥7.0
12	学仁贸易	成川东街 951 号	成都	西南	刘英玫	10852	2018/1/26	2018/2/9	2018/1/30	急速快递	牛奶	¥19.0
13	学仁贸易	成川东街 951 号	成都	西南	刘英玫	10852	2018/1/26	2018/2/9	2018/1/30	急速快递	猪肉	¥39.0
14	学仁贸易	成川东街 951 号	成都	西南	刘英玫	10852	2018/1/26	2018/2/9	2018/1/30	急速快递	山渣片	¥49.3
15	兰格英语	大方路 37 号	成都	西南	孙林	10794	2017/12/24	2018/1/21	2018/1/2	急速快递	沙茶	¥23.2
16	兰格英语	大方路 37 号	成都	西南	孙林	10794	2017/12/24	2018/1/21	2018/1/2	急速快递	鸡肉	¥7.4
17	正人资源	正汉东街 12 号	成都	西南	孙林	10390	2016/12/23	2017/1/20	2016/12/26	急速快递	温馨奶酪	¥10.0
18	正人资源	正汉东街 12 号	成都	西南	孙林	10390	2016/12/23	2017/1/20	2016/12/26	急速快递	蜜桃汁	¥14.4
19	正人资源	正汉东街 12 号	成都	西南	孙林	10390	2016/12/23	2017/1/20	2016/12/26	急速快递	蚵	¥9.6
20	正人资源	正汉东街 12 号	成都	西南	孙林	10390	2016/12/23	2017/1/20	2016/12/26	急速快递	酸奶酪	¥27.8
21	东帝望	浩明南街 92 号	成都	西南	孙林	10446	2017/2/14	2017/3/14	2017/2/19	急速快递	糖果	¥7.3
22	东帝望	浩明南街 92 号	成都	西南	孙林	10446	2017/2/14	2017/3/14	2017/2/19	急速快递	汽水	¥3.6
23	东帝望	浩明南街 92 号	成都	西南	孙林	10446	2017/2/14	2017/3/14	2017/2/19	急速快递	温馨奶酪	¥10.0
24	东帝望	浩明南街 92 号	成都	西南	孙林	10446	2017/2/14	2017/3/14	2017/2/19	急速快递	三合一麦片	¥5.6

图23-13　插入表2

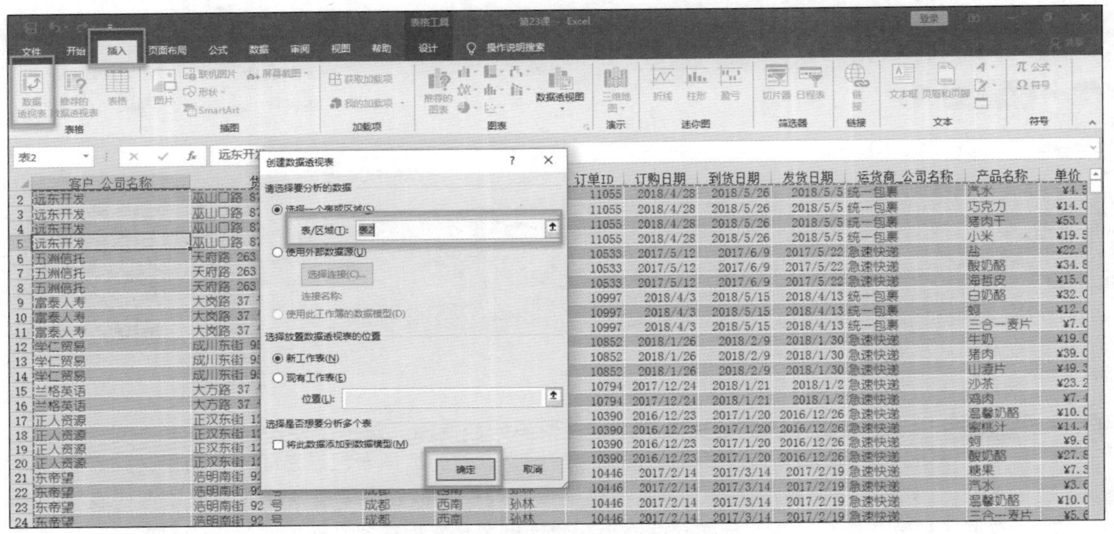

图23-14　自动识别原始数据名称为“表2”

所以我建议大家，以后无论是在创建数据透视表还是在做其他数据分析的时候，都可以先把你的原始表格创建成动态表。

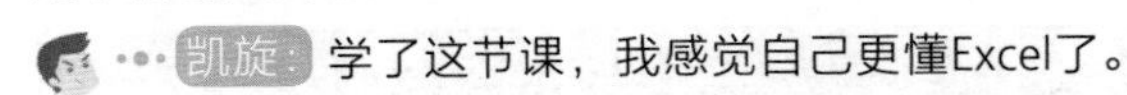
凯旋：学了这节课，我感觉自己更懂Excel了。

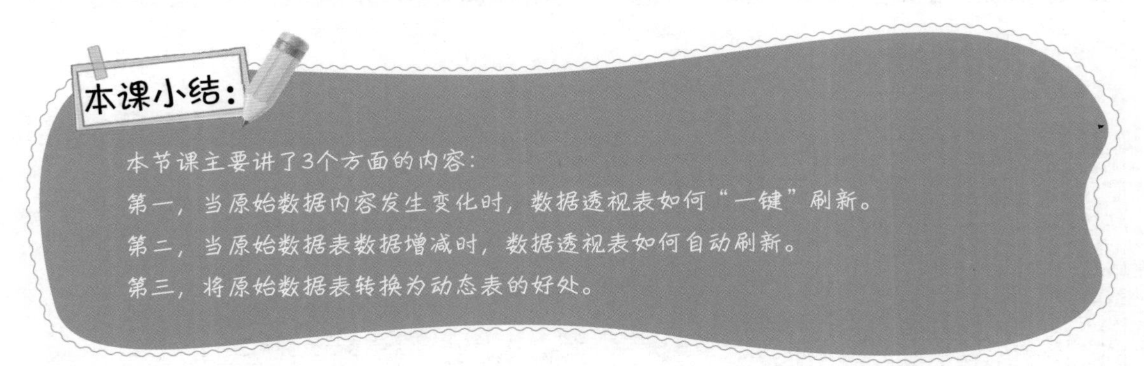

本课小结：

本节课主要讲了3个方面的内容：

第一，当原始数据内容发生变化时，数据透视表如何“一键”刷新。

第二，当原始数据表数据增减时，数据透视表如何自动刷新。

第三，将原始数据表转换为动态表的好处。

PART

第7部分

创建图表的套路就一句话

报表不出错，图表就能顺利创建

张老师，我听了这么多节课，发现您还没讲到怎么制作图表。

这是因为，制作图表本来就不难，只要掌握好一个前提，在Excel中创建图表是很容易的。

是什么前提啊？这么神奇？

这个前提就是，表格一定要是报表才能创建出图表。

我可不信，制作图表就这么简单，张老师您这么厉害，就教我一些外面学不到的东西吧。

哈哈，真拿你没办法，那我就教你几个技巧。

24.1 一句话搞定所有常规图表的设置

先举个例子来说明，如图24-1所示，这个表格是一张报表，因此，创建一个柱形图是非常简单的，直接选中表格区域，单击“插入”选项卡“图表”组中的“柱形图”按钮，当我单击完柱形图以后你会发现，图表已经创建出来了。但是，整个图表出现以后会发现由于在报表中“收入”和“利润率”的数值相差特别大，在图表里仿佛是看不到“利润率”的，如图24-2所示。

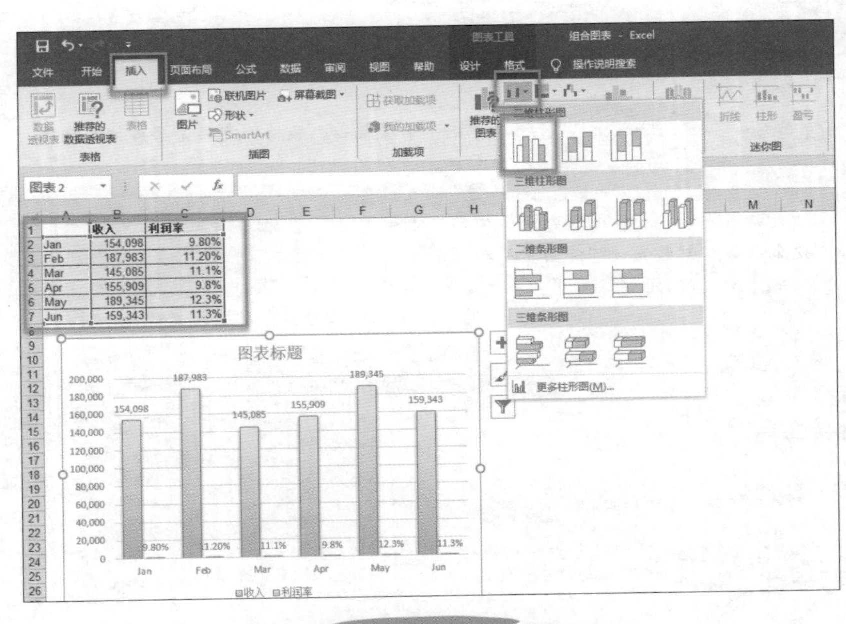

图24-1 插入图表

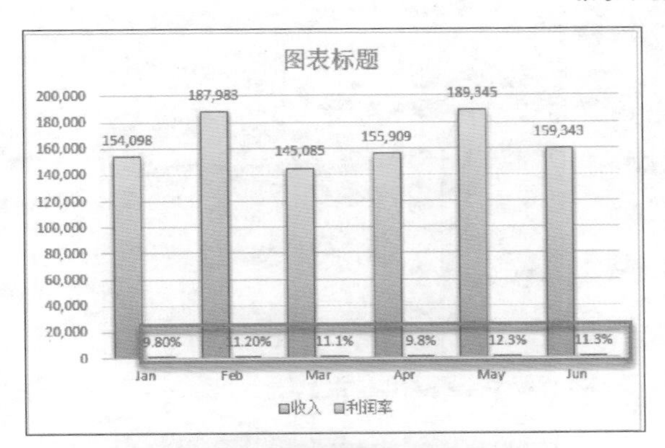

图24-2 图中几乎看不到“利润率”

凯旋：的确如此，那应该怎么办呢？

张老师：在这份柱形图中我们会发现“利润率”不是没有，而是特别小。因此，要采用次坐标轴的方式，让“利润率”也能出现在图表当中。对于图表格式的设定无论是复合型的图表，还是单一的图表，技巧就是“想改哪里就对哪里右击”，比如说出现的图表中不想看到“图表标题”这4个字，我就选中这个标题右击，在弹出的快捷菜单中选择“删除”选项，如图24-3所示。如果不想看到图表中的网格线，就选中网格线右击，选择“删除”选项，如图24-4所示。如果希望“利润率”可以以折线的形式出现，同样，先用鼠标选中“利润率”这个系列。

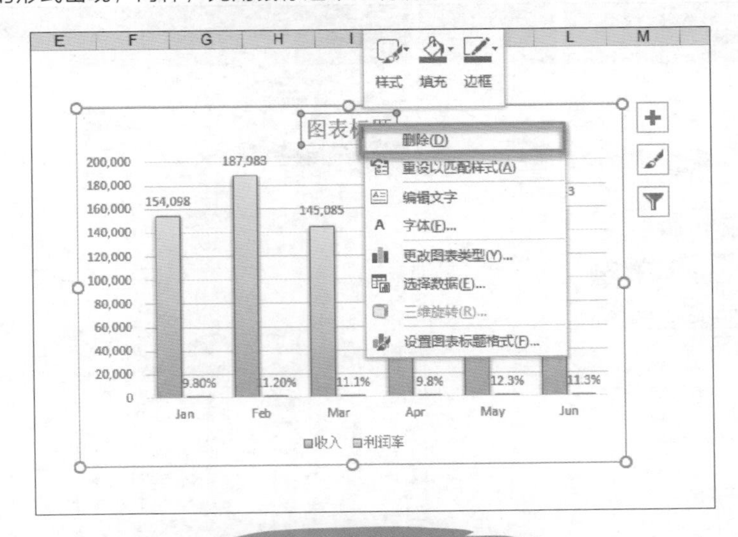

图24-3 删除“图表标题”

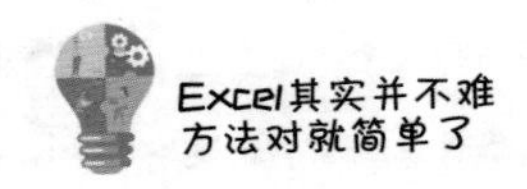

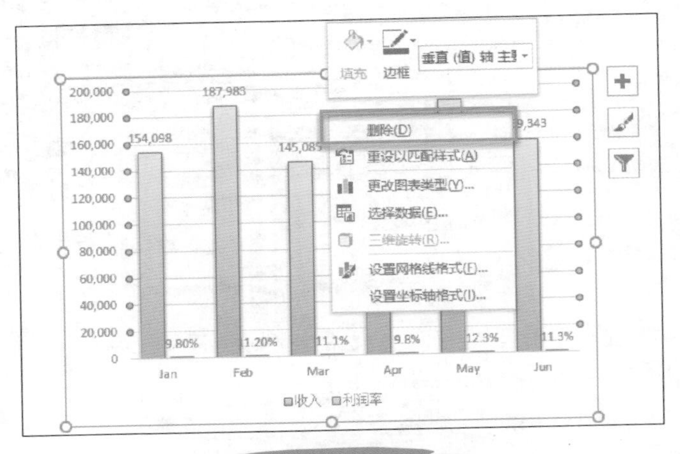

图24-4 删除网格线

凯旋：问题就来了，在现在的状态下“利润率”这个系列很难定位（选中）到，它几乎看不见。

张老师：确实，但不是没有办法。选中图表，单击“图表工具”中的“格式”选项卡，在弹出的“格式”菜单最左边“当前所选内容”下拉列表中选择“系列‘利润率’”，这样，就可以很快在图表中定位“利润率”这个系列了，如图24-5所示。

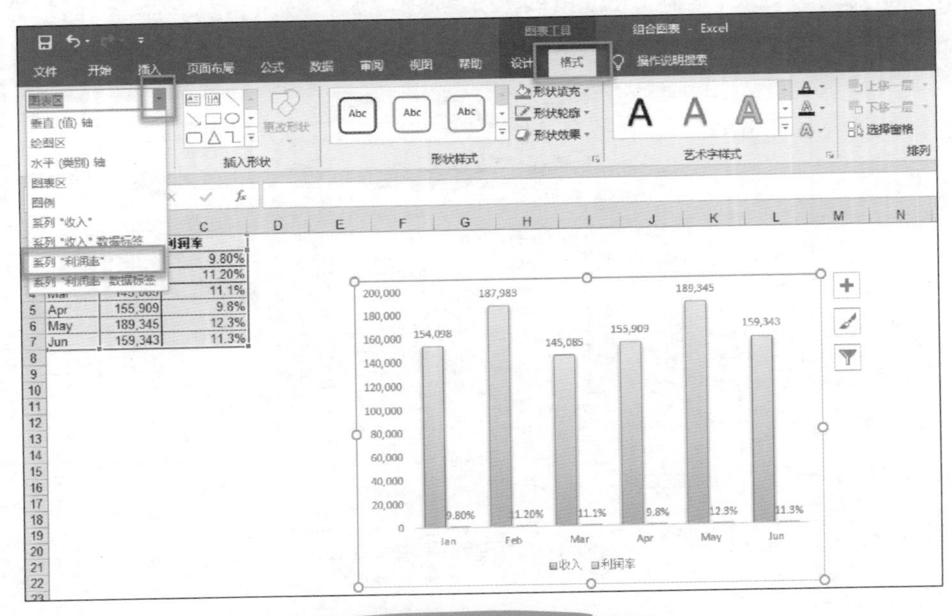

图24-5 选择“系列‘利润率’”

将鼠标放在定位后的“利润率”系列上，右击，在弹出的下拉列表中选择“更改图表类型”选项，如图24-6所示；在弹出的“更改图表类型”对话框最下方有“组合图”选项，单击“组合图”，选择“利润率”的“图表类型”为“折线图”，选中在“折线图”后面的“次坐标轴”复选框，再选中“次坐标轴”复选框，此时“柱形图”和“折线图”两种图表类型就出现在图表中了，如图24-7所示；最后，单击“确定”按钮，一个两轴线柱形图就初步完成了，如图24-8所示。

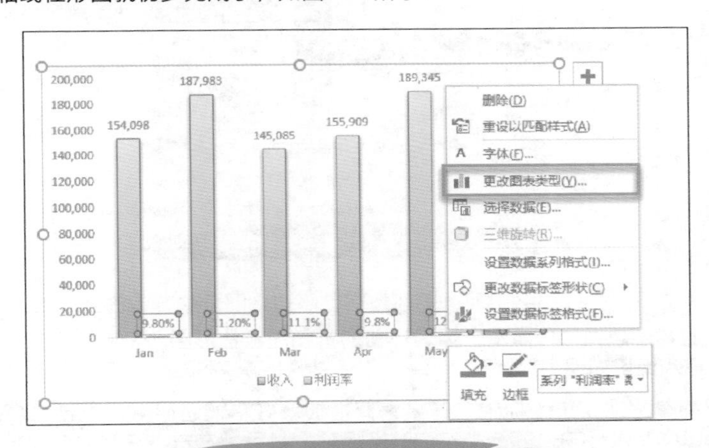

图24-6　选择“更改图表类型”选项

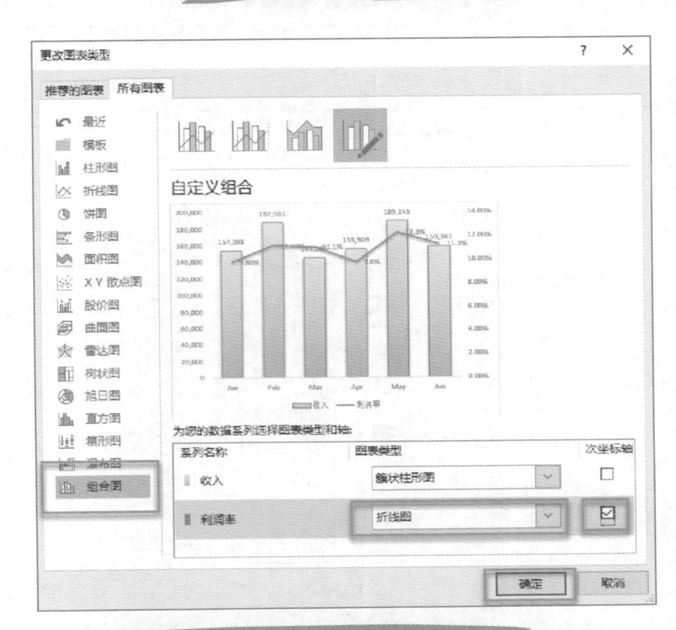

图24-7　选择“利润率”的“图表类型”为“折线图”

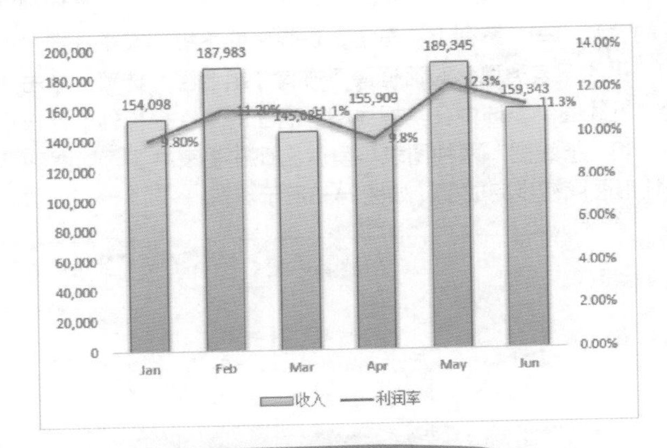

图24-8　柱形图和折线图两种图表类型

凯旋：原来，之所以折线图会出现，是因为它参照的是图表中右边的坐标轴。

张老师：这时我还想做一件事情，因为现在的折线图被柱形图“打断”，如果希望柱形图中的柱子能够降低，你知道该如何操作吗？

凯旋：这很简单，把“主坐标轴”的最大值增加就好了，还记得你说过“想改哪里就对哪里右击”。如果我想修改坐标轴，就选中左边的坐标轴，然后，右击，在弹出的快捷菜单中选择“设置坐标轴格式”选项，如图24-9所示，在弹出的“设置坐标轴格式”窗格中，可以把最大值调整一下，比如，把最大值调整成300000.0，然后关闭对话框，这样柱形图就“降低”了，如图24-10和图24-11所示。

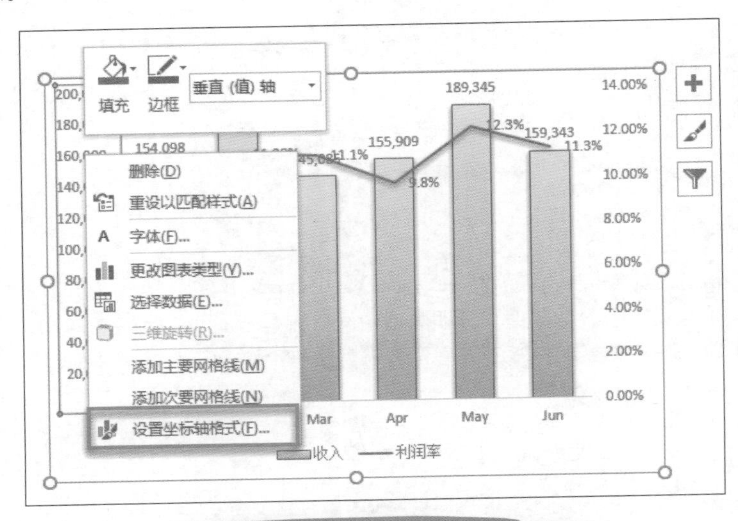

图24-9　选择“设置坐标轴格式”选项

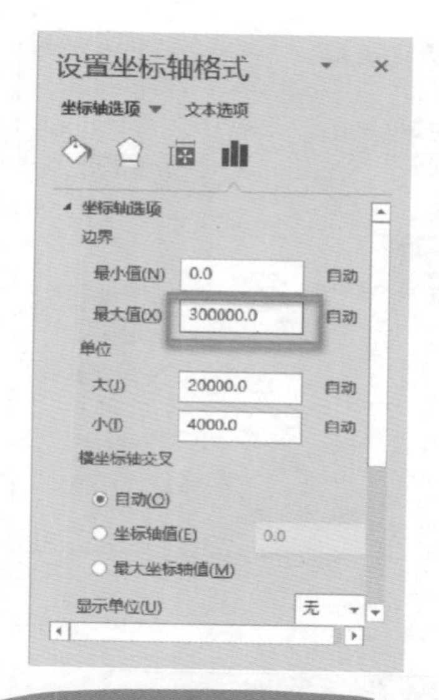

图24-10　把最大值调整成300000.0

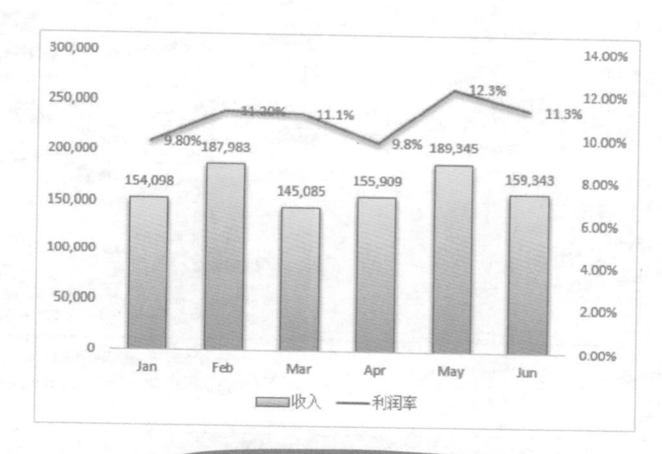

图24-11　数据更改后柱形图降低

张老师：没错。通过这个例子可以看到，几乎所有关于图表的操作从填充到边框再到阴影，再到整个图表的样式修改，都只要选中你需要修改的部分，右击找到对应选项进行修改就好了。

24.2 快速制作瀑布图

张老师：我们再来看一个例子，还有一种常见的图，很多人把它称为“瀑布图”。这也是我在平时的培训过程中被很多学员问到的问题，这样的“瀑布图”该如何做呢？在一些制造业企业里把它叫作“帕累托图”。

创建这种图表的前提是需要有辅助列，如图24-12所示，这个例子里起初只有A列和D列两列数据，有期间、期初值、期末值、各分期数值，分期数值中间有的是增加的，有的是减少的。我怎么样创造一个“瀑布图”让大家一眼就能看明白呢？这里需要做两个辅助列，一个是辅助列起点，一个是辅助列终点。道理非常简单，起点都是从0开始的，那么它的终点在哪里呢？我们使用函数来表达，它的终点就把分期数值的每个起点的值与它下面的值相加，不断扩大区域内的值进行求和，然后，如果这个区域内的数值小于0的话就不增加它，就加0，这里做了一个IF函数的判断，那么终点值就是把所有的分期数值全部都取正数，这样的好处就是可以做出一种堆叠的效果出来，函数是=SUM($D$2:D2)+IF(D3<0,D3,0)，如图24-13所示。

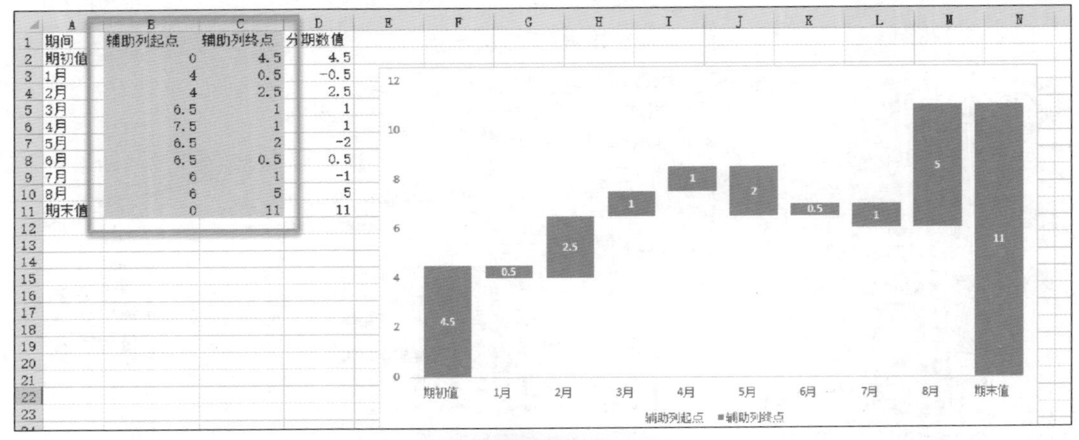

	A	B	C	D
1	期间	辅助列起点	辅助列终点	分期数值
2	期初值	0	4.5	4.5
3	1月	4	0.5	-0.5
4	2月	4	2.5	2.5
5	3月	6.5	1	1
6	4月	7.5	1	1
7	5月	6.5	2	-2
8	6月	6.5	0.5	0.5
9	7月	6	1	-1
10	8月	6	5	5
11	期末值	0	11	11

图24-12　需要添加辅助列

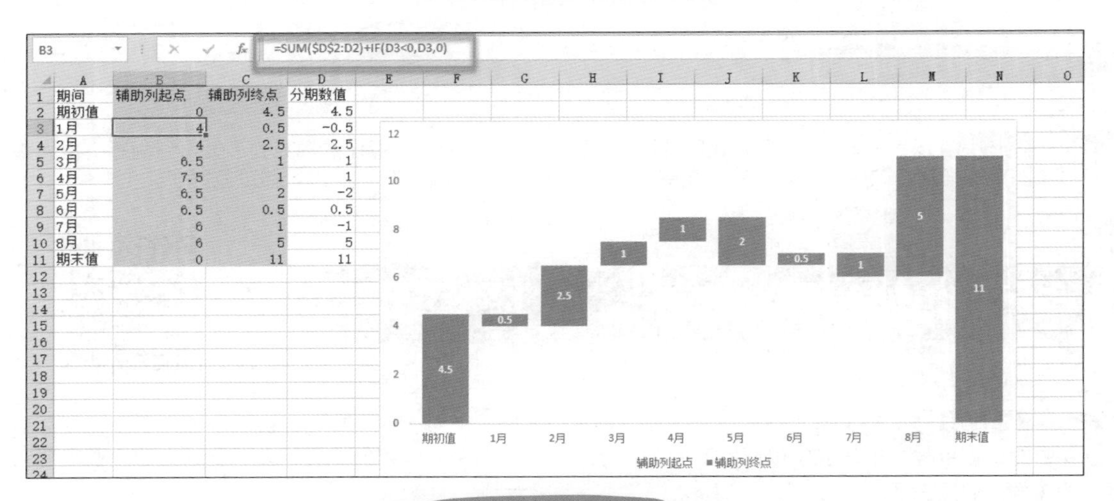

	A	B	C	D
1	期间	辅助列起点	辅助列终点	分期数值
2	期初值	0	4.5	4.5
3	1月	4	0.5	-0.5
4	2月	4	2.5	2.5
5	3月	6.5	1	1
6	4月	7.5	1	1
7	5月	6.5	2	-2
8	6月	6.5	0.5	0.5
9	7月	6	1	-1
10	8月	6	5	5
11	期末值	0	11	11

图24-13　辅助列起点的函数

凯旋：关键是怎么插入图呢？

张老师：选中两个辅助列，单击“插入”选项卡“图表”组中的“柱形图”按钮，在弹出的下拉列表中选择“堆积柱形图”选项，如图24-14所示。当你看到这个图形出现以后，就差不多知道该怎么做了吧。现在我们图表中红色部分是要看到的瀑布图增长的部分，而下面蓝色部分是不想看到的部分，选中蓝色柱形图，右击，在弹出的快捷菜单中选择“设置数据系列格式”选项，如图24-15所示，在弹出的“设置数据系列格式”窗格的“格式”选项中选择“填充”，把蓝色柱形图的“填充”设置为“无填充”，“边框”设置为“无线条”，如图24-16所示，这时一个大概的

“瀑布”状态就出现了。接下来再选中可以看得见的红色柱形图，右击，在弹出的快捷菜单中选择“设置数据系列格式”选项，如图24-17所示，在右边窗格的“系列选项”中调整“间隙宽度”，稍微加上一个重叠的缝隙，这样就是一个瀑布型的柱形图了，如图24-18所示。

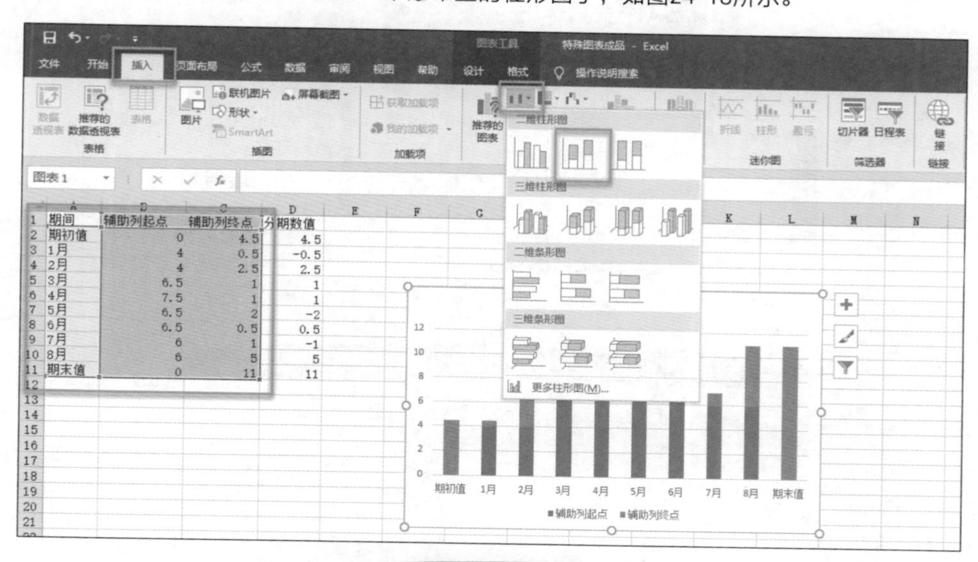

图24-14　插入堆积柱形图

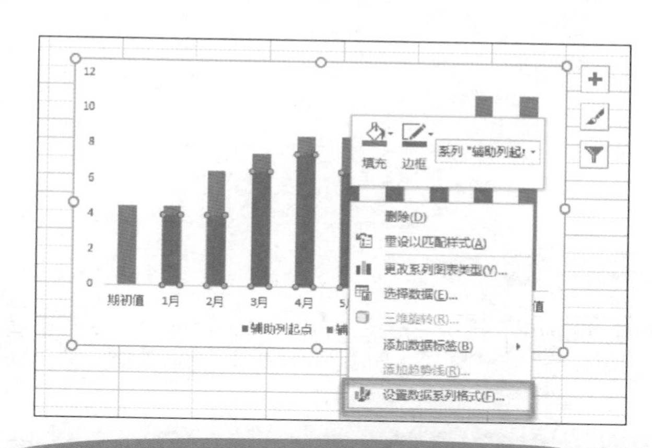

图24-15　选中蓝色柱形图右击选择“设置数据系列格式”选项

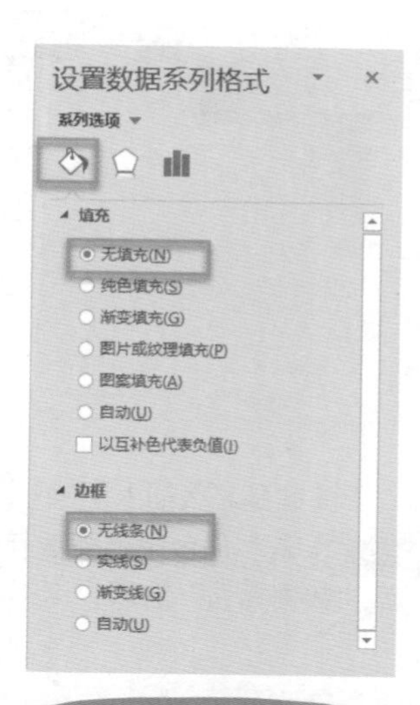

图24-16　设置填充效果

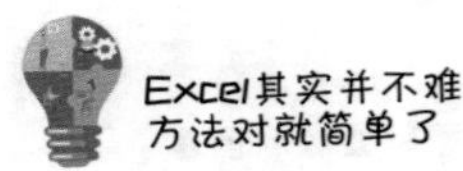

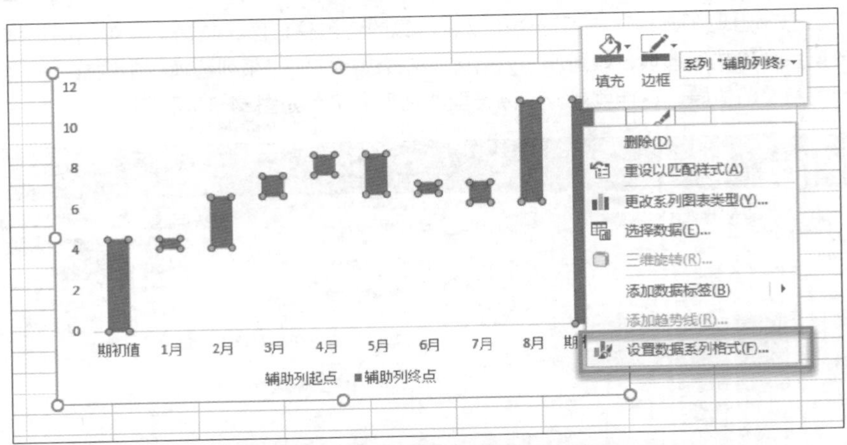

图24-17 选中红色柱形图右击选择“设置数据系列格式”选项

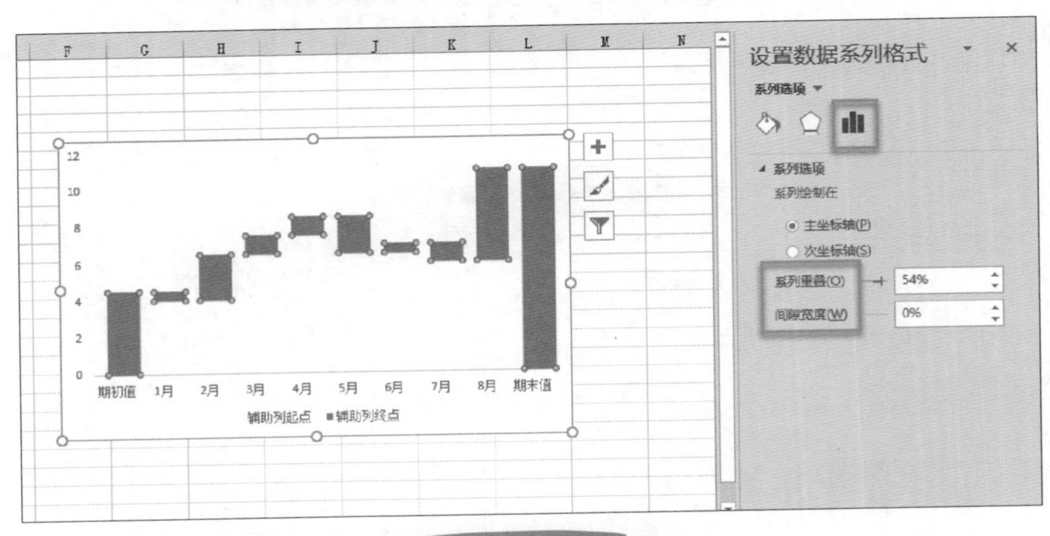

图24-18 调整间隙宽度

凯旋：还有，如果想把数值填在图表中间也很简单，选中柱形图，右击，在弹出的快捷菜单中选择“添加数据标签”选项，这样数据就会出现在柱形图中间了，如图24-19和图24-20所示。选中数

据标签，右击，在弹出的快捷菜单中选择“设置数据标签格式”选项，在“设置数据标签格式”窗格中可以选择它的数据标签是加值、加类别名称还是加系列名称，甚至可以选择分隔符，如图24-21所示。张老师，我讲的没错吧？

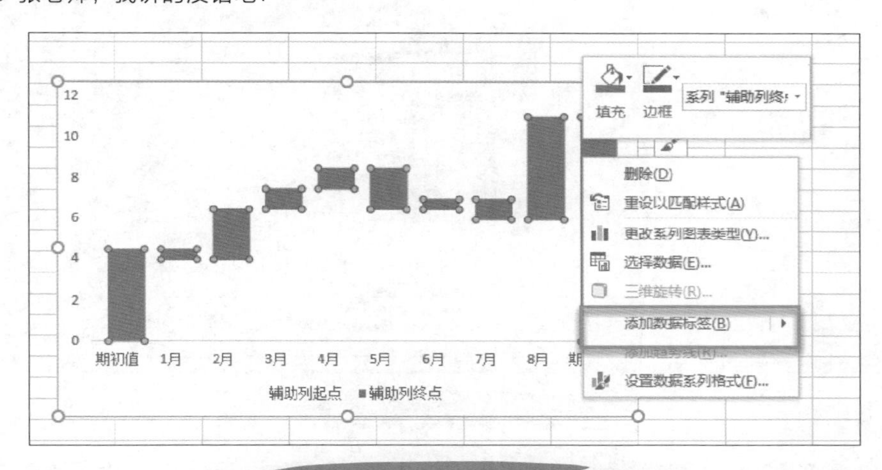

图24-19 选择“添加数据标签”选项

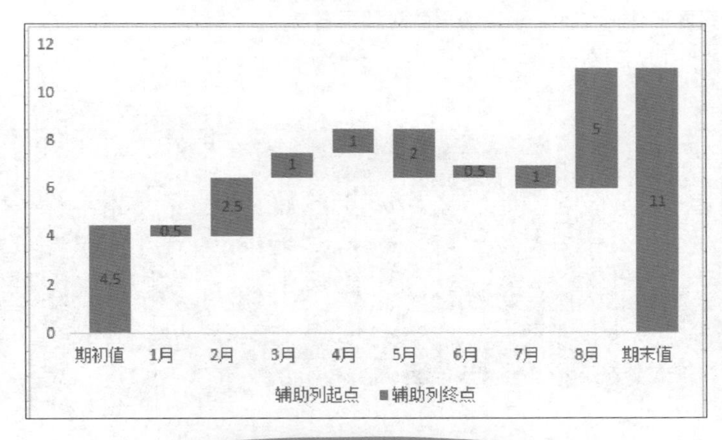

图24-20 数据出现在柱形图中间

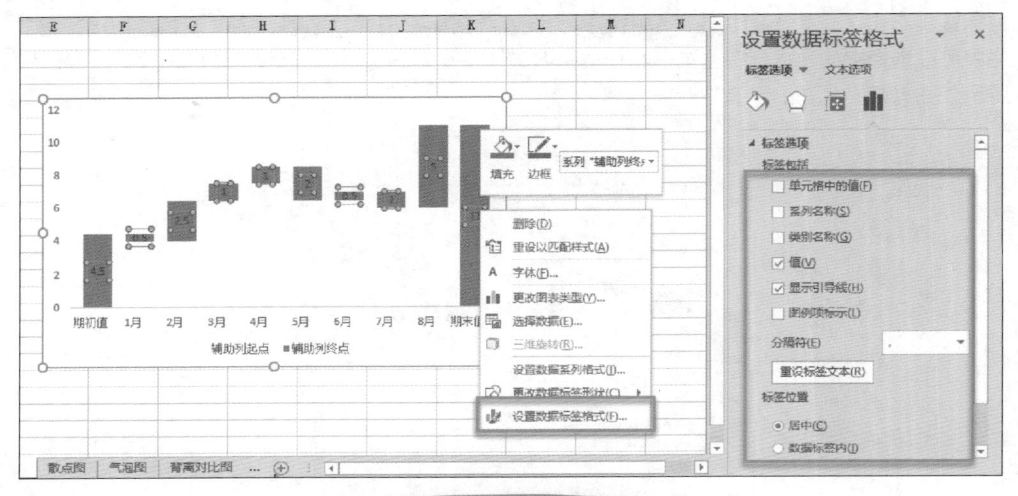

图24-21 选择数据的格式

张老师：你说的一点儿也没错。我来总结一下，其实在Excel中创建图表并不是很困难的事情，只要保证两点就没有你做不出来的图。首先，要保证选中的表格是报表；其次，当图表创建出来以后要设置图表，只要记住一句话：想改哪里就对那里右击。

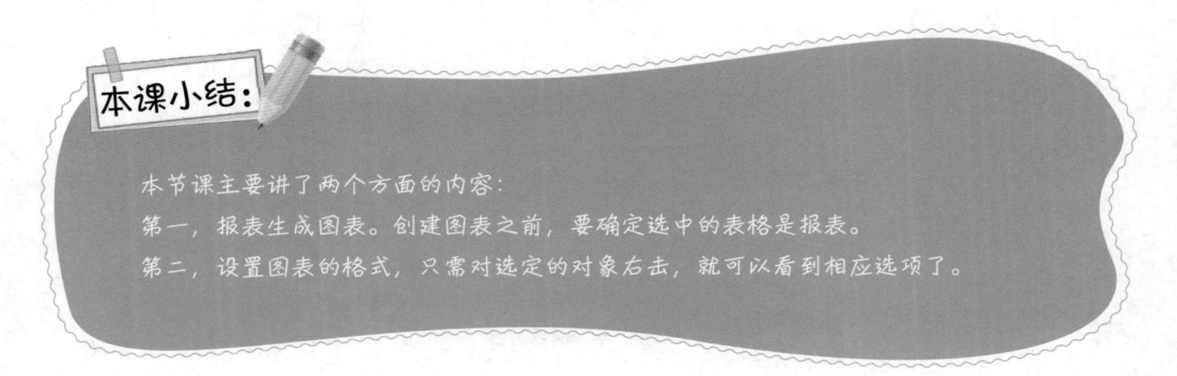

本课小结：

本节课主要讲了两个方面的内容：

第一，报表生成图表。创建图表之前，要确定选中的表格是报表。

第二，设置图表的格式，只需对选定的对象右击，就可以看到相应选项了。

PART
第8部分
慧眼识表的能力，你值得拥有

第25课 “干货”满满的总结

凯旋，这是最后一节课了，诶？你为什么这么开心？

当然开心了，就在今天，老板决定给我加薪啦，哈哈哈，还有就是，听完了张老师的最后一节课，不就意味着我可以出师了吗？

加薪是好事啊，恭喜恭喜！不过要说出师嘛……

不放心的话，您就考考我！

那好，我就用几个案例考考你。

25.1 绝对不可忽视的制表思路

这是Excel的最后一节课，非常感谢你能够一直学习到这里。本课没有练习，你只需跟着我的思路阅读完本节课，你就会具备一个“慧眼识表”的能力。

当我们使用Excel的时候一定要知道的第一点是，我们所要做的工作是否适合Excel来完成，如图25-1所示，这是很早以前我的一个学员问的问题，这个问题其实很简单，他想用Excel创建一个这样的考核表，但无论怎么创建都觉得排版是非常的乱。我一看这个表，立马就知道原因在哪里了。首先，最适合创建这种非计算类型表格的软件并不是Excel而是Word，那为什么用Excel来创建呢？因为绝大多数人的想法还是只要创建“表”就用Excel。那凯旋，我想问你一个问题，在Excel中，我们可不可以把一个单元格拆分成两个呢？

销售代表业绩考核表

	目标	评估项目	项目内容	评估比率	评估标准	分值百分比	大项百分比	得分
质	客户目标	销售日数	指每一位销售代表每月特定的销售工作日的总数，不应包括参加会议非拜访的工作日	打击率= 有效拜访数 / 实际销售拜访总客户数	>=60% 100 > =50% 90 > =45% 80 > =30% 60	100%	10%	
		实际销售拜访客户数	指每天实际拜访的客户数。一个完整的拜访是一项系统的活动，销售代表应按计划拜访客户，以完成其在店内的基本拜访程序，盘点、销售、陈列。					
		有效拜访数	指产生定货的拜访次数					
标	销售目标	销售目标	制定的销售目标，由销售行政部门发布的月销售目标代表了销售目标	毛销售指标=完成率 订单销量记录 / 销售指标	>=100% 100 >=90% 90 >=80% 80 >=70% 70 >=60% 60	40%	40%	
		订单销量纪录	指递交销售单和折扣的总价值，月底的月销售报表和递交订单及传递订单的总净价值的总和	净销售指标= 净发票销售量 / 完成率销售指标		60%		
		净发票销售量	指整个地区的销售总量	平均订单数= 净发票销售量 / 有效拜访数				
	收款目标	应收账款	指月初时应收账款总数	收款比率= 已收账款	>=90% 120 >=75% 110 >=50% 100	100%	30%	
		已收账款	指在截止日前，完成送货后					

Sheet1 Sheet2 Sheet3 Sheet4 Sheet5 Sheet6

图25-1 混乱的考核表

凯旋：这个我还真没注意过，应该不行吧。

张老师：是的，在Excel中，一个单元格是不能被拆分成两个的，所以，当我们用Excel去创建仅仅是用于阅读的文本表格的时候，就很有可能出现这样的问题，比如在图25-1中，制表人发现某个位置少了一个单元格，想增加一个单元格该怎么办呢？这时只能通过“插入行”或者“插入列”的方式，但是由于我们只需一个单元格，插入行、列会产生多余的单元格，接着，就要进行多次的“合并单元格”操作，这样一来一往，整个表格在制作的过程中就会非常麻烦。所以，我们创建一个表格，如果这个表格只是为了排版好看，方便阅读，我建议大家使用Word来创建。

凯旋：放着Excel不用，为什么要用Word啊？

张老师：因为在Word软件中，我们同样也可以插入表格，而且在Word表格中可以选中任何一个单元格进行拆分，你想拆分成多少列都是可以的。所以，Word表格更适合用来做排版。

凯旋：哦，原来制作“表”选择用Excel还是用Word，关键还是看用途。

张老师：没错。如果要进行数据分析的话，当之无愧的还是Excel，在我十几年的Office培训生涯中发现，绝大多数Excel的问题总结下来都是一个问题，就是表格种类的混乱导致最终数据分析的混乱。

凯旋：有点儿听不懂，张老师能具体说说吗？

张老师：我们用一个例子来说明吧，这是很早以前我的学员问我的一个问题，如图25-2所示，他问：这个表格里面绿色的字体是“不合格原因”，想把“不合格原因”填到“不合格原因”列（G列），应该用什么函数呢？

我们看一下这位学员的表格，通过表格可以看到A、B、C、D、E、F这个区域是我们所说的“数据表”，之前是没有G列这一列的，从后面的H列开始，可以看到H列的表头从“断粉、粉圈未封严、玻璃裂、断管、测不出……”，这位学员越写越慌，越写越觉得不对劲儿，几乎都快写不下了，如图25-3所示。

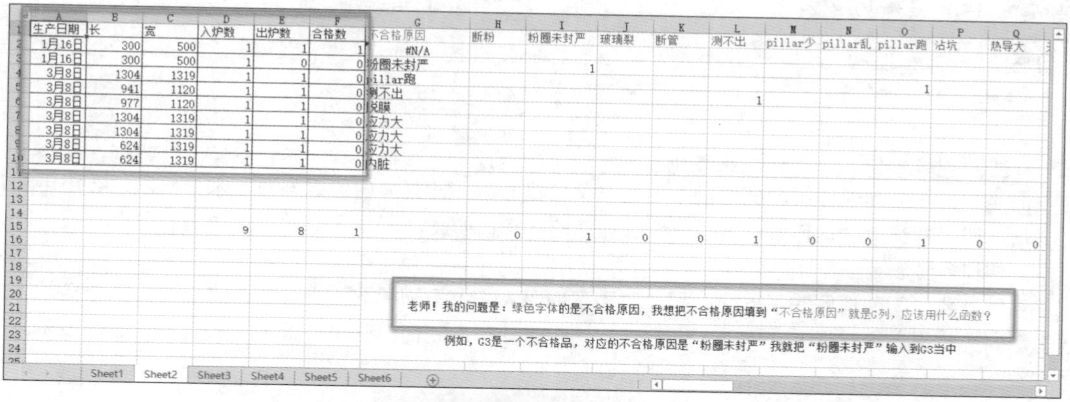

	A	B	C	D	E	F	G	H	I	J	K	L	M	N	O	P	Q
1	生产日期	长	宽	入炉数	出炉数	合格数	不合格原因	断粉	粉圈未封严	玻璃裂	断管	测不出	pillar少	pillar乱	pillar跑	沾坑	热导大
2	1月16日	300	500	1	1	1	#N/A										
3	1月16日	300	500	1	0	0	粉圈未封严		1								
4	3月8日	1304	1319	1	1	0	pillar跑								1		
5	3月8日	941	1120	1	1	0	测不出					1					
6	3月8日	977	1120	1	1	0	脱膜										
7	3月8日	1304	1319	1	1	0	应力大										
8	3月8日	1304	1319	1	1	0	应力大										
9	3月8日	624	1319	1	1	0	应力大										
10	3月8日	624	1319	1	1	0	内脏										
15				9	8	1											
16								0	1	0	0	1	0	0	1	0	0

老师！我的问题是：绿色字体的是不合格原因，我想把不合格原因填到“不合格原因”就是G列，应该用什么函数？

例如，G3是一个不合格品，对应的不合格原因是“粉圈未封严”我就把“粉圈未封严”输入到G3当中

Sheet1 Sheet2 Sheet3 Sheet4 Sheet5 Sheet6

图25-2 问题与数据表

	G	H	I	J	K	L	M	N	O	P	Q	R	S	T	U	V	W
1	不合格原因	断粉	粉圈未封严	玻璃裂	断管	测不出	pillar少	pillar乱	pillar跑	沾坑	热导大	无星	内脏	划伤	漏	搓漏	口未封住
2	#N/A																
3	粉圈未封严		1														
4	pillar跑								1								
5	测不出					1											
6	脱膜																
7	应力大																
8	应力大																
9	应力大																
10	内脏												1				
11																	
12																	
13																	
14																	
15		0	1	0	0	1	0	0	1	0	0	0	1	0	0	0	0
16																	
17																	

图25-3 不合格原因太多

凯旋，你发现原因是什么了吗？

凯旋：我知道！因为从第H列开始，往后的表头它们都属于“不合格原因”这个类别，也就是说这张表格在被创建出来之后并不是一张数据表，而是一张报表，这才是他做不好数据分析的关键原因，如图25-4所示。

	A	B	C	D	E	F	G	H	I	J	K	L	M	N	O	P	Q
1	生产日期	长	宽	入炉数	出炉数	合格数	不合格原因	断粉	粉圈未封严	玻璃裂	断管	测不出	pillar少	pillar乱	pillar跑	沾坑	热导大
2	1月16日	300	500	1	1	1	#N/A										
3	1月16日	300	500	1	0	0	粉圈未封严		1								
4	3月8日	1304	1319	1	1	0	pillar跑								1		
5	3月8日	941	1120	1	1	0	测不出					1					
6	3月8日	977	1120	1	1	0	脱膜										
7	3月8日	1304	1319	1	1	0	应力大										
8	3月8日	1304	1319	1	1	0	应力大										
9	3月8日	624	1319	1	1	0	应力大										
10	3月8日	624	1319	1	1	0	内脏										
15				9	8	1		0	1	0	0	1	0	0	1	0	0

老师！我的问题是：绿色字体的是不合格原因，我想把不合格原因填到“不合格原因”就是G列，应该用什么函数？

例如，G3是一个不合格品，对应的不合格原因是“粉圈未封严”我就把“粉圈未封严”输入到G3当中

Sheet1 Sheet2 Sheet3 Sheet4 Sheet5 Sheet6

图25-4 实际为报表

张老师：没错。当然他也最终找到了方法，他发现不应该把所有“不合格原因”都列在表头上，而是单独用一列叫“不合格原因”，把“不合格原因”的具体内容纵向写下来，然后，右边再插入一列叫“次数”，这样就形成了一个数据表的状态，如图25-5所示。接下来再去做数据分析，就会方便许多了。

当然，我也帮助他解决了这个问题，我用了INDEX和MATCH函数的组合帮助这位学员把行标题转换成了纵向的状态。换句话说，INDEX和MATCH这个函数帮助我们把一个“报表”转换成“数据表”。但

是，如果在创建原始表的时候就有数据表的框架，就不会再把一个表格创建成一个报表型的数据表了，也就不需要用到这样的函数组合了，如图25-6所示。

H1 次数

	A	B	C	D	E	F	G
1	生产日期	长	宽	入炉数	出炉数	合格数	不合格原因
2	1月16日	300	500	1	1	1	#N/A
3	1月16日	300	500	1	0	0	粉圈未封严
4	3月8日	1304	1319	1	1	0	pillar跑
5	3月8日	941	1120	1	1	0	测不出
6	3月8日	977	1120	1	1	0	脱膜
7	3月8日	1304	1319	1	1	0	应力大
8	3月8日	1304	1319	1	1	0	应力大
9	3月8日	624	1319	1	1	0	应力大
10	3月8日	624	1319	1	1	0	内脏
15				9	8	1	

次数　断粉　粉圈未封严　玻璃裂

剪切(T)
复制(C)
粘贴选项:
选择性粘贴(S)...
智能查找(L)
插入(I)...
删除(D)...
清除内容(N)
快速分析(Q)
筛选(E)
排序(O)
插入批注(M)
设置单元格格式(F)...
从下拉列表中选择(K)...
显示拼音字段(S)
定义名称(A)...
链接(I)

Sheet1　Sheet2　Sheet3　Sheet4　Sheet5　Sheet6

图25-5　插入新的一列

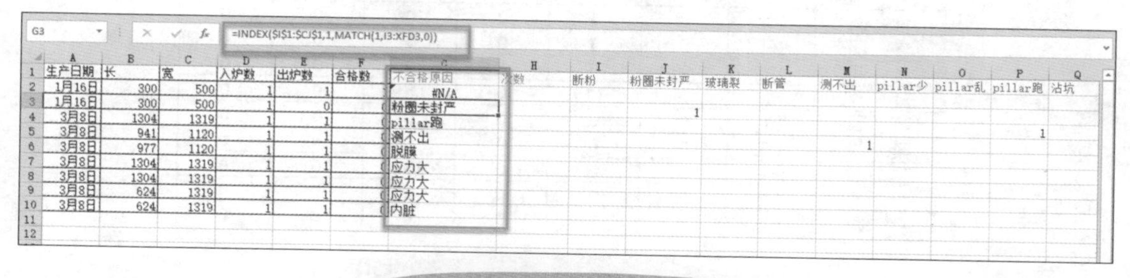

G3　=INDEX($I$1:$CJ$1,1,MATCH(1,I3:XFD3,0))

	A	B	C	D	E	F	G	H	I	J	K	L	M	N	O	P	Q
1	生产日期	长	宽	入炉数	出炉数	合格数	不合格原因	次数	断粉	粉圈未封严	玻璃裂	断管	测不出	pillar少	pillar乱	pillar跑	沾坑
2	1月16日	300	500	1	1		#N/A										
3	1月16日	300	500	1	0		粉圈未封严			1							
4	3月8日	1304	1319	1	1		pillar跑									1	
5	3月8日	941	1120	1	1		测不出						1				
6	3月8日	977	1120	1	1		脱膜										
7	3月8日	1304	1319	1	1		应力大										
8	3月8日	1304	1319	1	1		应力大										
9	3月8日	624	1319	1	1		应力大										
10	3月8日	624	1319	1	1		内脏										

图25-6　使用INDEX和MATCH函数的组合

凯旋：也就是说，不管你想做什么，都需要明确自己的制表思路。思路不清晰，就很容易给数据分析带来麻烦。

25.2 “慧眼识表”的能力很重要

张老师：当我说完这个例子以后，凯旋，你来看这样一张表格。这也是几年前我有一个学员问的问题，他的问题很简单：为什么我用这张表格使用“数据透视表工具”行分析却得不到想要的结果，如图25-7所示，这就是学员所说的表格，这张表格是数据表还是报表呢？

	B	C	D	E	F	G	H	I
1	品　种	规　格	巢　湖	九　江	黄　冈	荆　州	祥　瑞	重　庆
2	一　豆	5L	-608	-1405	-2014	0	1558	-3733
3	一　豆	10L	-80	-430	-800	0	0	0
4	一　豆	15L	0	0	0	0	0	-1561
5	一　豆	20L	-1768	-782	-1968	-1978	105	-13984
6	一　豆	20KG	0	0	-2103	0	0	0
7	一　菜	5L	0	0	0	0	28409	0
8	一　菜	1.8L	0	0	0	0	8125	0
9	一　菜	15L	0	0	0	0	0	0
10	一　菜	2.5L	0	0	0	0	0	0
11	四　菜	5L	0	0	0	-6	0	583
12	四　菜	10L	0	0	0	0	0	0
13	四　菜	15L	0	0	0	0	0	-371
14	四　菜	20L	0	0	0	0	0	973
15	食　调	5L	371	0	0	0	0	0
16	食　调	10L	0	0	0	0	0	0
17	食　调	15L	0	0	0	0	0	0
18	食　调	20L	3402	0	0	0	0	0
19	菜　调	5L	0	-111	0	156	0	0
20	菜　调	10L	0	0	0	0	0	0
21	菜　调	15L	0	0	0	0	0	0
22	菜　调	20L	0	0	0	491	0	0
23	棕　调	5L	0	0	0	0	0	0
24	棕　调	10L	0	0	0	0	0	0

图25-7　数据表还是报表

凯旋：这个简单！我们只要看表头就可以了，“日期”“品种”“规格”这些都是不同的类别，但是后面的“巢湖”“九江”“黄冈”“荆州”“祥瑞”“重庆”这些都是城市。也就是说，现在这张表格表面上看好像是一张数据表，实际上它是一张“3列1行”的报表，如图25-8所示。

	A	B	C	D	E	F	G	H	I	J
1	日期	品 种	规 格	巢 湖	九 江	黄 冈	荆 州	祥 瑞	重 庆	
2	2012-12-3	一 豆	5L	-608	-1405	-2014	0	1558	-3733	
3	2012-12-3	一 豆	10L	-80	-430	-800	0	0	0	
4	2012-12-3	一 豆	15L	0	0	0	0	0	-1561	
5	2012-12-3	一 豆	20L	-1768	-782	-1968	-1978	105	-13984	
6	2012-12-3	一 豆	20KG	0	0	-2103	0	0	0	
7	2012-12-3	一 菜	5L	0	0	0	0	28409	0	
8	2012-12-3	一 菜	1.8L	0	0	0	0	8125	0	
9	2012-12-3	一 菜	15L	0	0	0	0	0	0	
10	2012-12-3	一 菜	2.5L	0	0	0	0	0	0	
11	2012-12-3	四 菜	5L	0	0	0	-6	0	583	
12	2012-12-3	四 菜	10L	0	0	0	0	0	0	
13	2012-12-3	四 菜	15L	0	0	0	0	0	-371	
14	2012-12-3	四 菜	20L	0	0	0	0	0	973	
15	2012-12-3	食 调	5L	371	0	0	0	0	0	
16	2012-12-3	食 调	10L	0	0	0	0	0	0	
17	2012-12-3	食 调	15L	0	0	0	0	0	0	
18	2012-12-3	食 调	20L	3402	0	0	0	0	0	
19	2012-12-3	菜 调	5L	0	-111	0	156	0	0	
20	2012-12-3	菜 调	10L	0	0	0	0	0	0	

图25-8　实际上是报表

张老师： 所以，这张表再去做数据分析就会非常麻烦。比如说，你想去创建一张数据透视表，当插入透视表的时候，想把城市放在"行"字段，也就是在纵向上，当我从透视表里把每一个城市的字段拉到"行"上的时候，你会发现整个"行"标签里出现的都是数值的部分，不是城市名称，如图25-9所示，原因就是我的原始表格已经是一张报表，而不再是数据表了，如果想创建这样一张真正的数据表，应该是什么样子呢？

凯旋： 这也简单！应该是一列是"日期"，一列是"品种"，一列是"规格"，还有一列是"地区"，还有一列叫作"数值"，如图25-10所示。这样创建出来的表格才是数据表，如果有了这样一张数据表，再去使用数据透视表功能，就可以生成想要的各种维度分析的报表了。

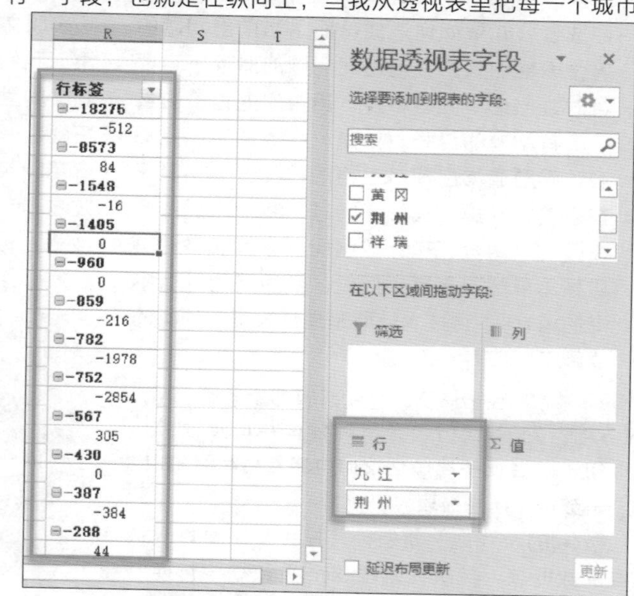

图25-9　"行"标签中出现的都是数值部分

	A	B	C	D	E	F	G	H	I	J	K	L
1	日期	品 种	规 格	地区	数值	巢 湖	九 江	黄 冈	荆 州	祥 瑞	重 庆	
2	2012-12-3	一 豆	5L			-608	-1405	-2014	0	1558	-3733	
3	2012-12-3	一 豆	10L			-80	-430	-800	0	0	0	
4	2012-12-3	一 豆	15L			0	0	0	0	0	-1561	
5	2012-12-3	一 豆	20L			-1768	-782	-1968	-1978	105	-13984	
6	2012-12-3	一 豆	20KG			0	0	-2103	0	0	0	
7	2012-12-3	一 菜	5L			0	0	0	0	28409	0	
8	2012-12-3	一 菜	1.8L			0	0	0	0	8125	0	
9	2012-12-3	一 菜	15L			0	0	0	0	0	0	
10	2012-12-3	一 菜	2.5L			0	0	0	0	0	0	
11	2012-12-3	四 菜	5L			0	0	0	-6	0	583	
12	2012-12-3	四 菜	10L			0	0	0	0	0	0	
13	2012-12-3	四 菜	15L			0	0	0	0	0	-371	
14	2012-12-3	四 菜	20L			0	0	0	0	0	973	
15	2012-12-3	食 调	5L			371	0	0	0	0	0	
16	2012-12-3	食 调	10L			0	0	0	0	0	0	
17	2012-12-3	食 调	15L			0	0	0	0	0	0	
18	2012-12-3	食 调	20L			3402	0	0	0	0	0	
19	2012-12-3	菜 调	5L			0	-111	0	156	0	0	
20	2012-12-3	菜 调	10L			0	0	0	0	0	0	
21	2012-12-3	菜 调	15L			0	0	0	0	0	0	
22	2012-12-3	菜 调	20L			0	0	0	491	0	0	

图25-10 插入“地区”和“数值”两列

张老师：所以不知道你发现了没有，很多时候Excel出现问题的根源并不在于某一个函数或者公式要如何达成，而是当前出问题的这张表格的状态，当出现问题的时候一定要暂时跳出这个问题本身，用俯瞰的角度去看一下有问题的这张表格是一张数据表还是报表，问题通常出现在表格的种类上，如果不在表格的种类上去思考问题，我们永远都会在公式、函数还有计数层面上去解决各种其实根本就解决不完的问题。这就是为什么本书的第1课不讲技术，而是先讲表格的种类的原因了。

凯旋：我知道了，这就是出师的考验。

张老师：所以，本书到这里我只想强调一句，以后在使用Excel的时候一定要清楚表格是数据表还是报表。

Excel的游戏规则就是，首先，我们要有一张标准的数据表；其次，通过Excel把数据表转换成我们想要看到的各种各样形式的报表。当然报表又分为两种，一种报表叫数据型的报表，这种报表可以使用数据透视表功能来进行创建；另一种报表叫文本型的报表，这种报表是数据表的查询结果，我们可以使用前面所说的VLOOKUP函数来达到文本型报表的创建；最后，有了报表生成图，那不就是单击几下鼠标的事情了吗？所以，当大家了解了Excel真正的玩法的时候，就可以轻松地驾驭它啦。

本课小结：

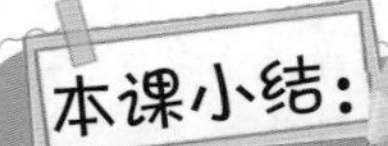

本书到这里就结束了。Excel的使用方法和技巧千变万化，但是万变不离其宗，希望读者们能够借由本书，打开认识Excel的新视角。